实战知识图谱

邓劲生 宋省身 刘娟 ◎ 编著

清華大學出版社
北京

内容简介

本书是学习知识图谱的实践教材，通过企业信息、医药疾病、银行审计、人物关系、实体链接、科研文献、微博舆情、法规搜索、司法文书、政府信箱、新闻推荐等十余个行业领域项目实例，详细介绍了知识图谱的构建过程和应用方法，系统梳理和实际运用了知识图谱的各项具体技术，全面覆盖了知识的表示、获取、存储和应用全过程，重点描述了深度学习、自然语言处理等实现途径，充分展示了多种知识图谱的可视化应用。

本书适合作为高等学校计算机科学与技术、软件工程、人工智能等本专科专业的教材，也适合作为运用知识图谱技术的研究生、工程师和研究人员的学习资料。

图书在版编目(CIP)数据

实战知识图谱/邓劲生，宋省身，刘娟编著. —北京：清华大学出版社，2024.1(2024.9重印)
ISBN 978-7-302-65261-8

Ⅰ. ①实… Ⅱ. ①邓… ②宋… ③刘… Ⅲ. ①知识信息处理－研究 Ⅳ. ①TP391

中国国家版本馆 CIP 数据核字(2024)第 007354 号

责任编辑：白立军
封面设计：刘　键
责任校对：徐俊伟
责任印制：宋　林

出版发行：清华大学出版社
网　　址：https://www.tup.com.cn，https://www.wqxuetang.com
地　　址：北京清华大学学研大厦 A 座　　**邮　　编**：100084
社 总 机：010-83470000　　**邮　　购**：010-62786544
投稿与读者服务：010-62776969，c-service@tup.tsinghua.edu.cn
质量反馈：010-62772015，zhiliang@tup.tsinghua.edu.cn
课件下载：https://www.tup.com.cn，010-83470236
印 装 者：三河市铭诚印务有限公司
经　　销：全国新华书店
开　　本：185mm×260mm　　**印　　张**：15　　**字　　数**：365 千字
版　　次：2024 年 1 月第 1 版　　**印　　次**：2024 年 9 月第 2 次印刷
定　　价：69.00 元

产品编号：098289-01

前　言

在过去的几年中，信息领域取得许多重大的突破性进展，其中包括深度学习、自然语言处理和图数据库等，核心都是对数据进行处理和分析，使得系统更加智能而高效。沧海横流，方显英雄本色。在这个大变局的时代背景下，知识图谱的概念得以迅猛发展，业已成为人工智能和自然语言处理领域的核心驱动力之一，广泛应用于金融、电商、医疗、政务等众多领域。

知识图谱是一种覆盖多维关系和实体的结构化数据模型，用于表示知识和实体之间的关系网络。这种模型有助于更好地理解数据和实体之间的联系，从而进行知识推理和推断，可用于各种搜索算法和自然语言处理应用。它们是连接不同数据源、整合不同领域数据、实现机器推理和推断的很有价值的工具。

知识图谱的最重要特点之一就是可解释性。其精准稳定的推理和发现新知识的能力，正是目前深度学习方法还很难做到的。知识图谱把领域知识或常识整理成结构化的形式，然后在此基础上进行推理，是一种更加结构化和灵活的数据模型，可以更好地对实体和关系进行建模和推理。随着近年来基于大规模语言模型的深度学习算法技术的快速发展和相互融合，知识图谱将从中获得更强的自然语言处理和文本生成能力，从而进入更为广阔的发展空间。

本书面向编程开发人员，主要从实践角度来深入探讨知识图谱的核心概念、建模方法以及在实际场景中的应用。本书从知识图谱的基础知识开始，选取知识图谱的典型领域应用场景，实现知识图谱从数据采集到可视化展示的全过程，对知识图谱的构建、存储、查询和应用等方面进行细致的分析与探讨，并带领大家一步一步地使用相应数据库、开发框架和代码工具，以全面掌握核心技术和实践应用。

其中，第 1 章概述知识图谱的理论基础和入门知识，汇总实战知识点和章节分布。从第 2 章开始，分别针对企业信息、医药疾病、银行审计、人物关系、实体链接、科研文献、微博舆情、法规搜索、司法文书、政府信箱、新闻推荐等具体场景展开。每章按照需求分析、工作流程、技术选型、开发准备、数据准备和预处理、知识建模和存储、图谱可视化和知识应用、小结和扩展等结构布局。章节顺序经过精心安排，各知识点的学习由浅入深、由简入繁、循序渐进。本书配有源代码和资源，在每章中均有使用方法和关键代码讲解说明。

本书最初起源于团队自身建设的能力提升所需，我们改编了一批当前热门的应用案例作为实战化操作练习，并准备了全套源代码、数据集和使用说明等学习资源。本书随着团队新生力量的增加而不断更新，多次作为培训教材使用而且反响良好。这次通过向大家分享和展示我们在探索和学习知识图谱方面所取得的成果，希望能够为对知识图谱感兴趣的开发人员带来全面深入的了解和掌握，也期待大家能够将知识图谱技术应用到自己的工作实践当中，在各自的航道上乘风破浪、开拓创新。

本书是跨域大数据智能分析与应用省级重点实验室团队协作努力的成果，由邓劲生和宋省身负责搭建整体框架并确定实战内容、组织验证应用和调度实施，刘娟选取具体案例并统筹撰写。其中，邓劲生（第1章）、熊炜林（第2章和第3章）、宋省身（第4章）、黎珍（第5章、第9章、部分第6章）、刘娟（第7章、第11章、第12章）、王良（第8章）、唐钧中（第10章、部分第6章）等分别主写了相应章节，曹吉浩、阳帆、严少洁、陈怡参与了部分章节撰写、调试代码并整理优化文字，李昊阳、任天翔、刘高杭等进行了核查验证及资源梳理，乔凤才、尹晓晴、赵涛等参与了文稿修改完善指导。部分内容来自于参考文献和网络资源转载，未能逐一溯源和说明引用，特在此对这些资源的作者表示感谢。

由于知识图谱正处于蓬勃发展之中，而作者的自身水平、理解能力、项目经验和表达能力有限，书中难免存在一些错误和不足之处，还望各位读者不吝赐教，也欢迎将本书选作教材的老师垂询和交流，联系邮箱是 bljdream@qq.com。

作　者

2023年12月

目录

第1章

走近知识图谱

知识图谱是一种大规模语义网络，将复杂的知识领域通过图模型来进行描述和建模，囊括实体、属性、概念和关系等各种有效信息，用于帮助机器理解和解释现实世界，具有规格巨大、语义丰富、质量精细与结构友好等特点。特别是当数据来源多样且格式复杂，并且单一数据价值不高时，知识图谱能够用于规范业务流程或开展经验性预测。

由于超大规模图数据的表达能力很强，将知识图谱和图神经网络结合的相关研究已经成为一个热点方向；此外，将知识图谱与深度学习结合，依托于行业知识与经验的深度学习产生更多贴近产业中心的认知智能应用，已成为进一步提升深度学习模型效果的思路之一。知识图谱是人工智能底层关键技术之一，在推动人工智能既有产品升级的同时，又在提供更有效的解决方案，在金融风控、辅助诊断、工业生产、电子商务、城市大脑等场景产生了大量落地应用。

本章主要用于帮助读者入门知识图谱，理解什么是知识图谱，知识图谱构建的流程，常见的应用，实战知识点及在本书中的分布。

1.1 基本概念

知识图谱起步于对知识的搜索需求，为在互联网上开展语义搜索提供动力；随后在智能问答等客户服务场景取得良好的效果，奠定了在智能应用中作为通用基础设施的地位，从而进一步融入电子商务、金融、教育、医疗等各种场景。伴随着大数据、深度学习等前沿信息技术突飞猛进的能力加持，知识图谱已成为推动互联网和人工智能快速发展的强大驱动力之一。

1.1.1 源自搜索引擎

智能搜索是知识图谱的一个发源起始点。搜索领域一直以来主要面临两方面的问题：一方面，搜索需求和搜索结果往往难以匹配，经常有“搜”非所问的情况；另一方面，搜索结果编排无序，显示杂乱。早期各大搜索平台主要依赖“关键字搜索”技术返回包含关键字的网页列表，用户需要在这一大堆网页中逐个浏览，对大量无用信息进行人工过滤、去伪存真，才能找到真正想要的结果。但用户肯定更希望直接得到答案，而不是辛辛苦苦到处翻检。

比如搜索框中输入“苏轼弟弟的父亲是谁”，传统搜索引擎通过分词识别出关键词“苏轼”后给出直接结果，将苏轼的个人信息、代表作、宦海浮沉等一股脑返回，而这些其实并不是用户想要的信息。类似地，传统问答系统通常基于固定的一问一答或者多问一答模式，将标准化的提问和回答存放在数据库表中。当用户提出问题时，问答系统进行简单的关键词文本匹配，从知识库中找到标准答案。如果在库表中没有找到时就会无法回答。

于是，2012 年谷歌公司发布了 570 亿实体的大规模知识图谱，其宣传语“Things, not Strings”道出了知识图谱的初衷，即搜索引擎不能满足于根据用户输入单纯进行字符串搜索，而是要找到用户输入字符串背后隐含的真实意图，提升搜索结果的质量和提高检索效率。在接受用户搜索之前，知识图谱提前构造了语义网络(semantic network)，对有可能的搜索意图所描述的事物(实体)进行建模，填充它的属性，扩展它和其他实体的联系，即构建机器的先验知识。搜索引擎据此理解用户输入字符串背后的查询意图，再根据语义信息获取图谱网络上的对象或事物，使得搜索返回的结果更精准，从而可以直接给出用户想要的结果，而不再是各类链接，最大可能地满足查询需求。

2012 年，搜狗知立方和百度知识图谱分别上线；随后，阿里巴巴构建电商领域认知图谱，美团构建餐饮娱乐知识图谱美团大脑，各个领域也都开始着手打造各种知识图谱和知识库。如图 1-1 所示，现在常见的智能搜索引擎都可以对“苏轼弟弟的父亲是谁”这种搜索直接给出答案了。

(a)

(b)

图 1-1 智能搜索的效果

1.1.2 知识图谱的定义

何为知识(knowledge)？与课本知识的概念不太一样，它更像是广义的“信息”，不但包括课本知识，还包括生活当中的常识，并可以大而广之到人类对世界的认知和对经验规律的总结，并且可以由计算机进行读取和运算。在实战中，第一步就是要去界定将会处理什么样的“知识”，通常需要确定支撑哪些业务，再根据业务性质来确定需要总结或使用的知识。比如一个单位的组织架构、产品信息、订单信息、客户关系等，都可以被认为是知识。

何为图谱(graph)？它是从混杂的数据到知识的过程，将碎片化、质量参差不齐、互不连通的非结构化和结构化数据，产生基于语义网络的高质量、高连通性的知识。将处理后的知识用图的形式存储的结构，就可以认为是知识图谱。图上的节点是“实体”，边叫“关系”。一般而言实体都有各种属性，实体之间也有各种关联。

1. 传统定义

学术界知识图谱并没有统一的定义。根据百度百科的介绍，知识图谱在图书情报界称为知识域可视化或知识领域映射地图，是显示知识发展进程与结构关系的一系列各种不同的图形，用可视化技术描述知识资源及其载体，挖掘、分析、构建、绘制和显示知识及它们之间的相互联系。它将应用数学、图形学、信息科学等学科的理论与方法，与计量学引文分析、共现分析等方法结合，并利用可视化的图谱形象地展示学科的核心结构、发展历史、前沿领域以及整体知识架构达到多学科融合目的的现代理论。

简而言之，就是整理总结业务领域中的知识，在这些知识之间建立关联关系，并对这些知识进行分类、归纳和总结，最后以图的方式将其展现出来。它通过数据挖掘、信息处理、知识计量和图形绘制方法，把复杂的知识领域显示出来，能够用于揭示知识领域的动态发展规律，为学科研究提供切实的、有价值的参考。

现在的知识图谱已经远远超出了图书情报界的定义。它从语义角度出发，通过描述客观世界中概念、实体及其关系，从而让计算机具备更好地组织、管理和理解海量信息的能力。更具体地说，网络世界中存在着浩如烟海的文本、图片、声音、视频等，这些记录了人类和主观客观世界交互过程的数据载体，它们背后隐藏的有价值的知识正在日益被计算机所分析和理解，并且能够通过语义关联挖掘形成图谱式网状空间立体结构。当有需要时，就可以提供知识服务。

2. 技术体系

随着相关技术的飞速发展，知识图谱正在成为实现认知层面的人工智能不可或缺的重要技术之一，技术体系也在探索中快速构建。众多研究人员和工程师都从不同技术角度看待知识图谱，各有侧重，都有着自己的理解。初学者经常有种盲人摸象的感觉，不知道哪方面才是重点，如图 1-2 所示。

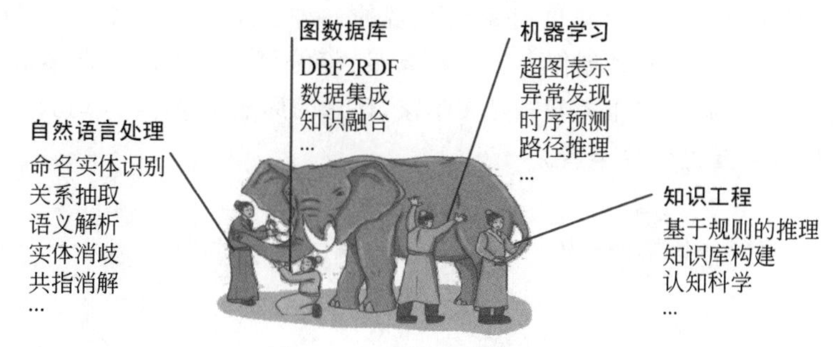

图 1-2　知识图谱的千人千面

知识图谱是较为典型的交叉领域，涉及了知识工程、自然语言处理、机器学习、图数据库等多个领域。在技术角度来看它涵盖了一整套工程技术，包括知识表示、知识抽取、知识存储、知识推理、知识融合、知识加工、知识检索等。这个技术体系非常庞大，每个步骤都有很多的内容值得研究和探索；不仅涉及理论上，还有很多工程层面的实现。

围绕着知识图谱的构建和应用，主要问题有如何在计算机中表示知识，将知识保存到合适的数据载体中(知识数据化)，以及如何将大规模的互联网数据转化为定义好的知识数据的形式(数据知识化)等。技术涵盖的内容包罗万象，融合了信息检索与抽取、自然语言处理、语义网、知识表示与推理、认知计算、数据挖掘等具体方向。

1.1.3　知识表示

知识图谱在描述客观事物时使用图的形式，由节点和边组成。标准的图通常是同种类型的节点和边，但是知识图谱是多关系图(multi-relational graph)，包含多种类型的节点和边。比如在社交网络中，人和机构之间的关系有任职于、曾任职于、无关等，而人和人之间的关系也有上下级、平级、无关等。

(1) 节点表示概念和实体。概念是抽象出来的事物，表示具有同种特性的实体构成的集合，如国家、民族、书籍、计算机等，也指代事物类别、对象类型、事物的种类。实体是具体的事物，具有可区别性且独立存在，比如人、城市、职务、商品等。内容通常作为实体和语义类的名字、描述、解释等，可以由文本、图像、音视频等来表达。

(2) 边表示事物的相互关系和自身属性，事物的内部特征用属性来表示，外部联系用关系来表示。关系的种类很多，可以是人与人之间的关系，人与组织之间的关系，概念与某个物体之间的关系等。

很多时候简化描述，将实体和概念统称为实体，将关系和属性统称为关系，这样就可以说：知识图谱用来描述实体，以及实体之间的关系。三元组的基本形式主要包括“<实体 1，关系，实体 2>”和“<实体，属性，属性值>”两种。每个实体(包括概念)可用一个全局唯一确定的 ID 来标识，实体的内在特性可用“属性-属性值”对(attribute-value pair，AVP)来刻画。而关系可用来连接两个实体，刻画实体之间的关联。

最常用的知识图谱表示方法有图形角度和三元组数据角度两种，都基于一个共同的图模型——有向标记图。知识图谱就是基于有向标记图的知识表示方法。

1. 图形角度表示

俗话说“一图胜千言”，图形角度是最为直观的一种表示方式。如图 1-3 所示，展示了《念奴娇》各个方面信息，比如其创作者、主题、体裁、年份等。除了这些直接信息之外，还展示了多层次的内容，比如其创作者苏轼是文学家，怀念的周瑜是军事家，均为著名历史人物，这也就使得图谱内容变得十分丰富。

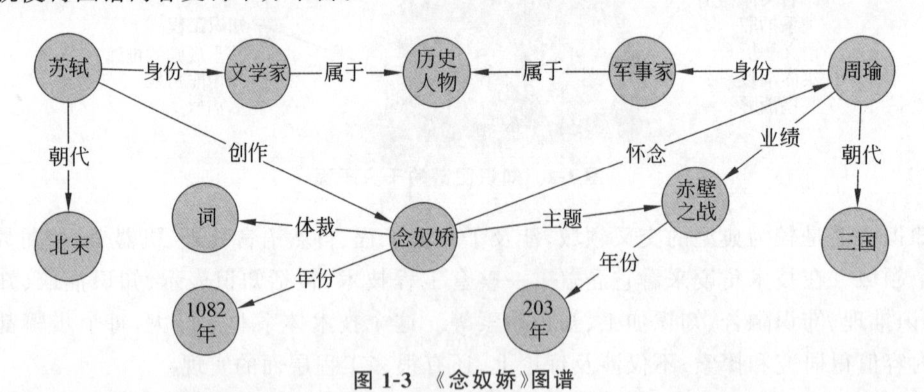

图 1-3 《念奴娇》图谱

图中节点中既有实体(苏轼、周瑜、念奴娇、赤壁之战)也有概念(文学家、军事家、历史人物、词)，边既有属性(身份、朝代、年份、体裁)也有关系(业绩、怀念、主题、属于)。但是有时也不那么绝对，比如“赤壁之战”也可以说是“念奴娇”的“主题”属性。

2. 数据角度表示

知识图谱的最基本组成单元是三元组。一个三元组包含<Subject，Predicate，Object>

3 部分，即主语、谓语和宾语。例如，“《念奴娇》写于 1082 年”就可以简单地用一个三元组“＜念奴娇，年份，1082 年＞”表示。一个三元组是对客观世界某个逻辑事实的陈述。这些三元组头尾相互连接形成了一张描述万物关系的图谱。

在逻辑上，知识图谱可分为模式层与数据层两个层次。三元组括号内的内容就是模式层，也被称为 schema，主要有两种：“＜实体，属性，属性值＞”和“＜实体，关系，实体＞”。而数据层主要包括一系列的事实，是 schema 的一个实现，即模式层分别的对应数据。

schema 包含的内容为概念、属性（数值属性、对象属性）。

概念类似于分类，主要是指集合、类别、对象类型、事物的种类。比如“文学家”可以是一类概念，而具体的文学家“苏轼”就是这个概念下的一个实体。

属性主要是指对象可能具有的特征、特点及参数，如地点、性别、生日等。属性是实体具体的标记，可以表示实体自己拥有的东西，也可以表示实体和其他实体之间的关系。实体自己的东西叫数值属性；实体和其他实体之间的关系叫对象属性。比如“北宋”就是“苏轼”自己的标记，就是“苏轼”的数值属性，而苏轼和苏辙是兄弟，这个“兄弟”关系就是“苏轼”的对象属性。

属性值可以是数值型、字符串型的，也可以是其他实体对象，如可定义“历史人物”“文学家”等概念，而这两个概念是上下位关系。对于“历史人物”这个概念，可以定义“身份”“生日”“配偶”等属性，以及属性值的约束条件。

从数据的角度来看，图 1-3 由下述多个三元组构成。

（1）＜苏轼（实体），创作（关系），念奴娇（实体）＞。

（2）＜念奴娇（实体），主题（属性/关系），赤壁之战（属性值/实体）＞。

（3）＜念奴娇（实体），怀念（关系），周瑜（实体）＞。

（4）＜苏轼（实体），身份（属性），文学家（概念）＞。

（5）＜文学家（概念），属于（关系），历史人物（概念）＞。

1.1.4　操作和存储

图的结构天然就具有可解释性。比如历史人物图谱的节点就是各种人物，边直观地表示了人物之间的关系。图结构、实体表示形式非常符合客观事实。而知识图谱，使得信息分析和挖掘超越实体本身，将关系囊括其中，使得关系内生成为结构的一部分。而思维导图，在某种意义上来说，也是一种知识图谱。

在图上可以进行的操作，都是知识图谱的常见操作，如表 1-1 所示。

表 1-1　知识图谱的常见操作

操　作	解　释
搜索	既可以搜索某个实体，即节点；也可以搜索某种关联关系，即边
过滤	根据实体的属性值对整个图谱进行检索并找出相应的实体或关系
引导	从某个实体出发，沿着某个关系向前继续前进，找它的关联实体
遍历	根据不同需求通过深度优先算法或广度优先算法遍历，获得满足条件的实体或关系
连通性确认	确认两个实体之间是否存在连通性，即直接关系或者间接关系

续表

操 作	解 释
最短路径	查找两个实体之间联系起来的跳数最短的关系
图拆分	将一个大规模图按照某种规则拆分成多个图
图合并	将多个图合并成一个图

知识图谱的图形表示十分直观，从而让人顾名思义就会联想到一张宛如蜘蛛网似的大图，而开发人员就会进一步想到与图数据库相关联，认为知识图谱的开发就是对图数据库的各种操作，从各种数据源获取数据，存放到图数据库中，然后增删改查。但是知识远比数据的结构更加复杂，知识的存储需要综合考虑的因素较多，比如图本身的特点、复杂的知识结构存储、索引和查询的优化，以及推理的准确性等。

知识存储引擎通常有两种：基于关系数据库或基于原生图。但是在实践中多为混合存储结构，并不一定都使用图存储。如果单就数据表查询型性能来说，关系数据库比图数据库好得多；并且对于文本全文检索场景，Elasticsearch 和 Solr 等搜索引擎的响应速度更是远超图数据库。但是随着知识图谱变得更为复杂，图数据库的优势会明显增加。尤其当涉及大规模图网络的 2 度、3 度甚至更多层级的关联查询，基于图数据库的效率会比关系数据库的效率高出几千倍甚至更多。

在知识图谱应用方面，图数据库比关系数据库灵活得多。图数据库的好处是提供了一个比较严格和完善的知识图谱体系架构，清晰地定义了从实体到概念到本体的各种架构，自带一阶逻辑规则嵌入。但是缺点是容易被框架束缚，各种实体定义很花时间，初学者难以驾驭复杂的业务逻辑。

在构建知识图谱之前，需要设计底层的存储方式来完成各类知识的存储，包括基本属性知识、关联知识、事件知识、时序知识、资源类知识等。存储方式的选择将直接导致查询效率和应用效果。知识图谱的存储一般有两种选择。

(1) 资源描述框架(Resource Description Framework，RDF)规范，格式如图 1-4 所示。存储三元组，具有标准的推理引擎，易于发布数据，多使用在学术界场景。

```
<RDF>
  <Description about="http://www.w3school.com.cn/RDF">
    <author>David</author>
    <homepage>http://www.w3school.com.cn</homepage>
  </Description>
</RDF>
```

图 1-4 RDF 格式

(2) 图数据库，常用的有 Neo4j 等，如图 1-5 所示。节点和关系可以带有属性，没有保准的推理引擎，图的遍历效率高，具有事务管理，多使用在工业界场景。

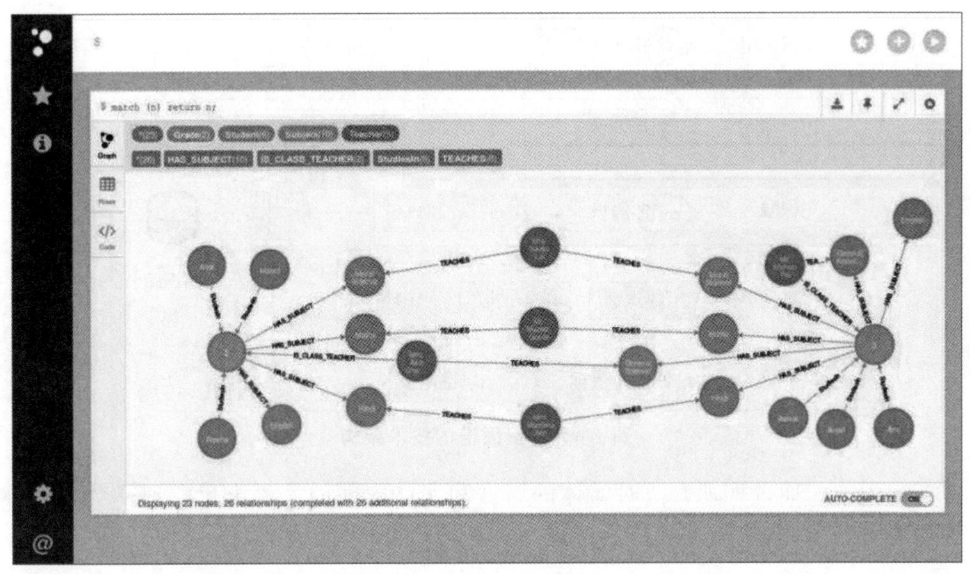

图 1-5　Neo4j 图数据库

1.2　构建流程

知识图谱的重点和难点问题不在于大数据的采集分析和处理计算能力，而在于算法背后的图谱构建过程。实际应用中，数据和业务变化灵活，数据源、数据结构、数据内容随时会发生变动，对业务的理解以及对数据的解读也随之发生变化。因此，建立实时敏捷、灵活可扩展、智能自适应的动态知识图谱尤为重要。

为了构建这个多关系图，有自底向上和自顶向下两种方式。自底向上构建是借助一定的技术手段，从公开采集的数据中提取出资源模式和各种实体，选择其中置信度较高的新模式，经人工审核之后，加入到知识图谱中。而自顶向下构建是利用专家知识，借助百科类网站等结构化数据源，事先定义好架构和对象设计，再从高质量数据中提取本体和模式信息，加入到知识图谱中。但是现在随着知识抽取和加工技术的不断成熟，构建通常由专家、数据、技术搭配进行，综合运用两种方式，而不局限于单独某种。

一般知识图谱的构建流程主要分为几个环节：数据获取、信息抽取、知识融合、知识加工和知识应用等，技术架构如图 1-6 所示。知识图谱并不能一劳永逸一次性生成，而是需要逐渐积累。因此，构建流程是个周而复始、迭代更新的过程。各个阶段并不完全串行，不是彻底完成了一个阶段再进入下一个阶段，而是经常根据下一个模块的结果回炉到上一个模块进行再处理，实现“螺旋式上升，曲折前进”。

构建知识图谱的最重要过程是信息抽取、知识融合、知识加工 3 个阶段。

（1）信息抽取负责分析各种类型的数据源，从中提取出实体、属性以及实体间的相互关系，再形成本体化的知识表达。

（2）知识融合对获得的新知识消除矛盾和歧义之后再进行整合，比如某些实体可能有多种表达方式需要合并，某个特定称谓也许对应于多个不同的实体则需要拆分，并且还需要对第三方知识库进行整合。

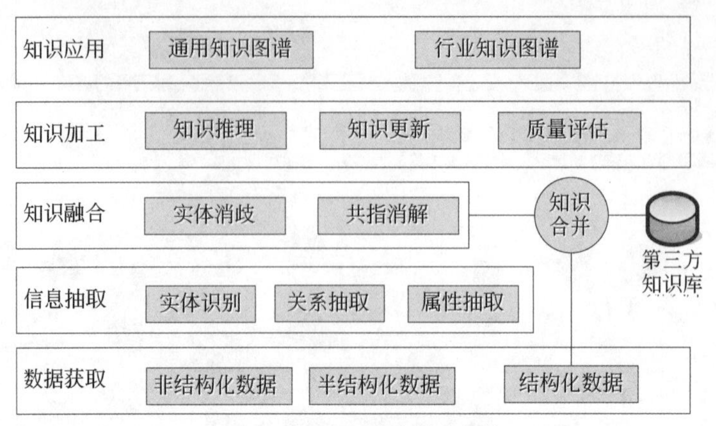

图 1-6 知识图谱的技术架构

(3) 知识加工通过推理方法对实体的属性和实体之间的关系进行合理补全，负责对概念层和数据层进行更新，对经过融合的新知识进行质量评估。

1.2.1 数据获取

建立一个知识图谱之前，首先要通过多种数据源以及专家获取和组织所需数据。在数据获取阶段，首先需要明确建立知识模型的目的，根据目的来确定知识所覆盖的领域与范围。这些数据可以来自任何地方，只要对将要构建的这个知识图谱有帮助。它们可以是表格、文本、数据库等各种形式。

常用的知识来源主要包含两方面：以 Web 数据为数据源和以专家知识为数据源。根据不同的数据源可以使用不同的方法来获取数据。比如从 Web 获取数据时使用增量方法针对特定领域不断获取相关数据，通常会在不同领域确定关键词，并基于这些关键词对大量网站进行分析，得到需要的知识。而从专家获取知识时，主要的方式是由知识工程师手动将知识输入计算机中，或对领域专家进行采访等。在获取了足够的知识后，需要判别有效性并尽可能地对知识进行分类保存。

从多种来源获取到原始数据后，根据类型通常可以按照结构化、非结构化和半结构化 3 种进行分类，如表 1-2 所示。一般情况下，获取到的数据大部分是非结构化或半结构化的数据，这些数据实际上无法被计算机直接利用，需要对其进行结构化，转换成计算机可理解的知识表示方法再进行操作。

表 1-2 获取的 3 种数据类型

类　型	示　　例	使　　用
结构化数据	关系数据库、电子报表	按照一定格式表示的数据，通常是业务本身数据，包含在单位内的数据库表并以结构化方式存储，一般进行简单处理就可以直接利用和转化，形成基础数据集，再通过知识图谱补全技术进一步扩展
非结构化数据	图片、音频、视频、文本	需要进行信息抽取才能建立知识图谱
半结构化数据	XML、JSON、百科	介于结构化和非结构化之间的一种数据，需要进行信息抽取才能建立知识图谱

在开始进入知识处理流程之前，通常需要将这些不同类型、不同格式的数据进行初步的整理，即预处理。比如针对网络资源，需要根据网站特点开发相应的爬虫，对数据进行爬取之后存储到本地。而针对纸质文档，需要先进行扫描形成电子版本，结合 OCR 等技术将扫描件转换成文本文档。再比如针对本地电子文档，需要按文档类型、格式进行归档解析整理成规范的格式。还有一些第三方资源，需要先获取相应的数据访问接口，并通过接口去获取相应数据。

1.2.2　信息抽取

信息抽取，主要是从不同来源、不同结构的非结构化和半结构化数据中进行提取，形成结构化数据存入到知识图谱。这两种数据很多是网络上抓取的数据，以网页等的形式存在，需要借助自然语言处理等技术提取结构化信息，主要是实体、属性以及实体间的相互关系，在此基础上形成本体化的知识表达。

信息抽取的子任务主要有命名实体识别、关系抽取、属性抽取、本体构建、事件抽取等。

1. 命名实体识别

命名实体识别(Named Entity Recognition，NER)指从一段文本中识别哪些词代表实体，并打上标签(进行分类)。这些命名实体数量一直不断增加，通常不可能在词典中穷尽列出，且其构成方法具有各自规律。因此，通常从目标文本的词汇形态处理(如汉语切分)任务中独立处理这些词的识别，界定如账号、组织机构名、人名、货币、金额等命名实体，作为知识抽取过程的关键基础部分。

命名实体识别的研究主体一般包括 3 大类(实体类、时间类和数字类)和 7 小类(人名、地名、机构名、时间、日期、货币和百分比)。可以从两个方面的正确性来评判一个命名实体是否被正确识别：边界是否正确；类型标注是否正确。

如图 1-7 所示，"《水调歌头》是北宋文学家苏轼创作的中秋名词"这句话中，"苏轼"和"《水调歌头》"就是两个实体，将它们识别出来之后，会分别给"苏轼"打上"北宋""文学家"的标签，给"《水调歌头》"打上"中秋""著名""词"的标签。但是难点在于，计算机通常会把"名词"识别成一个属性，而不是继续拆分成"名""词"，这就是技术要解决的问题。

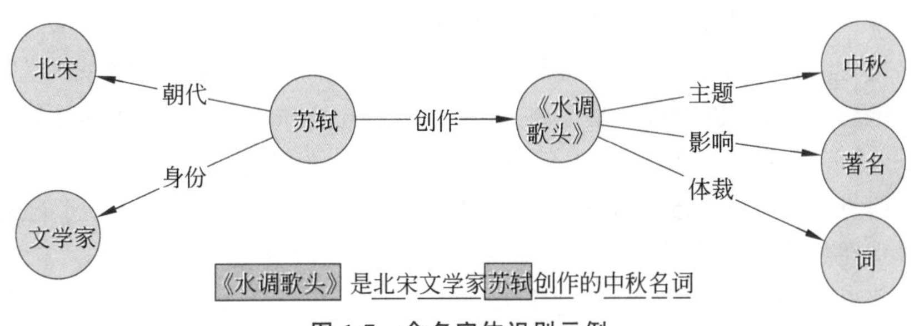

图 1-7　命名实体识别示例

命名实体识别的第一个难点就在于，确定每个实体的边界，即分词。英文文本中存在空格之类的边界标识符，并且每句话第一个字母大写，而中文文本既没有空格又不会大写；汉语分词和命名实体识别互相影响，含义可能截然不同，比如"夏荷"就必须根据上下文判断是人名还是事物；中文中存在大量特殊实体类型，比如外国人名译名和地名译名；有些文本中英文混杂，比较难以切分。不同的命名实体具有不同的内部特征，不可能用一个统一的模型包打天下，来刻画所有的实体内部特征。

2. 关系抽取

经过对文本语料进行实体抽取，得到了一系列离散的命名实体，还需要继续从中提取出实体之间的关联关系。只有通过关联关系将实体（概念）联系起来，才能够形成网状的知识结构，得到整体的语义信息。从文本中抽取出两个或多个实体之间的语义关系，是信息抽取研究领域的重要任务之一，这就是关系抽取（Relation Extraction，RE）技术。比如在图 1-7 的文本语句中，识别出“苏轼”与“《水调歌头》”两个实体之后，进一步抽取“创作”为两个实体之间的关系。

3. 属性抽取

属性抽取的目标是从不同信息源中采集特定实体的属性信息。例如针对某个公众人物，可以从任职新闻、活动报道、微博帖子等各种公开信息中得到其性别、家乡、生日、教育程度、婚姻状况、常住城市等信息。属性抽取技术能够从多种数据来源中汇集这些信息，实现对实体属性的完整勾画。比如在图 1-7 的文本语句中，就抽取了朝代（北宋）、身份（文学家）、主题（中秋）、体裁（词）等一系列属性及相应的属性值。当然，有些数据来源不够准确，可能带来错误的属性值；也可能为某个属性带来相互冲突的多个属性值，这时就需要进一步手工甄别，或者采取“少数服从多数”原则自动判读。

4. 本体构建

知识图谱是由知识框架和实体数据共同构成的，实体数据必须满足框架所规定的条件。知识框架即 schema，类似于关系数据库的表结构，而实体数据类似于数据库里存储的数据。所谓本体（ontology）就是图谱的概念模型框架，是对构成图谱的数据的一种约束。

框架构建非常重要。可以通过梳理领域知识、术语词典、人工经验等作为框架构建的基础，结合知识图谱的应用场景来完善图谱的构建，最终获得实体类别、类别之间的关系、实体包含的属性定义，即基于行业的应用属性、知识特点和实际需求，进行业务抽象和业务建模，主要完成 3 项工作：实体定义、关系定义和属性定义。

如果数据量小并且显而易见，本体可以采用人工编辑的方式手动构建；但是如果数据量大并且没有定性结论，可以以数据驱动的自动化方式构建，过程包含实体并列关系相似度计算、实体上下位关系抽取、本体生成 3 个阶段。以图 1-3 为例解释。

第一步信息抽取当刚得到“苏轼”“周瑜”“念奴娇”这 3 个命名实体时，可能还不清楚它们之间的差别在哪儿。但当计算 3 个实体之间的相似度后就会发现，“苏轼”和“周瑜”各自所属概念之间更相似，和“念奴娇”差别更大一些。

第二步来解决上下层的概念，知识构建发现“苏轼”所属的“文学家”和“周瑜”所属的“军事家”有一个共同上层“历史人物”，完成实体上下位关系抽取，并且知道“苏轼”和“念奴娇”根本无法聚合。

第三步本体生成结束后，这个知识图谱就会明白“苏轼”和“周瑜”其实都是“历史人物”概念下的实体。而“念奴娇”是“词”概念下的实体，完全不隶属于同一个类型。本体构建示例如图 1-8 所示。

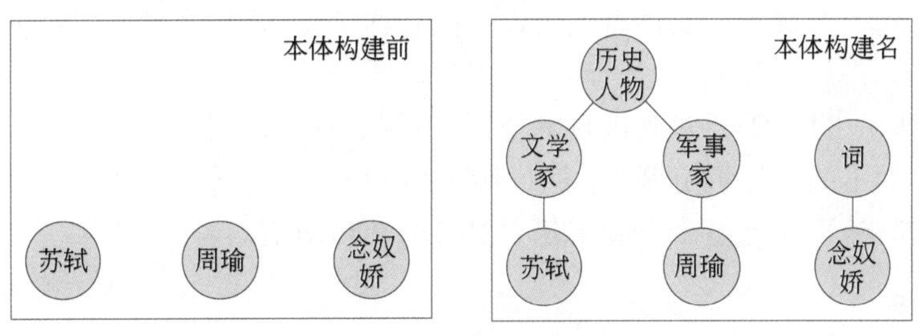

图 1-8　本体构建示例

5. 事件抽取

事件抽取是指从描述事件信息的自然语言文本中，抽取出用户感兴趣的事件并以结构化的形式呈现出来，即将非结构化文本中的事件信息展现为结构化形式，例如事件发生的时间、地点、发生原因、参与者、角色等属性信息，逻辑处理流程如图 1-9 所示。事件抽取任务最基础的部分主要包括事件发现，识别事件触发词及事件类型，抽取事件元素并判断元素扮演的角色，抽取描述事件的词组或信息等。

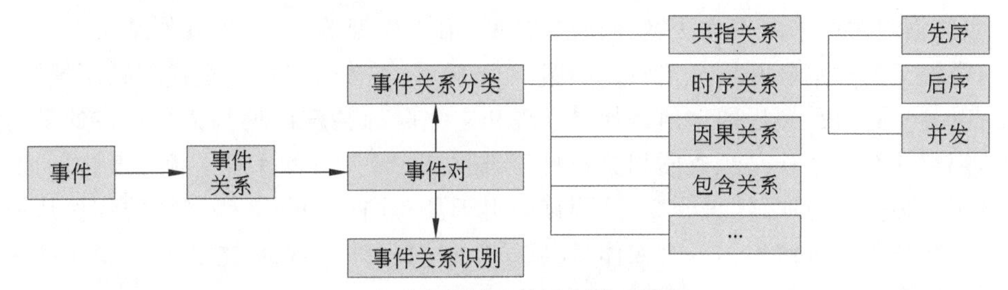

图 1-9　事件抽取的逻辑处理流程

一般来说，事件需要满足 5W 原则，即 What（何事）、Who（何人）、When（何时）、Where（何地）、Why（何故），如图 1-10 所示。但是从文本抽取时不一定能够将这些属性都定位准确。事件可能因为一个或者多个动作的产生或者系统状态的改变而发生，不同的动作或者状态的改变属于不同的事件，如“苏轼调入黄州任职”和“苏轼离开黄州任职”两段文本非常类似，但是却分属于两个事件。

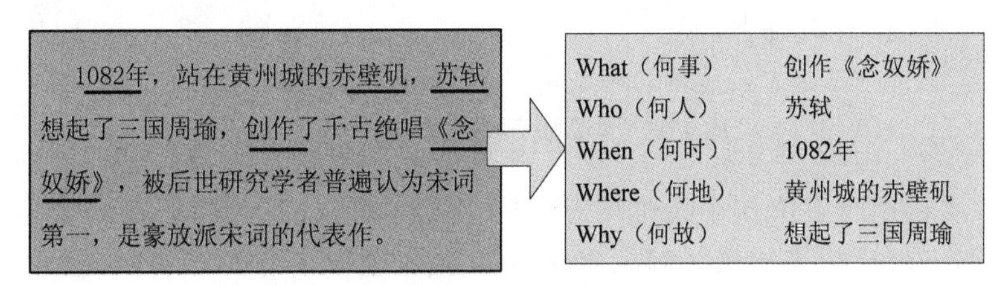

图 1-10　事件抽取示例

1.2.3　知识融合

知识融合技术产生的原因，一方面是在通过知识抽取与挖掘获取的结果数据中，可能包含大量冗余信息与错误信息，需要进行清理和整合；另一方面是由于知识来源的渠道众多，存在数据重复、质量参差不齐、关联不明确等问题。这些多源异构数据在抽取之后，必然会存在交叉重叠，同一个概念或实体可能会以不同名称反复出现，同名的实体也可能指代不一样的含义。

在获得新知识之后，需要对其进行融合，以消除矛盾和歧义。通过把表示相同概念的实体合并，把同名的不同实体拆分开，将多个来源的数据集合并成一个数据集，从而把来源不同的知识融合起来，再在此基础上着手建立更大的知识图谱。

1. 实体链接

实体链接(entity linking)操作是将从文本中抽取得到的实体指称项，链接到对应的正确实体对象。做法一般是首先根据给定的实体指称项，选出一组候选实体对象，然后通过相似度计算找到正确的实体对象。在确认知识图谱中对应的正确实体对象之后，再将该实体指称项链接到对应实体。

在处理实体链接流程上，首先从文本中通过实体抽取得到实体指称项，再判断知识图谱中是否存在某些同名实体代表不同的含义，以及是否存在不同命名实体表示相同的含义。然后进行实体消歧和共指消解，这就是知识融合的主要任务之一。

实体消歧主要用于解决同名实体产生歧义的问题，从而根据当前的语境准确建立实体链接。实体消歧主要采用聚类法、空间向量模型、语义模型等，也可以看作基于上下文的分类问题，类似于词性消歧和词义消歧。如图 1-11 所示，实体“江城子”指代苏轼所填“十年生死两茫茫……明月夜，短松冈”，但是如果发现和它关联的某篇诗词解读文章讲的是为国杀敌决心，那可能存在错误。经查阅相关资料，苏轼在 1075 年共写了两首流传千古的词，一首叫《江城子》，另一首也叫《江城子》。这两首词由于具有同样的作者和同样的年份从而导致混淆，需要将其复制拆解出另一个实体“江城子”，指向另外一首词“老夫聊发少年狂……西北望，射天狼”。

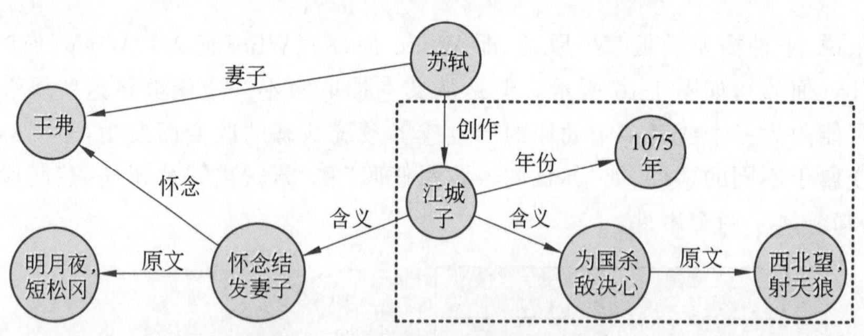

图 1-11 《江城子》图谱的实体消歧

共指消解主要用于解决多个指称项对应同一实体对象的问题，避免代词指代不清。在一次会话中，多个指称项可能指向同一实体对象，需要将这些指称项关联(合并)到正确的实体对象。如图 1-12 所示，苏轼的《水调歌头》中“丙辰中秋，欢饮达旦，大醉，作此篇，兼怀子由。”在苏轼的知识图谱中检索发现“苏辙”有个属性“子由”，自动提出疑点之后经人工判读为同一个人，为此可以将两个“子由”合并，“怀念”关系链接指向“苏辙”。由于类似问题在信息检索和自然语言处理等领域具有特殊的重要性，吸引了大量的研究。共指消解也被称为对象对齐、实体匹配和实体同义等。

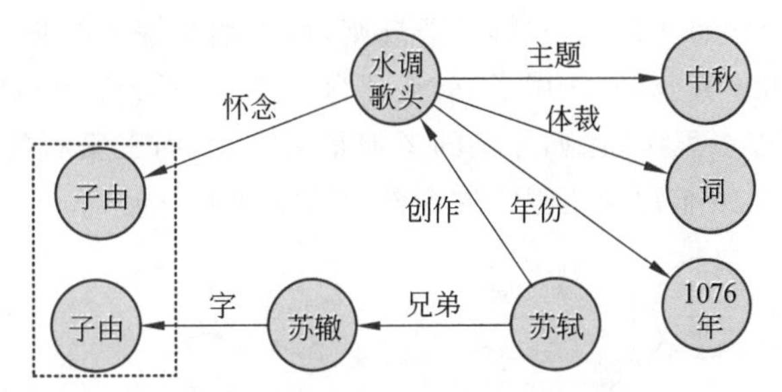

图 1-12　《水调歌头》图谱的共指消解

知识融合所面临的主要难题，是研究怎样将来自多个来源的关于同一个实体或概念的描述信息融合起来或者区分开来，具有较高的学术研究价值。主要原因一是数据质量参差不齐，比如命名模糊、数据输入错误、数据丢失、数据格式不一致、缩写简写等。二是数据规模庞杂无比，比如数据量大(有些甚至需要超大规模并行计算)、数据种类多样、同名不同义、多种关系、更多链接等。

2. 知识合并

知识融合也可以从第三方知识库产品或已有结构化数据获取知识输入，称为知识合并。知识合并通常有两个来源：一是外部知识库；二是关系数据库。

(1) 外部知识库的合并，需要处理两个层面的问题。一是数据层的融合，包括实体的指称、属性、关系以及所属类别等，主要的问题是需要避免实体以及关系的矛盾冲突，妥善处理实体链接的合并，并防止造成不必要的冗余。二是通过模式层的融合，将新得到的本体融入已有的本体库中。

(2) 关系数据库的合并，最好能够对接机构自身的业务关系数据库(RDB)，作为重要的高质量知识来源。通过将这些结构化数据转换成采用资源描述框架(RDF)的数据模型，就可以将关系数据库合并到知识图谱。学术界将这个转换过程称为 RDB2RDF，其实质就是将关系数据库表的数据换成 RDF 的三元组数据。

1.2.4　知识加工

罗马不是一天建成的，知识图谱也类似。通过知识推理、知识更新、质量评估等技术能够获得新的知识，从而不断完善现有的知识图谱。

1. 知识推理

通过前几个步骤生成的知识图谱，内部大多数关系还是残缺的，缺失值非常严重，这时就可以使用知识推理技术，去进行知识发现。推理是模拟思维的基本形式之一，是从一个或多个现有判断(前提)中推断出新判断(结论)的过程。基于图的知识推理旨在识别错误并从现有数据中推断出新结论。通过知识推理可以发现实体之间新的关系，并添加到知识图谱中，从而支持更高级的应用。当然知识推理的对象并不只针对实体之间的关系，也可以是实体的属性值、本体的概念层次关系等。由于知识图谱的领域需求和应用前景非常广阔，大规模图的知识推理研究已成为近年来自然语言处理领域的一个研究热点。

以如图 1-13 所示的局部知识图谱为例。已知王弗是苏轼的妻子，而苏轼是北宋人，那么自然就可以推断王弗是北宋人。根据这条规则，可以继续深入挖掘是不是还有其他的路径满足这个条件，比如北宋名篇《江城子》就是怀念王弗的，那么就可以将这个朝代属性确定下来。除此之外还可以去思考，比如苏轼的老师是柳宗元，而王安石的老师也是柳宗元，那么苏轼和王安石是否关系非常密切呢？这个推理策略就不一定了。

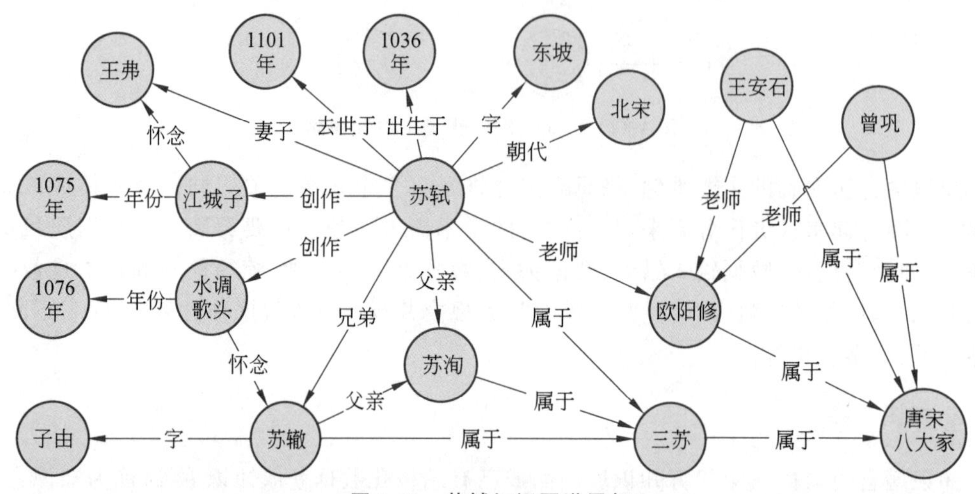

图 1-13 苏轼知识图谱局部

（1）推理属性值：已知某实体的生日属性，可以通过推理得到该实体的年龄属性；比如《江城子》写于 1075 年，则可以推算出当时苏轼 39 岁，再从"十年生死两茫茫"推算出王弗去世大约在 1065 年，当时年仅 20 多岁，可以加一个"英年早逝"属性值。

（2）推理概念：比如已知"＜苏轼，属于，三苏＞"和"＜三苏，属于，唐宋八大家＞"可以推出"＜苏轼，属于，唐宋八大家＞"。再继续推理，唐宋八大家在图中已有 6 位且相互关联，显然都是差不多同时代的历史人物。6 位在北宋，岂不是唐朝只有 2 位？一查资料果然如此。

2. 知识更新

从逻辑上看，知识图谱的更新包括概念层的更新和数据层的更新。概念层的更新是指新增数据后获得了新的概念，需要自动将新的概念添加到知识图谱的概念层中，比如"文学家"概念增加了一个新的属性"代表作"，那么落实到数据层上，每位文学家都需要增加代表作属性值。数据层的更新主要是新增或更新实体、关系、属性值，比如图 1-13 随着知识挖掘深入蔓延而增加了"韩愈""柳宗元"两个实体。对数据层进行更新时需要考虑数据源的可靠性、数据的一致性（是否存在矛盾或冗杂等）等问题，并选择在各数据源中出现频率高的事实和属性值。

在更新时有两种方式，即全面更新和增量更新。这两种更新都需要大量人力资源进行系统维护，没有哪种方法是一劳永逸的。全面更新是指以更新后的全部数据为输入，从零开始重新构建。这种方法比较简单粗暴，保证全部知识都被更新，但是资源消耗极大，有可能把前期所做的全部手工整理工作都清零了。增量更新是指以当前新增数据为输入，向现有知识图谱中添加新增知识。这种方式资源消耗小，但目前仍需要大量人工干预（定义规则等），具有很大难度和工作量，并且有可能对过时知识清理不彻底。

3. 质量评估

对于经过融合的新知识,在进行自动质量评估之后,部分矛盾疑点需要人工参与甄别解决,才能将合格的部分加入知识图谱中,以确保良好质量。质量评估的考察对象主要包括概念、实体、属性,以及概念之间的关系、概念与实体之间的关系、实体之间的关系等。质量评估一般考虑4个维度,即准确性、一致性、完整性和时效性。质量评估的方法一般有人工抽样检测、全量逐条检测、逻辑一致性验证、外部知识校验等。可能出现的错误主要集中在三元组中。

(1) 上下位问题。图谱中如果出现环状结构,显然和一般的树状结构相比存在异常,需要纠正去除某个实体或断开某个关系。

(2) 属性问题。实体的属性值不能匹配属性的要求,或者已经过时了,或者同一个属性出现了多个完全不一样的属性值,需要回溯数据源。

(3) 逻辑问题。关系间的逻辑不符合客观事实,或者和知识推理得到的结果相冲突。

1.3 知识图谱应用

知识图谱以其强大的语义处理能力与开放互联能力,可为知识互联奠定扎实的基础,使Web 3.0提出的"知识之网"愿景成为了可能。另外,通过知识图谱能够将Web上的信息、数据以及链接关系聚集为知识,使信息资源更易于计算、理解以及评价,并且形成一套语义知识库。随着智能信息服务应用的不断发展,知识图谱已得到广泛应用。

1.3.1 知识图谱分类

目前各行各业都将知识图谱大量应用于业务场景中,利用其特有的应用形态与领域数据、业务场景结合,助力在该领域取得实际的倍增价值。典型的应用包括语义搜索、智能问答、推荐系统、可视化决策支持、公安刑侦、司法辅助、辅助写作、情报分析、反欺诈等领域。大体上可以分为通用知识图谱和领域知识图谱两大类。

1. 通用知识图谱

通用知识图谱(General-purpose Knowledge Graph,GKG)以常识性知识为主,强调知识的广度,使用者为一般用户,构建方式一般为自底向上构建。大致步骤包括知识获取、知识存储、知识抽取、知识融合、知识计算和知识应用。

2. 领域知识图谱

领域知识图谱(Domain-specific Knowledge Graph,DKG)面向特定领域的知识,强调知识的深度,使用者为特定领域人员,构建方式一般为自顶向下构建,需要领域专业人员或专业资料支撑。典型例子是医疗、金融、法律、生态环境、能源制造、情报等。

领域知识图谱的构建一般需要大量人工参与。不但需要多位具备深度的专业背景知识的领域专家,还需要与信息领域专业人士配合,结合计算机强大的计算能力和领域专业人员的认知能力与经验,将知识表示为计算机可理解的形式。数据来源上,广泛从结构化数据中自动抽取，提取领域相关数据库的表名和字段名，尽量覆盖专业概念及其关系。当从非结构化数据中自动抽取时，需要投入大量人力、物力进行专业性的数据标注工作。

3. 两者比较

通用知识图谱与领域知识图谱所需的技术基本类似，通用知识图谱是领域知识图谱的基础，向领域知识图谱提供高质量的事实和基本的领域架构，具有显著的支撑作用。而领域知识图谱不断地给通用知识图谱以反馈完善。两者的比较如表 1-3 所示。

表 1-3 通用知识图谱与领域知识图谱比较

处理阶段	比较项	通用知识图谱	领域知识图谱
知识表示	广度	宽	窄
	深度	浅	深
	粒度	粗	细
知识获取	质量要求	高	非常高
	专家参与	轻度	重度
	自动化程度	高	低
知识加工	推理链条	短	长
	更新工作量	大	大
知识应用	复杂性	简单	复杂

1.3.2 通用知识图谱应用

通用知识图谱通常以互联网开放数据为基础，如维基百科或社区众包为主要来源，从公认知识起步逐步扩大规模。以三元组事实型知识为主，较多地从开放域的 Web 抽取，对知识抽取的质量有一定容忍度，通过知识融合提升数据质量。应用领域主要在搜索和问答方面，对推理要求较低。

1. 智能搜索

传统搜索靠文本字符串匹配来实现对网页内容的搜索，而语义搜索是直接对事物进行搜索。这些事物，比如人、物、机构、地点等，可能来自文本、图片、视频、音频，也可能来自数据库表、物联网设备等。知识图谱和语义技术提供了对这些事物的分类、属性和关系的描述，从而搜索引擎就可以直接对事物进行搜索。

语义搜索起源于基于查询语言的知识检索，在此基础上得到了更进一步的长远发展。本质上是通过数学方法，来摆脱传统搜索方法中的近似和不精确，并且找到一种清晰的理解方式来为词语的含义以及这些词如何与输入的词语进行关联。简单来说，语义搜索允许用户的输入尽可能地接近自然语言，能够理解这些语言并且返回更加精确的答案。语义搜索借助知识图谱的表达能力，来挖掘用户需求与数据之间的内在关联。同时，相比于传统的查询方法，语义搜索可以理解和完成更复杂的查询，并给出更精确的结果。

应用知识图谱之后，智能搜索引擎就开始明白了。回到本章最开始图 1-1 的例子，用户关心的是“苏轼弟弟的父亲”，于是智能搜索引擎就从“苏轼”这个实体开始出发，去寻找“弟弟”这条关系的另一个实体，再顺藤摸瓜寻找下一个实体“父亲”。当它能够理解到被问的是另一个实体而不是“苏轼”，这个时候就会正确地返回答案“苏洵”。

在掌握了足够多知识之后，智能搜索能够返回更丰富、更全面的信息。比如搜索一个人的身份证号，就可以获得此人的全面相关的信息，如历史借款记录、联系人信息、行为特征和每一个实体的标签（比如黑名单、同业等）。从而智能搜索更能理解用户真实意图，并极大提升搜索准确度和效率。

2. 知识问答

知识问答或问答（Question Answering，QA）系统是一个拟人化的智能系统，它接收使用自然语言表达的问题，根据语义实体来理解用户的意图，再获取相关的知识，最终通过推理计算形成自然语言表达的答案，并反馈给用户。它是对话的一种形态，强调以自然语言问答为交互形式从智能体获取知识，不但要求智能体能够理解问题的语义，还要求基于自身掌握的知识和推理计算能力形成答案。

从应用场景上看，智能搜索的延伸就是 AI 智能问答，其形式包含语音问答或者文本问答。这些偏向于问答型的智能机器人也是人们最初对人工智能的一个设想，这也是知识图谱最广的应用之一，已经广泛应用于智能音箱、电商客服、服务信箱等。一个简单的电商客服问答流程如图 1-14 所示。

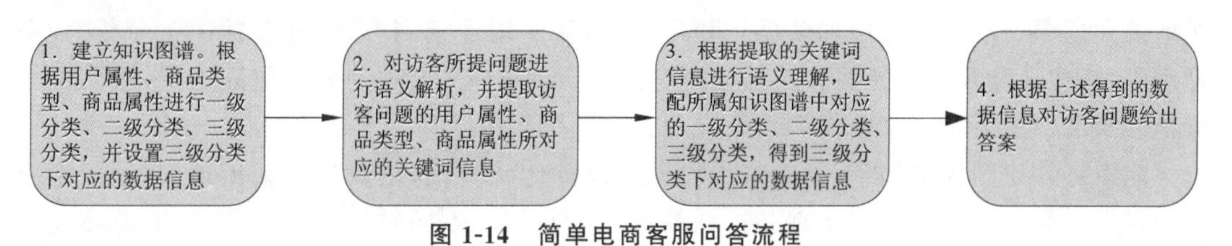

图 1-14　简单电商客服问答流程

3. 推荐系统

推荐系统作为互联网用户增长的一种手段，已经广泛应用于各大公司，其价值在于个性化和千人千面。一方面可以满足用户需求，提高用户活跃度以及平台与用户的黏合度；另一方面对于平台而言，不仅提升了用户的体验度，还在一定程度上解决了个性化导致的小众问题。通过从一定业务场景中抽象并设置的规则，可以提取到一些特征，比如城市、位置、意图等，而且这些特征一般基于深度的搜索，比如二维、三维甚至更高维度，这对数据分析与应用和机器学习有关键性的价值。

图 1-15 展示了实体链接如何应用于智能问答和问题推荐。问题通过处理之后会得到其意图和主实体，然后借助实体推荐得到相关实体，再用来构建相关问题提示。比如说输入问题“长沙工学院周边好吃的?”，识别到其主实体为“长沙工学院”、意图为“美食”。以此推荐实体位置相关的问题，比如说“长沙铁道学院周边好吃的?”“中南矿冶学院周边好吃的?”“湖南医学院周边好吃的?”。同时实现了推荐意图相关的问题，比如说“长沙工学院周边好玩的?”“长沙工学院周边景点?”“长沙工学院周边酒店?”等。

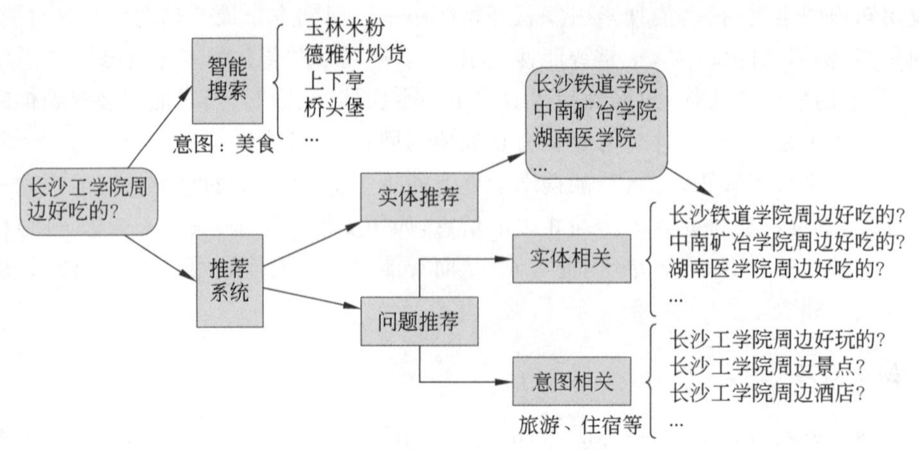

图 1-15 实体链接运用于相关推荐

1.3.3 领域知识图谱应用

领域知识图谱应用的最重要工作，在于对业务的理解，以及对知识图谱架构本身的设计。一个优秀的领域知识图谱应用，绝对离不开对业务的深入理解和对未来业务场景变化的预估。其业务数据来源通常来自于领域或机构内部的数据，通常知识结构更加复杂，包含本体工程和规则型知识。知识抽取的质量要求很高，一般会依靠从机构内部的数据进行联合抽取，并经过人工审核校验来保证质量。通常还需要融合多来源的领域数据，来高质量有序地扩大规模。应用形式更加多样化和定制性，除专用搜索问答外，还包括决策分析、业务管理等，有些还和业务系统直接对接实现良好互动，对知识推理的要求更高，并有较强的可解释性要求。主要领域有电商、金融、农业、安全、医疗等。

能用到知识图谱的领域，通常来说数据一般都比较复杂，需要先重新梳理，再通过梳理后的多模态数据来进行比如推理和挖掘等下一步利用。不同领域的知识图谱，其基本逻辑互不一样，处理方式自然也不一样。比如，同样是物品的摆放，超市是为了促进顾客购买而分门别类，网上商城物流中心的商品摆放是为了便于机器分拣快速出库，而工业生产流水线的元件物品摆放是为了尽快服务于当前工序需要。

1. 电子商务

对于电子商务平台来说，交易量和客户活跃度是其核心竞争力，而客户一般都是通过搜索获得想要的商品，越精准的搜索结果，客户使用越多。因此，各大电子商务平台都在不断摸索，尝试构建自己的知识图谱平台。

除了优化搜索结果，知识图谱还可以帮助电子商务以及社交平台解决一些智能推荐问题。如果推荐仅仅满足于“买了啥推荐啥”或者“推荐的商品与客户无强关联”，将会使得推荐商品不会引起用户强烈购买欲望，导致从浏览到购买的转化效果不佳。知识图谱可以帮助跳出这种简单的推荐逻辑，通过实体推荐使得推荐结果更加智能化，促进用户购买。

通用图谱的关系数据大多是实体间的关系，而电子商务图谱的关系主要是概念之间的关系。概念间的关系建模较难，有些是常识，比如春季会推荐连衣裙而冬季不会；有些来自于海量的用户购买记录分析结果，统计找到大概率趋势。如图 1-16 所示，如果用户购买了这么一条裙子，知识图谱可能就会根据这件商品的全方位维度，进行针对性的相关商品推荐。比如显瘦的需求可能会对铅笔长裤和细带高跟鞋感兴趣，而小个子可能对松糕底鞋子有意向。再加上平台对用户购买行为习惯的精准画像，会让用户感受到格外贴心，经常浏览几小时琳琅满目且都是感兴趣的商品从而流连忘返，达到增加用户黏度的效果。

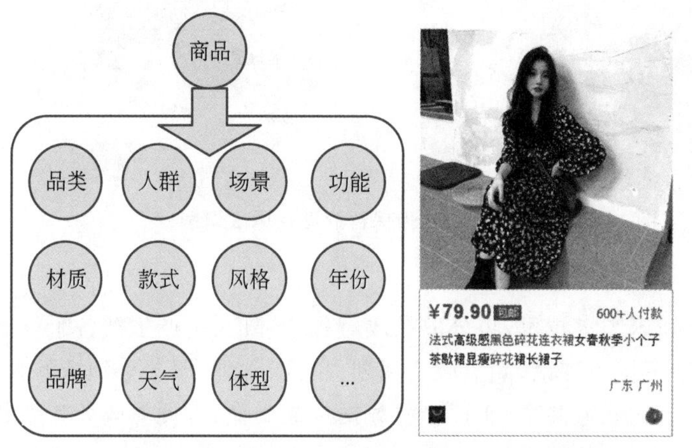

黑色（颜色）
长袖（款式）
小个子（高度）
春秋季（时间）
法式（风格）
小碎花（图案）
连衣裙（品类）
女（人群）
裙子（品类）
茶歇裙（款式）
显瘦（体型）
V领（领型）
高腰（腰型）
套头（门襟）
…

图 1-16　商品的多维度图谱推荐

2. 金融风控

近些年随着金融创新手段层出不穷，各类金融数据爆发式增长，隐藏的风险也危机四伏，传统风控系统面临各种让人眼花缭乱的金融行为逐渐显得力不从心。与此同时，知识图谱的推理能力和可解释性大受欢迎，运用知识图谱和机器学习算法的智能风控系统在风险识别能力和大规模运算方面具有突出优势，逐渐成为金融领域风控反欺诈的主要手段。

尤其消费金融和小微企业贷兴起后，银行以及其他持牌金融公司、助贷机构、人工智能公司等纷纷将知识图谱应用于风险控制，比如小微企业信贷、消费信贷、信用卡申请等反欺诈业务，特别是识别团伙欺诈，还可以用来识别会计造假。基本原理简单理解是“物以类聚，人以群分”，比如“来自同一个 IP 地址的多个企业借款客户”，或者“同一个设备注册多个企业账号申请借款”，均有可能存在欺诈嫌疑。

信贷欺诈的识别问题可以转化为客户知识图谱挖掘或社交网络分析问题，即把企业工商信息、新闻动态、股东关系、股权变更、司法诉讼等整合到反欺诈知识图谱里，经过分析和预测，挖掘识别欺诈案件，如利用壳公司贷款等。

再从常见的担保业务来看，如图 1-17 所示，担保网络可简化为规模较小、相对独立的担保群。担保群间担保关联稀疏；担保群内部联系紧密，担保圈风险一般只发生在群内部，找到风险最大的担保群，然后就可以找到风险最大的担保企业。

3. 城市管理

随着物联网、云计算、大数据等技术的发展，数据采集更快、更多、更全，城市感知能力日益强大，城市公共管理的数据来源，由政务数据不断拓展至智慧交通、视频监控、环境监管等运行感知数据以及企业数据。城市管理数据包含了文字、图像、音视频等多模态数据，复杂度也日渐提升。城市大数据平台也从政务共享交换平台，发展成为多方共建共用共享的大

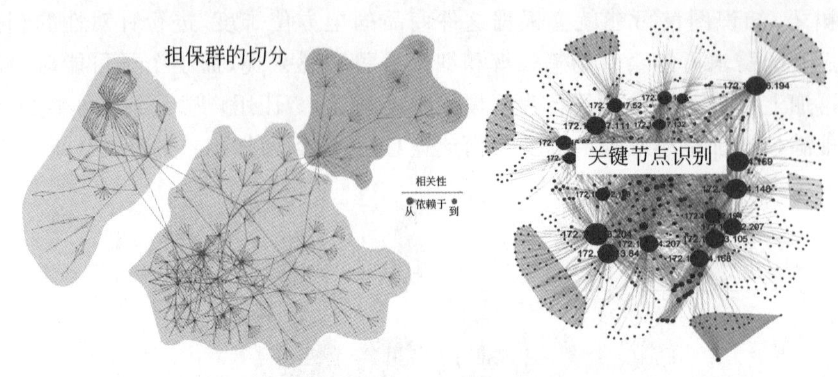

图 1-17 从担保网络到担保群的潜在风险识别

数据平台。

智慧城市正在基于知识图谱技术，将分散在政府各个部门、生产生活各个领域的相互孤立的数据资源，组织成基于城市理论，涵盖城市规划、建设、管理、服务等领域的大型知识库，并作为基础资源开展广泛的联通共享，实现多源数据集成交换，方便对政务数据和社会数据进行深度挖掘。

城市知识图谱通过提供一个根据治理协议共享数据的统一框架，基于开放标准，并利用数据之间的关系进行业务和运营的优化，使用公共基础设施来容纳城市中所有部门的通用交换数据，将各种不同来源的数据能够在一个全面的、可查询的语义图上链接在一起，以展示关系中的相关点，助力城市管理从感知智能到认知智能逐步提升。

城市知识图谱的建立，是城市数据管理和城市运行分析的基础性工作。通过对城市数据的语义定义和实例化，实现对不同领域、行业、类型的城市数据的标准化、知识化的管理，从而支撑更为复杂的城市分析应用。

4. 公共安全

"警务云""天网工程""雪亮工程"等一系列公安大数据工程的实施，全面助推公安工作质量和效率发生巨大变革。为了更好满足大数据和人工智能双重业务需求，随着跨部门、警种、业务的协同和整合大趋势的到来，知识图谱通过数据分析、文本语义分析等手段，抽取出人、物、地、机构、虚拟身份等管理服务对象实体，并根据其中的属性、时空、语义、特征、位置联系等建立相互关联，构建一张多维多层的，实体与实体、实体与事件的关系网络。

利用构建好的知识图谱，通过关联算法、语义推理等技术，将公安部门多年业务中积累的经验进行总结和可视化处理，建立经验数据到知识模型的映射关系，实现重点人员场所关联分析、异常事件挖掘、团伙关系分析、物品关联分析、相似案件推理等功能，提升公安办案效率和并案能力，甚至能够犯罪预测预警。

知识图谱依托公共安全各类数据的大汇聚大治理，构建不同警种业务数据之间的知识网络关系，从整体运行的角度揭示不同警种各种关注要素的内在关系，针对公共安全发展趋势进行实时反馈和动态调节，从而准实时分析多至万亿级海量关系数据，转化为重要敏感人群和事件图谱数据，深度挖掘各类关联关系，支撑公安机关展开情报研判分析、犯罪团伙跟踪以及重大事件预警等。

5. 智慧医疗

医疗健康所处理的数据是典型的海量多模且多源异构。利用知识图谱的处理能力，可以从海量的临床案例中对经验和知识进行提炼整理、录入标注、体系构建，有利于缓解人民群众对医疗服务需求持续增加和现有优质医疗资源供给不足的矛盾。但是由于医疗数据专业性强、结构复杂，并且对于正确性的要求非常高，在很多场合下要求万无一失，因此数据融合在医疗健康行业应用场景中具有很大的挑战性。

智慧医疗目前还只是处于起步阶段，距离全面运用还有很长的路要走。目前市面上已经出现了基于知识图谱的辅助就诊软件，简单疾病可以在线上问诊，并且推荐相关的药方；另一方面很多时候生病只是知道有什么症状，比如打喷嚏、流鼻涕，但是却不知道去医院具体挂什么科室，即“知症不知病，知病不知科”。在这些场景下，可以使用基于多模态的知识图谱辅助推荐。

6. 教育教学

教育教学过程中已经广泛使用人工智能技术，比如拍照搜题、口语评测、课堂监控等场景。知识图谱能够有效深入到教育教学管理服务中，建立在动态采集的各类教育教学数据基础上，贯穿教材知识体系、教学资源管理和学生学习轨迹，将教与学的全过程进行可视化展现，将静态的知识点和教学资源与动态的教学活动数据关联起来，为进一步提升教学质量提供支撑。

教育教学知识图谱的构建，可以从各个学科知识点作为实体出发开始构建，知识图谱的质量主要取决于对知识点的粒度的切分，以及和知识点之间关系（关联关系、依赖关系等）的丰富程度，将学科教材知识进行本体建模，形成可关联性查询的知识网络。

在学科知识点构建完成之后，跟教学资源（教材、讲义、视频、试题、试卷等）构建关联关系，以图结构将教学资源以及关系进行语义化组织，以便合理调用。在此基础上，形成面向学习目标的个性化学习路径，实现千人千面的教学方案。

进而通过用户信息和学习记录，面向学生搭建个人知识图谱，建立知识点与学生之间的实时关联，根据对知识点的学习进度和考试反馈数据，形成可视化个人画像细致地刻画学生的知识掌握程度，实现精准的学情状态研判、学习路径规划和学习资源个性化推荐。也能帮助老师更好地掌握学生情况，优化教学方法和调整教学策略，有的放矢开展习题推送和一对一教学。

7. 企业管理

信息化建设为企业积累了丰富的数据资源，但是在传统存储手段下企业内部的数据很难打通，存在很多沉没经验知识，形成的数据孤岛，难以让企业的知识有效利用起来。例如，日常工作场景中，企业内部往往会有大量的培训和项目总结会议，其中产生的大量经验和知识需要准确地送给潜在使用者，各级员工有大量个人知识储量、项目及管理经验应当被共享。此外，企业用户产生与业务相关的知识需求后，往往希望能快速而准确地获得相关领域的业务知识、解决方案和案例经验，这些都对企业内部知识的高效流动、传播和利用提出要求。

企业内部的知识来源广泛，知识增长体量大，识别、审核和管理知识的难度高。知识图谱具有理解和处理海量信息的能力，并能通过语义理解和训练对知识进行推理和判断，在信息表达上更接近人类的认知方式。构建基于知识图谱的企业内部知识管理平台，对接企业内部来自多个业务的多源异构海量数据并从中发现规律，建立从研发、生产、营销、销售到服务的完整闭环，实现高效运转、精准洞察和实时决策。

而对企业客户的挖掘，知识图谱更是为销售和客服提供了倍增效果。比如××牌汽车销售部门可以对内部商业数据分析时提问："购买××牌汽车的男性的二度人员关系中有多少曾经来过××牌4S店?"，获得这个答案后，汽车销售将直观地获得大量有价值的"潜在客户"实体群，并精准地拥有非常客观的推荐人，可以有针对性地以售后服务回访老用户形式，实际开展对潜在用户的营销。

8. 工业知识图谱

工业体系领域十分庞大、产品形态各异、生产场景丰富、定制化程度较高，运行规律覆盖工业产品规划、设计、研发、生产、试制、量产、运行、保障、营销和企业管理等全生命周期，具有工业知识总量多、细分专业知识量少、对知识应用可靠性要求高等特征。通过建立工业知识图谱，可以有效表达、管理和分析工业知识体系，并为不同个性化工业场景提供精准知识服务，更好地组织、管理和分析与工业体系的内部联系。

需纳入工业知识图谱的数据庞大且知识结构复杂，包括经验、图文知识、工业模型和工业软件等方面。有些知识如工序流程和工艺制造知识相对通用，但更多的是专用定量知识。这些知识之间存在着大量的逻辑关系，而不同角色本体构造提出的需求也不尽相同。这些关系复杂程度远远超过一般思维逻辑、分类体系、目录体系等管理手段的能力范畴。

工业知识图谱对各种工业关系实现了统一管理，将工厂车间、人工资源、物料组件、设备制具、工艺流程、故障等制造业的基础数据进行知识分类和建模，记录了各种工业实体、工业环境、工业组织和人之间的各种动态关系，包括各种产品与环境的关系、设计与生产的关系、生产设备与产品的关系、产品与零部件的关系、零部件与材料的关系、供应商与采购商的关系、上游产业与下游产业的关系等。

工业知识图谱融合环境、水务、模具、能源管理等多个相关行业的知识内容，通过快速搜索和推理关系中的趋势、异常和共性，更好地组织、管理和理解工业体系的内部联系，并以数据分析作为决策依据，进行全流程多方面的协调管控，提升资源管理能力、生产效率和产品质量，提高制造流程中问题的预见和解决能力。

1.3.4 面临的技术挑战

知识融合和知识推理是知识图谱的关键技术，学术界和产业界都在积极研究和探索，但目前仍面临很多挑战，主要如下。

(1) 数据噪声问题。数据源难以保证数据质量，而通过人工标注无法保证结果完全正确，并且效率极低。

(2) 实体消歧问题。具有同义异名或同名异义的实体难以处理，导致知识图谱中出现知识冗余或缺失，以及属性值相互矛盾。

(3) 受限知识问题。时间空间等动态因素影响知识有效性，知识有些会过时而有些在特定约束条件下才正确，很难合理利用知识的动态约束信息完成动态推理。

(4) 外部知识问题。如何充分利用各类外部资源和已经积累的业务知识，辅以人力因素进行验证或者标注，以完成自然语言处理解决不了的现实矛盾。

比如在电子商务平台上搜索“苹果”，就会发现结果中既有苹果手机等电子产品，也有各地水果苹果，表现出对同一客户需求判断出现了语义分歧。但是出现这样的结果却很难判断谁好谁坏，可能这是针对该客户的用户画像而生成的，因此该客户自己的感受体验“如鱼饮水，冷暖自知”。

1.4 本书实战知识点

可以看到，知识图谱将会是一次数据处理和存储技术的全面升级，业已渗透到人们生活工作的方方面面，是人工智能时代的数据基础设施。近年来，随着自然语言处理、深度学习、图数据处理等众多领域的飞速发展，知识图谱在自动化知识获取、知识表示学习与推理、大规模图挖掘与分析等领域取得了很多新进展。

知识图谱的构建及应用，涉及更多细分领域的一系列关键技术，包括知识建模、关系抽取、图存储、自动推理、图谱表示学习、语义搜索、智能问答、图计算分析等。学好知识图谱需要系统掌握和应用这些分属多个领域的技术，将大量的多模态数据进行打通形成有关联关系的图谱，通过智能计算进行知识的推理、挖掘以及预测等后续操作。

知识图谱当前正是个充满学术研究的领域，涵盖面广而又不够成熟。本书定位并非学术型理论著作，而是选择其中一些技术和工具进行实战，尽量从可操作层面展开教学，本书实战知识点如图 1-18 所示。

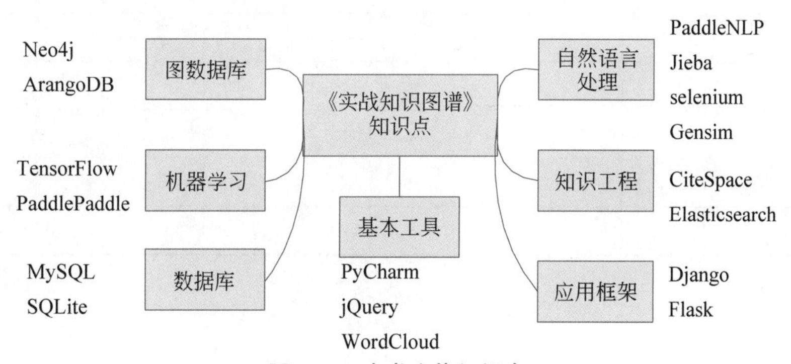

图 1-18 本书实战知识点

对每章中牵涉的知识点做一个总结，内容如表 1-4 所示。

表 1-4 全书知识点章节分布

知识点	章节										
	第 2 章 企业信息知识图谱	第 3 章 医药疾病知识图谱	第 4 章 银行审计知识图谱	第 5 章 人物关系智能问答	第 6 章 基于知识库的实体链接系统	第 7 章 交通出行科研文献研究	第 8 章 微博舆情知识图谱	第 9 章 基于法规知识图谱的搜索系统	第 10 章 基于裁判文书的司法知识图谱	第 11 章 政府信箱知识服务	第 12 章 新闻推荐系统
MySQL	√		√		√			√	√		
Neo4j	√	√	√	√			√	√	√		√

续表

知识点	章节										
	第2章企业信息知识图谱	第3章医药疾病知识图谱	第4章银行审计知识图谱	第5章人物关系智能问答	第6章基于知识库的实体链接系统	第7章交通出行科研文献研究	第8章微博舆情知识图谱	第9章基于法规知识图谱的搜索系统	第10章基于裁判文书的司法知识图谱	第11章政府信箱知识服务	第12章新闻推荐系统
NumPy		√			√					√	
Flask				√	√						
Gensim					√						
BootStrap				√	√						
CiteSpace						√					
Selenium						√	√				
Jieba				√	√				√		
D3.js								√			√
Elasticsearch								√			
Django								√	√	√	√
PaddleNLP							√	√		√	√
TensorFlow									√		
SQLite										√	√
WordCloud										√	
ArangoDB										√	

第2章

企业信息知识图谱

本章以企业信息知识图谱的构建为实战案例，对企业信息知识图谱的需求进行分析，明晰面向的用户及需解决的问题，展示了企业信息知识图谱的构建方法，并针对其应用进行了相关的分析和描述。

本章主要学习 MySQL、Neo4j、PyCharm 的用法，熟悉通过结构化数据搭建简单知识图谱的基础流程。

2.1 项目设计

企业信息知识图谱能够通过可视化方法从多角度展现企业全维度画像，帮助从海量数据中找到关联线索，从而制定经营策略，实现更有效的潜在客户管理。本项目以企业信息为研究对象，利用结构化数据构建可视化图谱，再查询企业全貌、关系维度、司法维度等。

2.1.1 需求分析

在企业公告中，通常包含企业的财务状况和经营状况信息，例如对外投资、股权变更、管理层异动、风险因素等。面对纷至沓来的海量企业动态信息，获取和组织关键信息就成了痛点问题。

丰富多维度的企业信息，对于基本面分析十分重要，企业信息知识图谱一般包含企业、人员、专利、公告等实体类型，以及任职、股权、专利所属权等关系类型，通过完善企业以及人员画像，可以帮助企业获取潜在客户、多层次研究报告，管控风险；辅助发现不良资产、企业风险、非法投资等。

项目根据企业信息搭建知识图谱，帮助用户查询多个主体之间的关系网络，如企业与企业、企业与自然人、自然人与自然人之间的关系，并对多个目标主体之间 n 度以内路径实现探寻，直观立体展现企业全貌以及关联企业的关系，衡量企业各要素之间的密切关系度，并从多个维度近距离观察企业。

2.1.2 工作流程

知识图谱构建的过程，就是将实体通过关系链接成网状知识库，对语义知识库实现结构化。这种网状结构的知识库的基本组成单位是＜实体，关系，实体＞三元组，实体和关系都可以带有属性。知识图谱在信息检索方面具有实用性，使用结构化数据作为图形化检索输出，从而能够直观地看到所需要的结果。

本章的工作是构建一个较为简单的企业信息知识图谱，在未来工作中可以添加更多知识，构建更大更为丰富的知识图谱。构建的具体框架和过程大致如图 2-1 所示。

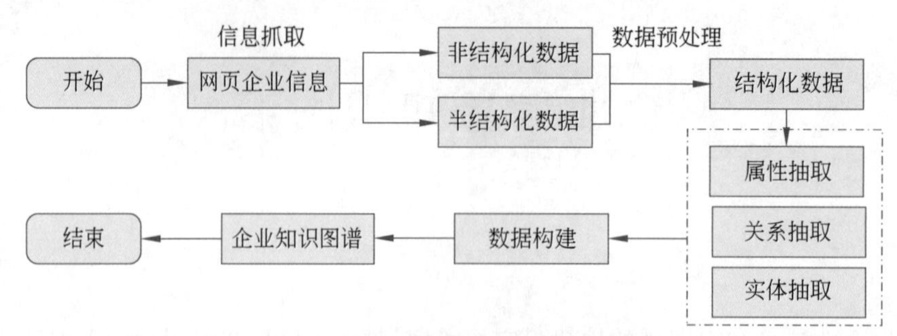

图 2-1 企业信息知识图谱构建流程

构建企业信息知识图谱，通常从相应的网站中抽取企业信息、人员信息、股权信息、诉讼信息以及信用信息等，再添加上市公司、股票等概念和相应属性、招标投标信息、竞争关系等。由于这些数据中包括非结构化数据与半结构化数据，需要经过数据预处理过程后得到结构化数据，再对实体、关系和属性进行抽取，最后存储到数据库中。

2.1.3 技术选型

本章使用 MySQL 和 Neo4j 来存储数据，使用 Python 开发语言构建。

1. MySQL

MySQL 是最流行的关系数据库管理系统之一，所使用的 SQL 语言是用于访问数据库的最常用标准化语言。由于其体积小、速度快、开放源码等特点，大部分中小型网站的开发都选择 MySQL 作为网站数据库。

MySQL 的特性如下。

(1) 使用 C 和 C++ 编写，并使用了多种编译器进行测试，保证了源代码的可移植性。

(2) 为多种编程语言提供了 API，如 C、C++ 、Python、Java、Perl、PHP 等。

(3) 支持多线程，充分利用 CPU 资源。

(4) 提供 TCP/IP、ODBC 和 JDBC 等多种数据库连接途径。

(5) 具有优化的 SQL 查询算法，有效提高查询速度。

(6) 支持大型的数据库。可以处理拥有上千万条记录的大型数据库。

(7) 既能够作为一个单独的应用程序应用在客户端服务器网络环境中，也能够作为一个库嵌入到其他软件中。

2. Neo4j

Neo4j 是一个高性能的 NoSQL 图形数据库。它是一个嵌入式的、基于磁盘的、具备完全事务特性的 Java 持久化引擎，但是它将结构化数据存储在网络(从数学角度叫作图)上而不是表中。Neo4j 也可以被看作是一个高性能的图引擎，该引擎具有成熟数据库的所有特性。程序员工作在一个面向对象的、灵活的网络结构中，而不是严格的静态表中，并且可以享受到具备完全的事务特性、企业级的数据库的所有好处。

存储图数据不一定非得使用 Neo4j，但是选择 Neo4j 是一个优质方案。Neo4j 的查询和存储语句容易理解，适合上手操作。

Neo4j 还有以下优点。

(1) 数据库底层存储专门针对图数据的特点进行优化，在关系数据的处理上具备远高于其他数据库的性能。

(2) 支持高可用性主从集群部署。

(3) 专门为关系数据设计查询语言，对于关系数据的操作更加方便。

(4) 自动为数据建立合适的索引，免去管理索引的麻烦。

(5) 不存在表结构概念，相较于 SQL 使用上更加灵活。

(6) 具备图形化平台等配套工具，帮助开发者快速构建出完整的关系数据平台。

3. PyCharm

PyCharm 是一个强大的 Python 集成开发环境(IDE)，它为 Python 开发人员提供了一系列高效且易于使用的工具，从而帮助他们更快地编写、调试和部署代码。PyCharm 被广泛应用于 Python 开发、Web 开发、科学计算、数据分析及人工智能等领域。

PyCharm 具有直观的用户界面，内置丰富的功能，支持各种主流操作系统，适用于各种项目类型。在 PyCharm 中可以快速地创建新项目、编写和调试代码、管理版本控制、测试代码、分析性能、部署应用程序等。以下是 PyCharm 的一些主要特点。

(1) 代码自动补全：PyCharm 可以根据上下文自动完成代码，从而减少开发人员的工作量。

(2) 代码检查：PyCharm 可以帮助开发人员检查代码中存在的语法和逻辑错误，并提供相应的建议。

(3) 调试工具：PyCharm 提供了强大的调试工具，包括断点、条件断点、监视器等，帮助开发人员更容易地调试代码。

(4) 内置测试框架：PyCharm 支持主流测试框架，如 unittest 和 pytest，开发人员可以快速编写和运行各种单元测试。

(5) 集成 Git：PyCharm 可以集成 Git 版本控制工具，帮助开发人员管理代码库，查看历史记录，比较不同版本的文件等。

(6) 支持各种 Web 框架：PyCharm 支持多种主流 Web 框架，如 Django、Flask、Pyramid 等，提供了丰富的功能，如模板编辑、代码分析、调试，可以帮助开发人员更快地开发 Web 应用程序。

2.1.4 开发准备

1. 系统开发环境

开发及运行环境如下。

(1) 操作系统：Windows 7、Windows 10、Linux。

(2) 虚拟环境：virtualenv 或者 miniconda。

(3) 数据库和驱动：MySQL+pymysql、Neo4j+py2neo。

(4) 开发工具：PyCharm。

(5) 浏览器：Chrome 浏览器。

2. 文件夹组织结构

文件夹组织结构如下所示。

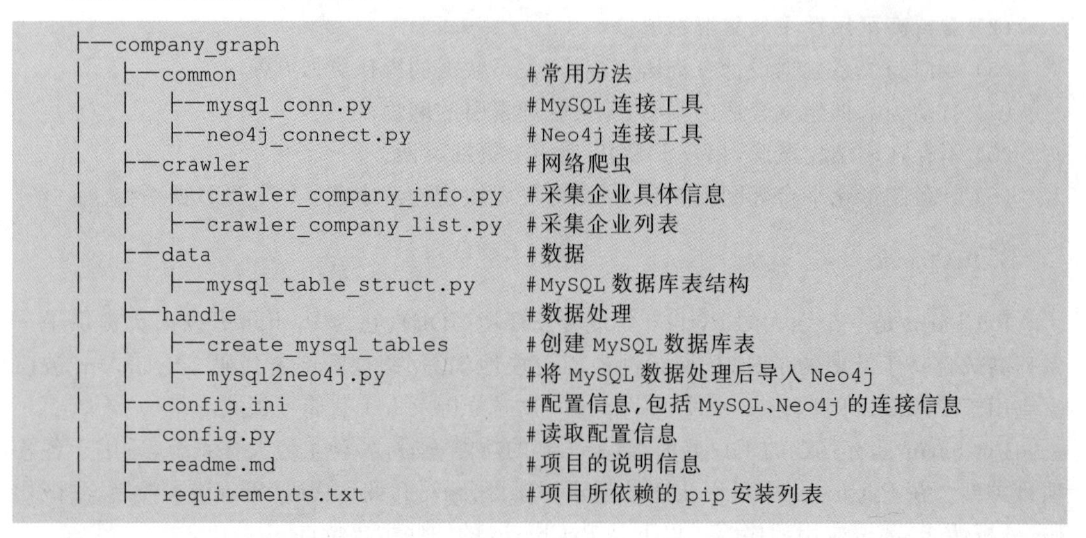

```
├─company_graph
│  ├─common                          #常用方法
│  │  ├─mysql_conn.py                #MySQL 连接工具
│  │  ├─neo4j_connect.py             #Neo4j 连接工具
│  ├─crawler                         #网络爬虫
│  │  ├─crawler_company_info.py      #采集企业具体信息
│  │  ├─crawler_company_list.py      #采集企业列表
│  ├─data                            #数据
│  │  ├─mysql_table_struct.py        #MySQL 数据库表结构
│  ├─handle                          #数据处理
│  │  ├─create_mysql_tables          #创建 MySQL 数据库表
│  │  ├─mysql2neo4j.py               #将 MySQL 数据处理后导入 Neo4j
│  ├─config.ini                      #配置信息,包括 MySQL、Neo4j 的连接信息
│  ├─config.py                       #读取配置信息
│  ├─readme.md                       #项目的说明信息
│  ├─requirements.txt                #项目所依赖的 pip 安装列表
```

2.2 数据准备和预处理

2.2.1 数据获取

数据是构建企业信息知识图谱的重要基础，也是模型分析的重要来源，所以获取有效的企业数据是关键步骤。在本章所运用到的企业数据主要来源于“爱企查”网站所爬取的企业数据。通过给定一批公司名单，运用爬虫手段获取企业的相关数据。

为了方便教学起见，已对企业数据进行了脱敏处理。在构建企业信息知识图谱时，可将其当作知识图谱的实体。其中，围绕公司名称关键字，还采集了其他数据信息，包括了企业的成立信息、法人信息、投资人信息、受理案件信息、公司结构等。

采集企业信息数据的具体流程如图 2-2 所示。

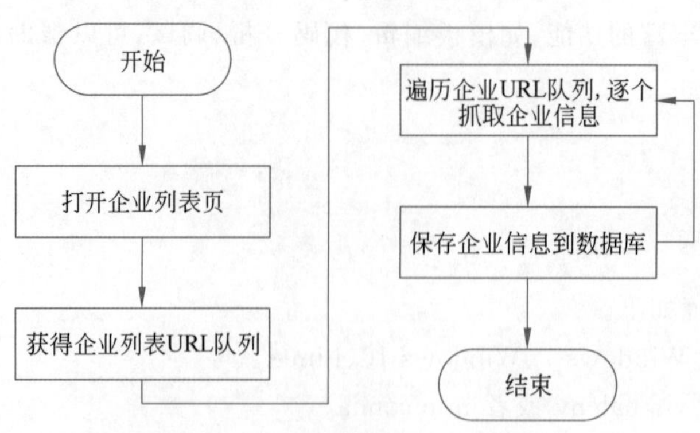

图 2-2　企业信息数据采集流程图

企业信息采集流程具体如下。

(1) 在表 company_crawler_list 中录入待查询的企业信息,包括企业 id 和企业名称,采集状态 crawler_status 值默认为 0,表示等待采集状态。

(2) 启动企业信息采集服务程序,从表 company_crawler_list 中获得 crawler_status 值为 0 的记录列表。

(3) 遍历企业采集任务列表,依次调用企业基本信息、分支机构、股东、主要成员、变更项目和裁判文书等方法,完成各部分数据的采集存储工作。最后将当前采集任务的 crawler_status 值更新为 2,表示采集任务完成。若中途出现异常,则将 crawler_status 值更新为 3,表示采集任务过程中出现错误。

关键代码如下。

```
1.  def get_crawler_list(self, size):
2.    #判断是否存在未采集的企业
3.    while True:
4.        sql = f"select id, pid, company_name from company_crawler_list where
          crawler_status=0 limit {size}"
5.        records = self.mysql.fetchAll(sql)
6.        print(records)
7.        if len(records) == 0:
8.            break
9.        for item in records:
10.           #修改状态值 crawler_status=1,表示正在采集中
11.           id = item["id"]
12.           update_sql = f"update company_crawler_list set crawler_status=1
              where id='{id}'"
13.           self.mysql.execute(update_sql)
14.           self.mysql.conn.commit()
15.           try:
16.               print("pid %s " % item['pid'])
17.               crawler_company = CrawlerCompanyInfo(item['pid'])
18.               #采集所有信息
19.               crawler_company.crawler_all()
20.               self.mysql.conn.commit()
21.               #修改状态值 crawler_status=2,表示采集工作完成
22.               update_sql = f"update company_crawler_list set crawler_status
                  =2 where id='{id}'"
23.               self.mysql.execute(update_sql)
24.           except Exception as e:
25.               print(e)
26.               #self.mysql.conn.rollback()
27.               update_sql = f"update company_crawler_list set crawler_status
                  =3 where id='{id}'"
28.               self.mysql.execute(update_sql)
29.           #降低网页的访问速度,以防触发网站的反爬虫机制
30.           time.sleep(10)
```

企业基本信息采集代码如下。

```
1.  def crawler_basic_info(self):
2.    """
```

```
3.     采集企业基本信息
4.     :return:
5.     """
6.     print("crawler_basic_info")
7.     tmp_url ='https://aiqicha.baidu.com/detail/basicajax'
8.     params ={"pid": self.company_id}
9.     response =requests.get(tmp_url, params=params, headers=headers, verify
       =False)
10.        result =response.json()
11.        data =result['data']
12.        if data is None:
13.            return
14.        data['company_pid'] =self.company_id
15.        try:
16.            self.mysql_conn.import_by_datas(CompanyGraphTables.STR_COMPANY_
               BASIC_INFO, data)
17.        except Exception as e:
18.            print('导入企业基本信息出错,原因: %s' %e)
```

企业分支机构采集代码如下。

```
1.  def crawler_branch_list(self):
2.      """
3.      采集企业分支机构信息
4.      :return:
5.      """
6.      print("crawler_branch_list")
7.      tmp_url ='https://aiqicha.baidu.com/detail/branchajax?size=50'
8.      params ={"pid": self.company_id, "p": 1}
9.      while True:
10.         response =requests.get(tmp_url, params=params, headers=headers,
            verify=False)
11.         result =response.json()
12.         data =result['data']
13.         if data is None or 'list' not in data.keys() or len(data['list']) ==0:
14.             return
15.         params['p'] =params['p'] +1
16.         self.mysql_conn.import_branch_list(self.company_id, data)
```

主要成员、股东等信息的采集代码在此处省略，感兴趣的读者可以查看本章的源代码文件，分别为 crawler_company_list.py 和 crawler_company_info.py。

2.2.2 数据的预处理

数据的预处理十分关键，高质量的数据有利于从企业信息知识图谱的背后挖掘出潜在的、有价值的信息。下面通过爬取某专注服务于企业信息查询的网站，获得企业信息及相关的数据，通过对网页的解析和格式的转换，剔除掉无用的、重复的、有明显错误的数据即可完成对数据的预处理工作。

2.3 知识建模和存储

2.3.1 企业主要属性

根据企业领域所关注的内容,结合已经爬取到的原始数据,可以从原始数据中提取出企业主体信息、企业分支信息、企业股东信息、企业主要成员信息、企业纠纷案件信息等方面的企业属性,各企业属性下又包含子属性,通过此方式寻找企业信息知识图谱构成的元素。具体的企业属性信息如图 2-3 所示。

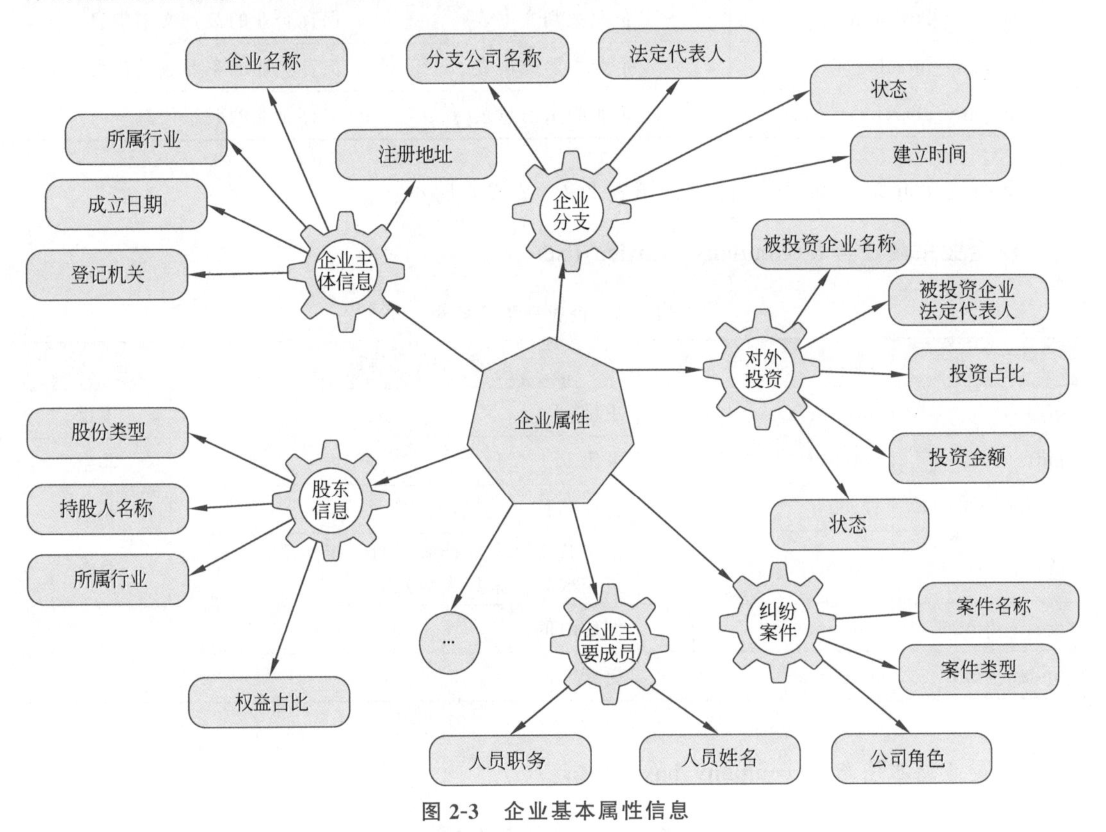

图 2-3 企业基本属性信息

2.3.2 企业数据源形成

通过对企业主体属性的分析,将预处理的数据按企业属性特性存储于 MySQL 数据库,数据库名为 company_graph,共包含 7 张数据表,其数据库表结构如图 2-4 所示。

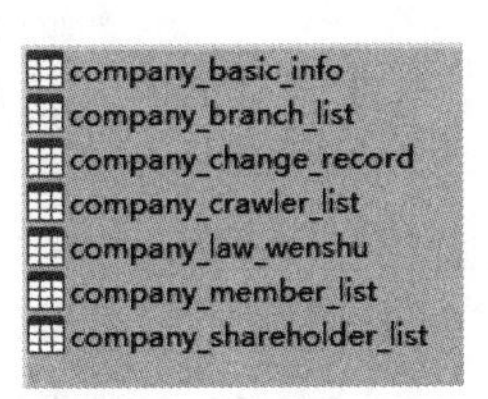

图 2-4 数据库表结构

company_graph 数据库中的数据表对应的中文表名及主要作用如表 2-1 所示。

表 2-1 company_graph 数据库中的中文表名及主要作用

英文表名	中文表名	描述
company_crawler_list	企业采集任务表	保存企业的采集与状态信息
company_basic_info	企业基本信息表	保存企业的基本信息
company_branch_list	企业分支机构表	保存企业的分支机构 id
company_change_record	企业变更记录表	保存企业的变更记录
company_law_wenshu	企业裁判文书表	保存企业的裁判文书信息
company_member_list	企业主要成员表	保存企业的主要成员信息
company_shareholder_list	企业股东信息表	保存企业的股东信息

下面逐个介绍数据库表的信息,如表 2-2～表 2-8 所示。

1. 企业采集任务表(company_crawler_list)

表 2-2 企业采集任务表

字段	类型	长度	注释	备注
id	int	11	主键 id	主键
pid	varchar	100	采集 id	非空
company_name	varchar	200	企业名称	非空
crawler_status	tinyint	2	采集状态(0—等待采集,1—正在采集,2—采集完成,3—采集失败)	非空
create_time	datetime	0	创建时间	
update_time	datetime	0	更新时间	

2. 企业基本信息表(company_basic_info)

表 2-3 企业基本信息表

字段	类型	长度	注释	备注
id	int	11	流水号	主键
company_pid	varchar	50	企业 id	非空
entName	varchar	50	企业名称	非空
entLogoWord	varchar	20	简称	
regCapital	varchar	100	注册资本	
prevEntName	varchar	200	曾用名	
openStatus	varchar	50	经营状态	

续表

字　段	类　型	长　度	注　　释	备　注
entType	varchar	50	企业类型	
unifiedCode	varchar	50	统一社会信用代码	
regNo	varchar	50	注册号	
orgNo	varchar	50	组织机构代码	
taxNo	varchar	30	纳税人识别号	
scope	text	0	经营范围	
regAddr	varchar	50	注册地址	
legalPerson	varchar	50	法定代表人	
personId	varchar	50	人员 id	
compNumLink	varchar	100	人员链接	
startDate	varchar	50	成立日期	
openTime	varchar	50	营业期限	
annualDate	varchar	10	核准日期	
industry	varchar	50	所属行业	
telephone	varchar	50	联系电话	
district	varchar	50	行政区划	
districtCode	varchar	50	行政区域代码	
authority	varchar	50	登记机关	
licenseNumber	varchar	50	工商执照号	
registeredCapital	varchar	50	注册资本	
paidinCapital	varchar	50	实缴资本	
qualification	varchar	50	纳税人资质	
email	varchar	50	电子邮箱	
regCode	varchar	50	注册代码	
orgType	varchar	50	组织类型	

3. 企业分支机构表(company_branch_list)

表 2-4　企业分支机构表

字　段	类　型	长　度	注　　释	备　注
company_pid	varchar	50	企业 id	主键
batch_company_pid	varchar	50	分支企业 id	主键

4. 企业股东信息表(company_shareholder_list)

表 2-5 企业股东信息表

字 段	类 型	长 度	注 释	备 注
id	int	11	股东 id	主键
company_pid	varchar	100	企业 id	非空
name	varchar	50	股东名称	非空
personId	varchar	40	人员 id	值为空时,表示股东为非自然人
pid	varchar	40	企业 id	值为空时,表示股东非公司
nowType	varchar	10	股东类型	
subMoney	varchar	50	认缴金额	
subDate	varchar	10	认缴出资日期	
subRate	varchar	20	持股比例	
labels	varchar	100	标签	

5. 企业主要成员表(company_member_list)

表 2-6 企业主要成员表

字 段	类 型	长 度	注 释	备 注
id	int	11	成员 id	主键
company_pid	varchar	100	企业 id	
personId	varchar	50	人员 id	非空
personName	varchar	50	人员名称	非空
positionTitle	varchar	30	职务	
type	tinyint	2	人员类型	
subRatio	varchar	20	持股比例	
labels	varchar	50	标签	
shareholderType	varchar	10	股东类型	
dataId	varchar	40	持股数据	

6. 企业变更记录表(company_change_record)

表 2-7 企业变更记录表

字 段	类 型	长 度	注 释	备 注
id	int	11	流水号	主键
company_pid	varchar	100	企业 id	非空

续表

字 段	类 型	长 度	注 释	备 注
date	date	0	变更日期	
linkData	text	0	链接数据	
fieldName	varchar	50	变更项目	
oldValue	text	0	变更前	
newValue	text	0	变更后	

7. 企业裁判文书表(company_law_wenshu)

表 2-8 企业裁判文书表

字 段	类 型	长 度	注 释	备 注
id	int	11	流水号	主键
company_pid	varchar	40	企业 id	非空
bid	varchar	40	案件 id	
caseNo	varchar	100	案件号	
compName	varchar	100	企业名称	
detailUrl	varchar	200	裁判文书链接	
procedure	varchar	50	裁判结果	
role	varchar	100	案件身份	
type	varchar	100	案由	
verdictDate	varchar	10	案件日期	
wenshuId	varchar	50	裁判文书 id	
wenshuName	varchar	100	案件名称	

2.3.3 知识图谱主体构建

企业信息知识图谱的构建过程是以企业主体信息为中心,关联企业分支机构、主要成员、股东、涉及案件等信息,丰富图谱内容。

第一步是构建企业的主体。在本章中将获取的数据存储到 MySQL 数据库,可以直接从数据库表中提取作为实体。企业主体构建的主要信息包括企业名称、统一社会信用代码、注册地址、工商执照号、所属行业、经营状态等属性。从数据库表 company_basic_info 中获得企业的信息,经过特定处理后写入 Neo4j 数据库。关键代码如下。

```
1. def get_company_list(self, offset, pagesize):
2.     sql = f"select company_pid, entName, regCapital, authority, startDate,
       regNo, regAddr, industry from company _ basic _ info limit {offset},
       {pagesize}"
```

```
3.     result_dict_arr =self.mysql.fetchAll(sql)      #返回的是字典数组
4.     if len(result_dict_arr) ==0:
5.         return
6.     for company_dict in result_dict_arr:
7.         company_pid =company_dict['company_pid']  #企业 id
8.         company_name =company_dict['entName']     #企业名称
9.         company_dict['name'] =company_dict['entName']
                                                  #方便统一创建节点和查找节点
10.        company_dict['startDate'] =str(company_dict['startDate'])
11.        company_dict['entName'] =None
12.        #创建企业节点
13.        self.create_node("company", [company_dict])
```

创建节点的方法代码如下：

```
1. def create_node(self, label, properties_list):
2.       """
3.       创建节点
4.       """
5.       node_matcer =NodeMatcher(self.graph)
6.       for properties in properties_list:
7.         #判断节点是否存在
8.           find_node = node_matcer.match(label, name=properties['name']).
           first()
9.         #若不存在,则创建节点
10.          if find_node is None:
11.            node =Node(label, **properties)
12.            self.graph.create(node)
```

另外，主要成员、股东、案件等实体的创建过程和公司实体节点的创建过程类似，代码位置在 company_graph\handle\mysql2neo4j.py。

2.3.4 企业信息三元组形成

知识图谱最基本存储的形式是三元组，即头实体 h、关系 r、尾实体 t。因此，构建企业信息知识图谱中重要的一步就是形成多个三元组，以描述实体间的关系。上面已经阐述过如何构建企业信息知识图谱中的主体，以其为中心“开枝散叶”。通过组建不同实体之间的关系对主体进行描述，这个过程就如同织一张网一样，进而从不同的方面去一层一层地详细描述这张网。

在本章中抓取的企业信息经过预处理后封装为结构化数据，方便从数据库表中直接提取实体信息，而关系则可根据它们的属性进行直接使用或修改后使用。观察企业基本信息、股东、主要成员、分支机构等信息，可最终形成＜企业，关系，人＞＜企业，关系，企业＞等三元组数据。

综上所述，构建企业信息知识图谱的过程大致如下：首先提取公司、成员、分支公司、持股人/公司等作为实体节点，然后将各自两者之间的属性或关系作为图的边，形成如表 2-9 所示的三元组数据。

表 2-9　企业三元组数据示例

<***通信技术有限公司,成员,周某文>
<***通信技术有限公司,成员,杨某新>
<***通信技术有限公司,股东,杨某芳>
<***通信技术有限公司,股东,周某文>
……
<***通信技术有限公司,分支公司,***通信技术有限公司重庆分公司>
<***通信技术有限公司,分支公司,***通信技术有限公司河南分公司>

从表 2-9 可知,通过以这种基础数据的形式形成企业信息知识图谱的组成单元,为后续知识图谱的搭建做好准备工作,为下一步将企业三元组数据存储到数据库中打下基础。

2.3.5　数据存储

本项目选用 Neo4j 图数据库来存储企业节点和关系信息。本节主要介绍 Neo4j 数据库的连接和数据的写入操作。

1. 连接 Neo4j 数据库

从参数配置文件中获取 Neo4j 的连接地址、用户名和密码信息,通过 py2neo 提供的 Graph 类连接 Neo4j 数据库。

```
1.  def conn_graph(self):
2.    """连接 Neo4j 数据库"""
3.    graph =Graph(self.url, auth=(self.username, self.password))
4.    return graph
```

2. 节点数据的写入

利用 graph.create 方法创建节点。在 create_node 方法中,label 表示节点类型,properties_list 是一个数组,用于存储待创建的节点信息。properties_list 的每个元素指的是一个节点,name 属性作为节点名称,其他值作为节点的属性值。

在创建节点之前,先判断节点是否已存在,若不存在则执行创建操作。

```
1. def create_node(self, label, properties_list):
2.     """  创建节点  """
3.     node_matcer =NodeMatcher(self.graph)
4.     for properties in properties_list:
5.         #判断节点是否存在
6.         find_node =node_matcer.match(label, name=properties['name']).first()
7.         #若节点不存在,则创建节点
8.         if find_node is None:
9.             node =Node(label, * * properties)
10.            self.graph.create(node)
```

3. 关系数据的写入

Neo4j 的关系由头节点、关系和尾节点组成。以 create_relation 方法为例,start_node_

label 和 start_node_name 表示头节点，end_node_label 和 end_node_name 表示尾结点，rel_type 和 rel_properties 表示关系信息。

在写入关系数据之前，先判断数据库中是否已存在此关系。通过 NodeMatcher 和 RelationshipMatcher 查找节点和关系，若关系不存在则创建关系，否则略过。

```
1. def create_relation(self, start_node_label, start_node_name, end_node_label,
   end_node_name, rel_type,
2.                     rel_properties):
3.     """
4.     创建关系
5.     :param start_node_label: 开始节点类型
6.     :param start_node_name: 开始节点名称
7.     :param end_node_label: 结束节点类型
8.     :param end_node_name: 结束节点名称
9.     :param rel_type: 关系类型
10.    :param rel_properties: 关系 name 属性值
11.    :return:
12.    """
13.    relation_matcher =RelationshipMatcher(self.graph)
14.    node_matcher =NodeMatcher(self.graph)
15.    #先判断关系是否已存在,若存在则跳过
16.    start_node = node_matcher.match(start_node_label, name= start_node_
       name).first()
17.    if start_node is None:
18.        return
19.    end_node =node_matcher.match(end_node_label, name=end_node_name).first()
20.    if end_node is None:
21.        return
22.    result =relation_matcher.match({start_node, end_node}, r_type=rel_type,
       name=rel_properties).first()
23.    if result is None:
24.        properties ={'name': rel_properties}
25.        r =Relationship(start_node, rel_type, end_node, * * properties)
26.        self.graph.create(r)
```

2.4 图谱可视化和知识应用

完成上述工作之后，即可通过 Neo4j 数据库进行企业信息知识图谱的查询，具体操作为：首先单击右边的菜单栏，选择相应实体，在界面上会显示实体的图单元，然后通过展开其节点和关系，得到具体企业的图谱，如图 2-5 所示。

企业信息知识图谱可以快速地将企业、人员、事件等之间的关系信息进行整合，快速地查询到企业的相关知识，得到企业的个体画像，通过将碎片化的信息整合，将分散且混乱的企业数据整合，增强各实体之间的意义信息，同时为查询企业信息的用户提供便捷的资源共享。

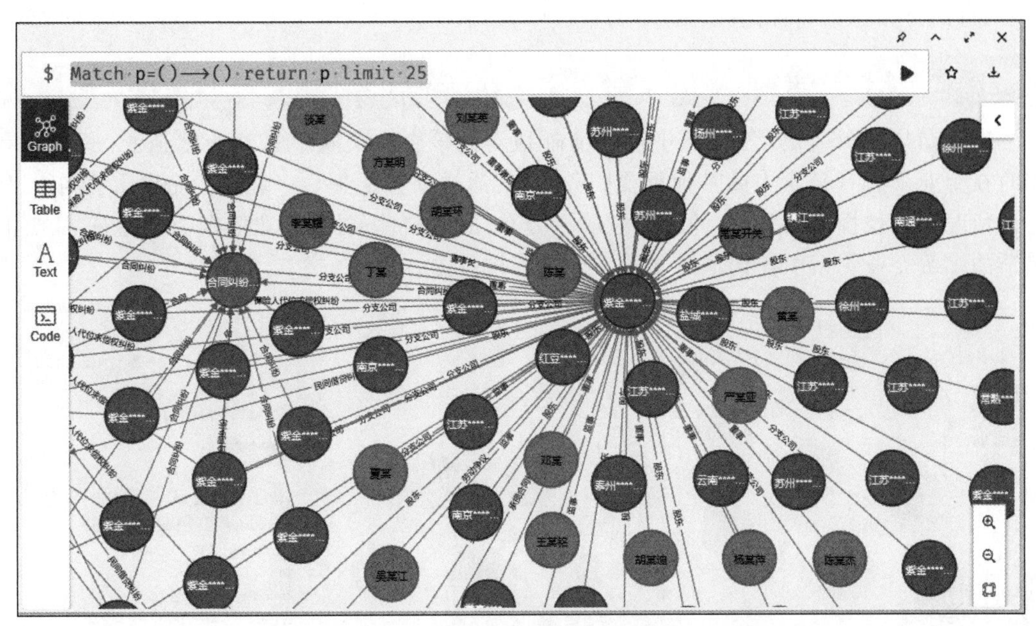

图 2-5　企业信息知识图谱可视化

2.4.1　查询企业全貌

通过企业代码(company_pid)查询企业节点,Cypher 语句如下:

```
MATCH p= (n:company {company_pid:'4321×××××7213'}) -[r]- () return p
```

查询结果如图 2-6 所示,从多维度非常直观地揭示该企业的全貌信息,如主要成员(董事、监事、总经理等)、企业分支、企业股东和涉及的裁判文书信息等。

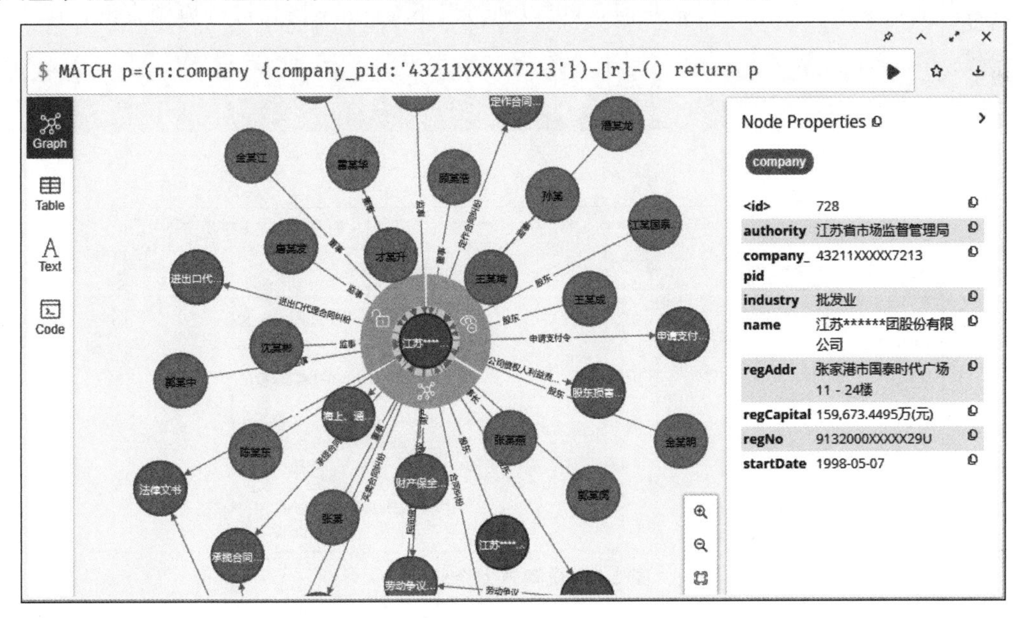

图 2-6　企业信息查询

通过 Cypher 语句查询(n,m)层关系,语句如下:

```
MATCH q=(x)-[*6..8]-() return q limit 25
```

查询结果如图 2-7 所示。从中可以清晰地看到该企业关联了另外 4 家企业,多名董事同时在企业 B 担任负责人或其他重要职务,并且通过分支企业 C 一起作为企业 D 股东。对类似情况层层挖掘仔细分析,即可通过股权分布、股东属性,看清企业股东受益分布,从盘根错节的多级企业关系中找到最终受益人或实际控制人。

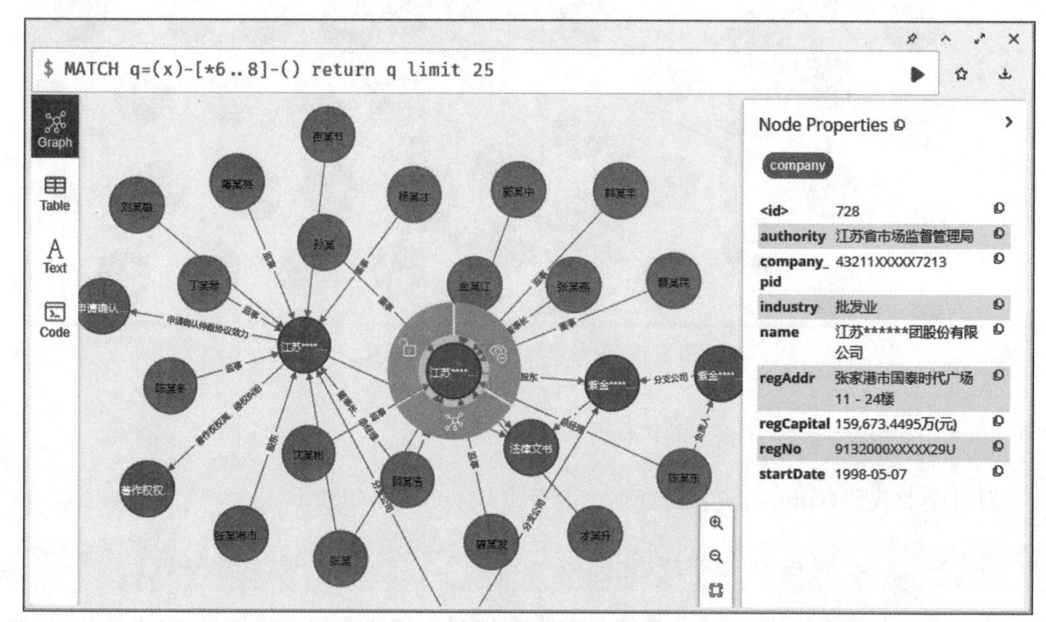

图 2-7 多层企业关系查询

若要通过关键字钻取类似企业信息,可以通过以下 Cypher 语句进行模糊查询:

```
MATCH (p:company) WHERE p.name=~".*江苏*." return distinct p.company_pid,
p.name
```

得到的结果如图 2-8 所示。

$ MATCH (p:company) WHERE p.name=~".*江苏.*" return distinct p.company_pid,p.name

	p.company_pid	p.name
1	"65553186317713"	"江苏省农垦集团有限公司"
2	"45284624513707"	"江苏新华报业传媒集团有限公司"
3	"56253217788968"	"江苏洋河酒厂股份有限公司"
4	"40553033594282"	"江苏舜天国际集团有限公司"

图 2-8 模糊查询企业信息

除此之外,还可以根据实际情况通过构建的企业信息知识图谱进一步开展挖掘和分析,如潜在风险分析、合作前景预测等，在此不做深入的研究和阐述。

2.4.2　企业关系维度分析

企业关系包括企业与其他利益相关公司之间的关联关系，企业与人员之间的关联关系等。通过企业与企业、企业与人员之间的关系图，可以直观地了解企业的全景社交信息，如图 2-9 所示。从图中可以看出，企业与企业之间可以是股东、分支公司关系，人员与企业之间可以是主要成员、股东关系。

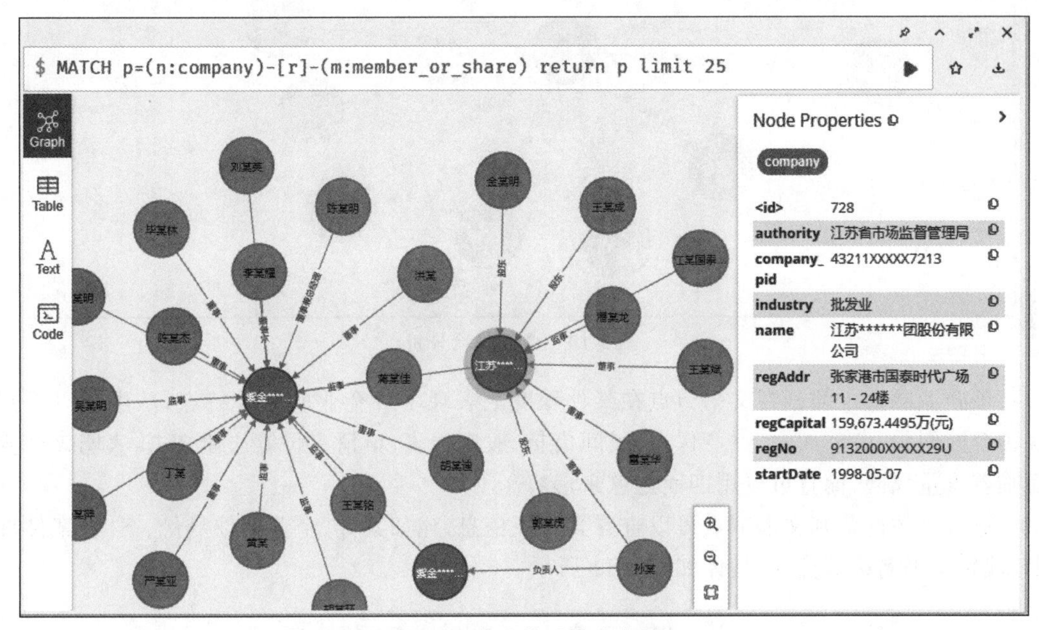

图 2-9　企业关系维度分析

分析可发现当前企业的直接、间接投资对象，了解资本分布，看清企业向外投资参股或控股的资本版图。进一步深挖还可以进行股权深层次穿透，逐层展示公司控股持股关系，理清企业之间错综复杂的关系。可以根据企业股权链判断风险的传播路径和影响范围；也可以深度挖掘资本系成员，及时发现资本系中存在的隐患问题。

从有些企业的逐级股权结构中，可以看出具备防火墙设置，巧妙地达到规避隔离风险、节税、传承等目的。风险隔离是指企业股权顶层架构设计时，实现企业风险与股东个人风险相互隔离的效果，这是企业创始人进行股权架构设计最重要的方法。比如典型的三层架构，家族公司控股一家防火墙公司，再控股主体运营公司。这样主体运营公司大额的利润资金逐级回流到家族公司时，不分配到个人手中就不要缴税。

还可以看到有些企业设置了有限合伙企业作为股东，其实是员工全员持股平台，内部按照贡献、职务、工作年限等因素分配股权，在激励骨干员工全身心努力工作的同时，有效解决了员工入职离职导致的小微股东频繁进入退出问题，保持了主体运营企业股权架构的稳定性。

2.4.3　司法维度分析

通过查询企业关联的裁判文书节点可以分析该公司的风险情况。以某股份有限公司为例查询与其相关的裁判文书节点信息，结果如图 2-10 所示。

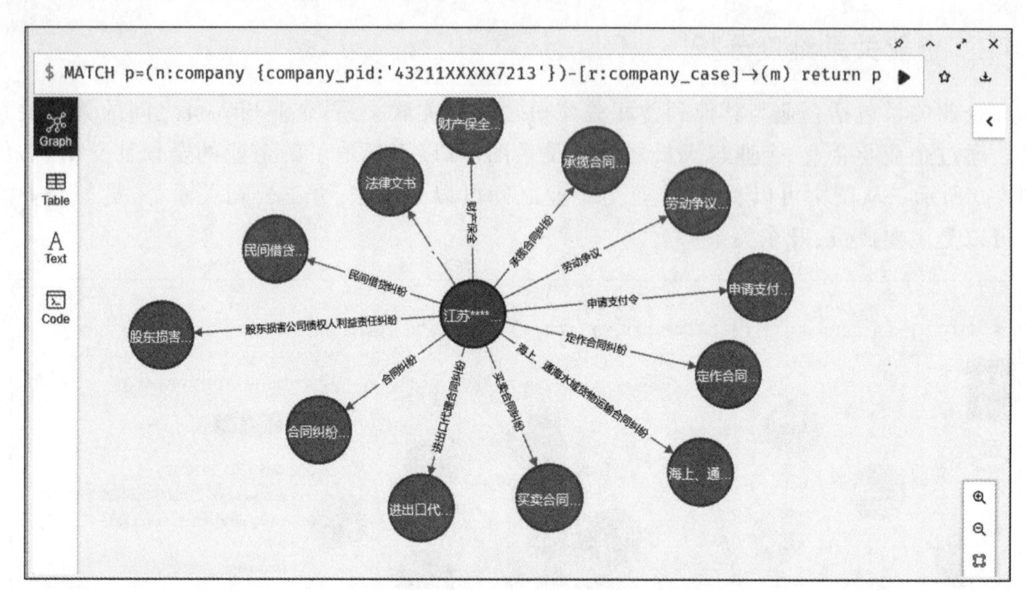

图 2-10 企业风险分析

该企业图谱中的裁判文书节点在某种程度上表现了该企业的风险特点，从中可以看到各种合同纠纷、劳动纠纷、财产保全、民间借贷、股东损害、申请支付等法律文书，表明该企业面临着重重风险，简直可以用四面楚歌来形容。

通过具体的裁判文书节点可以查看其相关信息，比如案号、企业案件身份、案由、案件日期、裁判文书名称等信息，具体如图 2-11 所示。

<id>	20
caseNo	(2017)苏0582民初10133号
company_pid	43211564297213
id	171
name	劳动争议法律文书
role	被告
type	劳动争议
verdictDate	2017-10-18
wenshuName	劳动争议法律文书

图 2-11 裁判文书信息

通过对该企业的裁判文书节点信息进行分析和挖掘，能够更详细、更深入地了解该企业的多方面负面信息，形成更客观的风险印象，掌握其在风险方面的变化趋势。

2.5 小结和扩展

本章主要针对企业的基本信息、股东、主要成员、分支机构和裁判文书等信息构建简单的知识图谱，介绍了企业信息知识图谱的相关理论，描述了如何构建的理论框架，从企业信息 Web 资源的抓取，到写入 Neo4j 数据库的整个流程做了相关的讲解，对企业信息知识图谱实战案例数据的获取、实体的抽取、三元组的抽取与构建等步骤，进行了具体的分析与阐述，并对相关代码进行了描述和解释，说明了如何将构建好的企业数据写入 Neo4j 数据库，再将结果进行展示，还描述了如何通过企业信息知识图谱对相关企业进行信息钻取查询。之后通过对企业关系维度和司法维度两个方面进行分析，展示了多维度挖掘信息的作用。

思考题：

(1) 扩宽采集数据的细节字段，比如完善人员在企业中的具体持股信息，专利、软件著作权等知识产权信息等。

(2) 进一步强化企业风险分析的深度和广度，尝试从行政处罚、立案信息等出发对企业开展更为复杂的挖掘和分析。

(3) 优化数据采集程序，运用线程的概念改善程序的运行方式。

(4) 从人员的角度出发，挖掘人员与人员之间的间接关联关系，分析人员持股的公司特点，获得具体人员整体上的营利情况。

第 3 章

医药疾病知识图谱

本章以医药疾病知识图谱的构建作为实战案例。通过获取相关医药数据，经过实体的抽取、三元组的构建等操作，构建形成知识图谱并针对其应用进行相关描述。

本章主要学习 NumPy 的用法和最大前向匹配算法，掌握通过半结构化数据搭建简单知识图谱的基础流程。

3.1 项目设计

医药疾病与知识图谱的结合，在近些年非常受欢迎，可以帮助医药疾病领域的学者厘清脉络、挖掘关系。医学类知识图谱慢慢成为了大数据时代进行医学数据挖掘和知识发现的重要基础设施，逐步变成了医学领域知识发现的技术支撑。

3.1.1 需求分析

医药疾病知识图谱构建离不开大量的三元组，而三元组的获取除了 IS-A 上下位抽取，另一项就是关系抽取。关系抽取是信息抽取领域中的重要任务之一，目的在于抽取文本中的实体对，以及识别实体对之间的语义关系。例如"弥漫性肺泡出血易合并肺部感染"中，"弥漫性肺泡出血"与"肺部感染"都是疾病，它们之间的关系是＜疾病，合并症，疾病＞。存在于海量医药文本中的知识体系网络，可以为其他 NLP 技术（实体链接、query 解析、问答系统、信息检索等）提供可解释性的先验知识（知识表示）和推理。

与人们认识世界一样，实体关系相当于事物与事物之间的联系，而属性则丰富了对事物本身的认识。同理，医药疾病文本中也存在描述实体属性的信息，如"通过用手搔抓患癣的部位如足趾间，或与患者共用鞋袜、手套、浴巾、脚盆等是手癣的主要传播途径。"这句话中，"手癣"的"传播途径"是"用手搔抓……等"。通过例子可以发现，属性名通常是一个名词短语，但是属性值可以是词，也可以是句子，又如"发生丙肝的主要原因是丙型肝炎病毒"中，"丙肝"的"主要原因"是"丙型肝炎病毒"。属性的概念本身就具备较宽泛的灵活性，学术界目前也没有一个统一的标准，所以需要在具体落地场景中根据实际情况做相应的设计。

在医药疾病文本数据中进行信息抽取，必须对其有一定的认识和分析。关系复杂，密度大，但基本无歧义，指代情况明显，由于表达相对简短，上下文信息没有固定模式，重叠现象普遍存在。因此，需要一定的医药疾病领域先验知识和模型结构上的处理。

3.1.2 工作流程

总体技术框架如图 3-1 所示，其构建的具体流程如下。

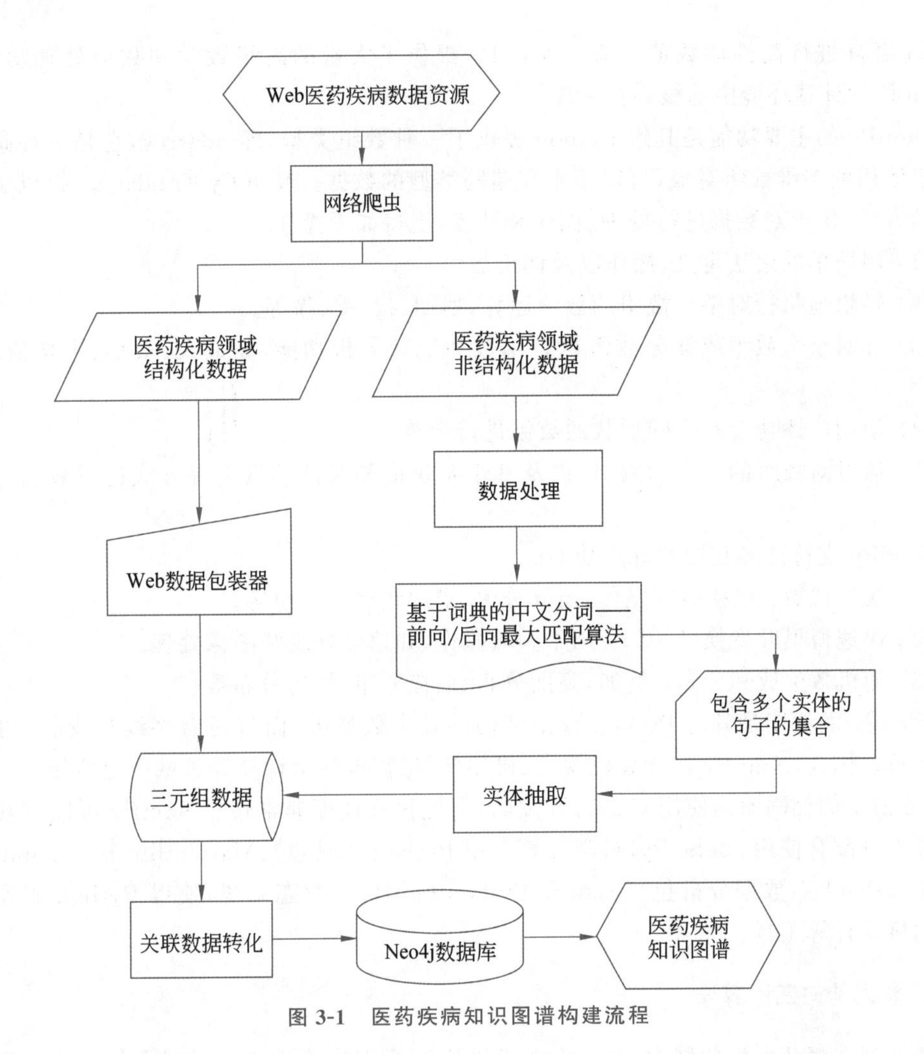

图 3-1 医药疾病知识图谱构建流程

(1) 通过网络爬虫技术，从 Web 资源中获取医药疾病领域的半结构化数据和非结构化数据。

(2) 对于半结构化数据，通过自定义的 Web 数据包装器直接抽取其中的三元组知识。对于非结构化数据，例如并发症中的描述数据，其中的并发症与中心实体疾病有关联，可以对其进行数据的预处理，通过基于字典的中文分词前后向最大匹配算法识别出句子中的命名实体。

(3) 将半结构化数据和非结构化数据中的三元组知识进行整合，转化为 RDF 形式的关联数据。

(4) 将整合的所有数据，使用 Python 编程语言和 Neo4j 的数据库语句，写入图数据库中，得到医药疾病领域的知识图谱，进而进行展示和运用。

3.1.3 技术选型

1. NumPy

NumPy(Numerical Python 的缩写)是 Python 的一个开源的扩展程序库，用来支持

Python 语言进行高性能数值计算。NumPy 提供了大量的高级数学和数值处理功能，是 Python 科学计算环境中的核心扩展库。

NumPy 的主要功能是其给 Python 提供了一种数组类型，即 ndarray，它是一种高效并且便于使用的多维数组对象，可以用来存储同类型的数据。NumPy 的 ndarray 提供了许多有用的方法，用于对数据进行处理、操作和计算，支持如下操作。

(1) 用简单的语法定义、操作以及调用数组。

(2) 轻松地执行对整个数组的数学运算，如加、减、乘、除等。

(3) 针对整个数组或部分数组执行函数和统计分析功能，如最大、最小、平均值、标准差等。

(4) 使用广播功能对不同形状的数组进行运算。

(5) 通过对数组的分片和索引，以及基于布尔值和条件的索引等方式进行数据筛选和过滤。

NumPy 支持许多其他的计算功能。

(1) 线性代数：包括矩阵操作、矩阵分解、求解线性方程组等。

(2) 快速傅里叶变换(FFT)：用于频域操作，如信号处理和图像处理。

(3) 随机数生成和分布：例如，高斯分布、泊松分布、均匀分布等。

NumPy 的性能是其他 Python 数据结构的几个数量级，而且还有多线程支持，可以跨平台运行。因此，NumPy 在计算机视觉、机器学习、扩展科学计算等领域广泛应用。

NumPy 的代码库是使用 C 语言开发的，因此执行速度非常快。NumPy 可以与其他科学计算工具配合使用，如 SciPy(科学计算专用 Python 工具包)、Matplotlib(基于 NumPy 的绘图库)、Pandas(数据分析包)等，组成 Python 科学计算生态系统，使得 Python 成为一个完整的科学计算工具。

2. 最大前向匹配算法

考虑到在医药疾病领域中，对于专业术语的词不能被随意切分，如"小儿金黄色葡萄球菌肺炎"不能被切分成"小儿""金黄色""葡萄""球菌""肺炎"多个单独的词汇。在获取数据时需要对数据进行清洗，为了避免专业术语词汇切分不准确的问题，在实战中使用基于词典的词汇进行切分，其主要原理流程如图 3-2 所示。

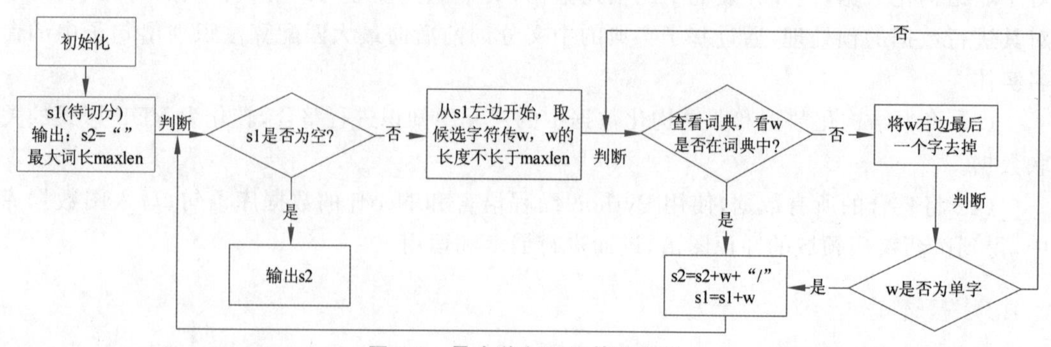

图 3-2 最大前向匹配算法原理

其中，s1 为待切分的字符串，s2 为输出词串，maxlen 为最大字符串长度，w 为候选字符串。首先对 s1、s2、maxlen 进行初始化，判断 s1 是否为空，若为空则说明字符串已经切分完，输出 s2；若为非空，则从 s1 左边开始取不大于 maxlen 长度的字符串 w，查询词典。若 w 在词典中则进行计算"s2＝s2＋w＋'/'""s1＝s1＋w"，接着开始新一轮判断 s1；若 w 不在词典中，则将 w 最右边的一个字符去掉，对 w 进行更新，然后接着又判断 w 是否为单字，若是再按上述方法对 s1 和 s2 进行更新，若否则判断其是否为词典中的词，以此迭代循环，最终得到结果 s2。

3.1.4　开发准备

1. 系统开发环境

本章的软件开发及运行环境如下。

（1）操作系统：Windows 7、Windows 10、Linux。

（2）虚拟环境：virtualenv 或者 miniconda。

（3）Python 第三方库：requests、lxml、NumPy。

（4）数据库和驱动：Neo4j＋py2neo。

（5）开发工具：PyCharm。

（6）浏览器：Chrome 浏览器。

2. 文件夹组织结构

文件夹组织结构如下所示。

```
├─medical_graph
│   ├─common
│   │   ├─ConnNeo4j.py              #连接 Neo4j 数据库
│   ├─crawler
│   │   ├─BaseSpider.py             #基础爬虫
│   │   ├─ MedicalSpider.py         #医药数据采集
│   ├─data                          #数据
│   ├─utils
│   │   ├─common_util.py
│   │   ├─get_config.py             #读取配置信息
│   │   ├─max_cut.py                #最大向前匹配算法
│   │   ├─web_common_util.py
│   ├─config.ini                    #配置信息
│   ├─config.py                     #读取配置信息
│   ├─readme.md                     #项目的说明信息
│   ├─requirements.txt              #项目所依赖的 pip 安装列表
```

3.2　数据准备和预处理

3.2.1　数据描述

医药数据是医药疾病知识图谱的基础，如果希望织出一张庞大的关于医药疾病领域的"网"，那么首先就需要大量的医药知识的"线"穿梭其中。相较于国外的英文医药疾病数据，国内的中文医药没有较全面的开源数据集。因医药数据量比较庞大，牵扯的元素繁多，在标注整理方面难度异常艰难，也没有人整理出比较完整的且带有标注信息的医药疾病数据集。因此，对于医药方面知识图谱应用，需要从其他途径进行获取和处理。

在本章实战案例中所运用的医药疾病数据集，是在“寻医问药”医药网站上爬取的医药疾病数据，将此作为知识图谱的源数据集使用。其中包括疾病的分类，疾病常识（病因、预防、并发症），诊断方法（症状、检查），治疗方案（治疗、护理、饮食保健），检查方案等数据，医药疾病数据信息还比较全面。为方便教学使用，部分网页已下载供分析。

3.2.2 数据获取

构建医药疾病知识图谱最基础的工作，就是挑选和获取合适且全面的数据。全面高质量的医药疾病数据，能为后续的知识图谱构建工作打好基底，让知识图谱的内容更加全面和详细。爬取医药疾病数据的具体流程如图 3-3 所示。

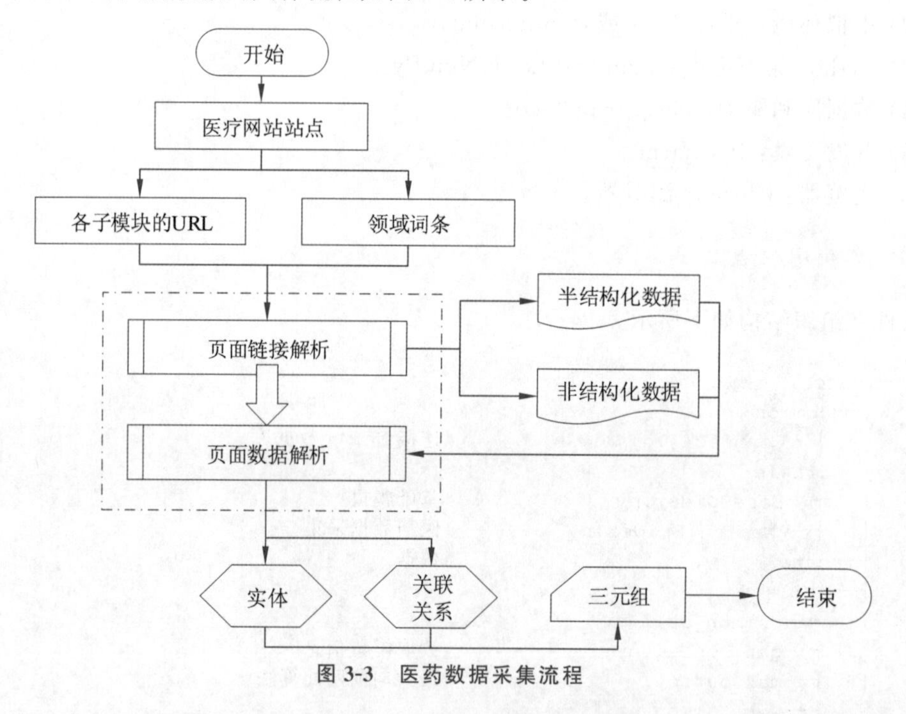

图 3-3 医药数据采集流程

首先分析指定医药网站的具体结构。该网站包括有子模块重定向链接和领域词条，如图 3-4 所示。再对子模块 URL 下的页面和领域词条模块进行页面链接解析和页面数据解析。在该页面中包括半结构化数据（如词条信息）与非结构化数据（如预防方法的介绍、疾病的介绍等）。通过对半结构化数据的爬取与非结构化数据的有效提取和利用，可以从中抽取医药知识中间的实体和关系形成三元组，以更好地帮助知识图谱的构建工作。

在网站中包括疾病种类、病因、预防方法、治疗药物、饮食保健等医药关键数据，可以将这些数据爬取下来作为知识图谱的元数据。在本项目中，采用 Python 语言中的 request 网页请求对网页进行抓取工作。首先以网站站点的各子模块的初始 URL 作为输入，然后通过数据解析模块对页面进行解析。数据解析模块包括页面链接解析和页面数据解析。其中，页面链接解析是将每个子模块的 URL 以循环嵌套的形式，将每种疾病的各个链接提取

图 3-4　医药网站结构分析

出来，作为下一次页面请求的输入。页面数据解析则负责具体提取每种疾病的简介、病因、预防、并发症、症状、治疗药物、饮食保健等信息。

在这里展示部分关键代码，如下所示。

```
1. #分离出的各网页 URL 标签
2. page_list =['gaishu', 'cause', 'prevent', 'neopathy', 'symptom', 'inspect',
   'treat', 'food', 'drug']
3. #爬取疾病数据，范围(a,b)中数字表示疾病的 id
4. for i in range(1, 3):
5.     disease_dict ={}
6.     data_all ={}
7.     url_list =[]
8.     #拼接网站 URL
9.     for p in page_list:
10.        url ='http://jib.xywy.com/il_sii/%s/%s.htm' %(p, i)
11.        url_list.append(url)
12.    basicinfo =self.basicinfo_spider(url_list[0])
13.    diseas_cause =self.disease_cause(url_list[1])
14.    prevent =self.disease_cause(url_list[2])
15.    disease_together =self.disease_together(url_list[3])
16.    symptom =self.symptom(url_list[4])
17.    inspect =self.inspect(url_list[5])
18.    teart =self.treat_spider(url_list[6])
19.    food =self.food_spider(url_list[7])
```

页面数据解析主要负责分析请求到的页面数据，根据网页中定义的规则与标签数据，对数据进行解析和拆解，获取各词条、各部分所包含的医药信息。接着将数据通过提取和转换，分离出实体，创建、提取、转换关联关系，形成三元组。最后将采集到的数据存储在本地，写入 Neo4j 数据库。

3.2.3 数据预处理

数据的预处理主要是将从医药网站抓取的数据进行清洗，然后按照一定的规则进行格式化，最后将处理好的数据存储在数据库中。因为在该网页中抓取的词条数据中包含一些无关的 HTML 文本信息，如网页标题信息、标签信息、空白字符、换行字符等。这些信息对知识图谱的构建毫无帮助，因此需要进行预处理，将无用的信息剔除，得到有用的医药数据。抓取的数据分为概述、病因、预防方法、并发症、饮食建议等多个部分，在此只对一部分进行举例教学。

以医药疾病中的基本信息为例，其代码如下所示。

```
1. def basicinfo_spider(self, url):
2.     #获取 HTML,返回 response 响应代码
3.     responce = self.get_html(url)
4.     #获取 HTML 文本
5.     html = responce.text
6.     selector = etree.HTML(html)
7.     #xpath 对网页进行解析
8.     title = selector.xpath('//title/text()')[0]
9.     title = title.split('的简介')[0]
10.    #类别
11.    type = selector.xpath('//div[@class="wrap mt10 nav-bar"]/a/text()')
12.    #简介
13.    desc = selector.xpath('//div[@class="jib-articl-con jib-lh-articl"]/p/
       text()')
14.    desc_info = desc[0].replace(' ', '').replace('\n', '').replace('\t', '').
       replace('\r', '')
15.    #常识
16.    common = selector.xpath('//div[@class="mt20 articl-know"]/p')
17.    common_list = []
18.    for _ in common:
19.        #去空格、去符号'/n',
20.        info1 = _.xpath('string(.)').replace('\n', '').replace('\t', '').
           replace('\xa0', '')
21.        common_list.append(info1)
22.    summery = {}
23.    summery["disease_name"] = title
24.    summery["visit_department"] = type
25.    summery["disease_intro"] = desc_info
26.    #提取常识中数组中的元素并分离,放入字典
27.    for attr in common_list:
28.        attr_pair = attr.split(': ')
29.        if len(attr_pair) == 2:
30.            key = attr_pair[0]
31.            value = attr_pair[1].strip()
32.            summery[key] = value
33.    summery_modify = {}
34.    #根据字典替换 key 值
```

```
35.    for k, v in summery.items():
36.        attr_en = self.instead_key.get(k)
37.        if attr_en in ["insurance_disease", "disease_prob", "easy_get_
        people", "infect_mode",
38.                       "treat_cycle", "cure_rate", "treat_cost"]:
39.            summery_modify[attr_en] = v
40.        elif attr_en in ["visit_department", "treat_mode", "always_drug",
        "complication"]:
41.            summery_modify[attr_en] = [i for i in re.split(r"[ ]+", v) if i]
42.        else:
43.            summery_modify[k] = summery.get(k)
```

首先请求 URL，通过 request 方法拿到 HTML 的响应值，提取出 HTML 的文本值后通过 etree 模块中的 xpath 对文本中的词条进行提取和预处理，去掉文本中字里行间的换行、回车、空格、制表符等无用信息。再清理中文名，抽取其中的数组，然后分离出 key 值与 value 值，通过字典将 key 中的中文替换成英文，与整体的数据保持一致，最终得到最基础的医药疾病概要数据。

另外，其他子模块链接下数据模块的预处理，也与该方法类似，在此不做赘述。

3.3　知识建模和存储

3.3.1　实体抽取

实体抽取的主要任务是要识别与抽取文本中出现的医学专有名称和有意义的数量短语并加以归类，如疾病名称、药品名称、病因、科室名等。面对医药疾病数据的实体抽取，需要采用一定的抽取手段，这也是信息抽取的重要子任务。

1. 半结构化数据

在本章中，经过预处理后的医药疾病数据结构形式主要以半结构化与非结构化数据为主。半结构化数据是一种特殊的结构形式数据，虽然不符合关系数据库或其他形式的数据表形式，但又包含标签或其他标记，可用来分离语义元素并保持记录和数据字段的层次结构。自互联网出现以来，半结构化数据越来越丰富，成为知识获取的重要来源。通过抓取的方式可以获取重要的半结构化数据，进而处理成固定的形式。

抽取的内容主要包括如下。

（1）标签：抽取词条的标题，并将其定义为实体的标签。

（2）简介：抽取词条页面的介绍性模块，定义为实体的简介，也可定义词条信息的长度。

（3）重定向：抽取词条重定向链接，并抽取其页面中的标题作为实体的标签，其子标题及其介绍作为实体的概述。

（4）分类：抽取词条所属的分类。

（5）信息框：从词条页面信息框中提取到的结构化信息。

在本章中，爬取后的数据主要处理成 JSON 格式，如格式化后的"颅骨纤维异常增生症"

主要信息如下所示。

```
1. {
2.     'disease_name': '颅骨纤维异常增生症',
3.     'visit_department': [
4.         '内科',
5.         '神经内科'
6.     ],
7.     'disease_intro': '颅骨纤维异常增生症是一种有纤维组织替代骨质而引起颅骨增厚,
       变形的疾病。病变可只累及颅骨,也可同时累及身体其他部位的骨骼。',
8.     'insurance_disease': '否',
9.     'disease_prob': '0.025%',
10.    'easy_get_people': '无特定人群',
11.    'infect_mode': '无传染性',
12.    'complication': [
13.        '耳聋'
14.    ],
15.    'treat_mode': [
16.        '药物治疗',
17.        '康复治疗',
18.        '支持性治疗'
19.    ],
20.    'treat_cycle': '3个月',
21.    'cure_rate': '60%',
22.    'always_drug': [
23.        '盐酸米诺环素胶囊',
24.        '益髓颗粒'
25.    ],
26.    'treat_cost': '根据不同医院,收费标准不一致,市三甲医院约(5000～10000元)'
27. }
```

在这里比较方便的是,对于半结构化的医药数据,抓取下来可以把部分关键字直接作为实体,如“疾病名称——disease_name”“疾病介绍——disease_intro”等抽象概念唯一的信息,可以直接将其抽取出来当作医药知识图谱的实体,而如“就诊科室——visit_department”“发病率——disease_prob”“传染方式——infect_mode”“饮食——food”这些信息中间包括许多重复的词条,比如在就诊科室中,包括妇产科、感染科、内分泌科、肝胆外科、妇科、耳鼻喉科、肿瘤科、传染科等,而在抓取的每种疾病的下面都包括就诊科室,且有些疾病就诊科室是相同的,那么就导致了放到字典中的就诊科室数据存在重复的情况。为了保持其实体的唯一性,需要将就诊科室的数据进行筛选和剔除。其他类似的情况,如传染方式可能相同、饮食方案中的食物名称相同、发病率的数值相等等这些数据,都需要对其进行去重,然后再抽取作为实体。

下面举一个例子进行说明,其部分代码如下所示。

```
1. complication_list =[]
2. visit_department_list =[]
3. ……
4. ……
5. #并发症实体去重
6. if "complication" in basicinfo:
```

```
7.     complication_list +=basicinfo['complication']
8.
9. #就诊部门实体去重
10. if "visit_department" in basicinfo:
11.     visit_department_list +=basicinfo["visit_department"]
12.     #关系
13.     if len(basicinfo["visit_department"]) ==1:
14.         relation_diss_department.append([basicinfo.get("disease_name"),
            basicinfo["visit_department"]])
15.     if len(basicinfo["visit_department"]) ==2:
16.         relation_diss_department.append(
17.                 [basicinfo.get("disease_name")[1], basicinfo["visit_
                department"][0]])
18.         relation_diss_department.append([basicinfo["visit_department"],
            basicinfo.get("disease_name")[1]])
19. ……
20. ……
21. complication_list =list(set(complication_list))
22. visit_department_list =list(set(visit_department_list))
```

将抓取的每种疾病相关的就诊科室、并发症、发病率、传染方式等数据信息分门别类地放到不同的数组当中，然后以循环的方式将每种疾病涉及的不同种类的相关数据，以不同的数组进行存储，然后通过数组去重的方式，将每类数组当中的数据进行去重，得到相应的实体数据。另外，在该医药网页中疾病的实体是唯一的，可以直接抽取后放入数组，为后续的知识图谱的构建工作搭好节点的基础。

2. 非结构化数据

实体抽取的目的是从文本中抽取实体信息元素，通常包含人名、组织机构名、地理位置、时间、日期、字符值等标签，具体的标签定义可根据任务不同而调整。想要从文本中提取出实体，首先需要在文本中识别和定位实体，然后再将别的实体分类到预定义的类别当中去。

在本章中，以抽取并发症模块中所涉及的疾病为例，主要通过运用基于字典的双向最大匹配算法来实现。在医学专业领域中，专业词汇的切分也是需要考虑的问题。如在医药词汇中的“颅骨纤维异常增生症”，它作为一个专业医学词汇，不能被切分成“颅骨”“纤维”“异常”“增生”“症”多个独立词汇，所以需要基于词典来进行分词和切分。在此说明一下，如果需要疾病的词典，也可以从该医药网站进行爬取，因为在该网页中所有的疾病的 id 是唯一的，按 id 抓取数据写入 txt 同样可以使用。具体情况如图 3-5 所示。

在本章中，假设字典已经存在，以基于字典的双向最大匹配算法对抓取的并发症描述信息进行分析和匹配，得到的并发症数据放到一个数组中，最后将得到的数组进行去重，取得最终的实体数据，方便后面实体的数据入库与图谱构建。

3.3.2　三元组的抽取

三元组作为一种图数据结构，知识图谱的最小单元是两个节点及它们之间的关系。在医药疾病领域，无疑是抽取两个实体之间的关系，由两个实体和其之间的关系构成三元组，构成知识图谱中的小单元。

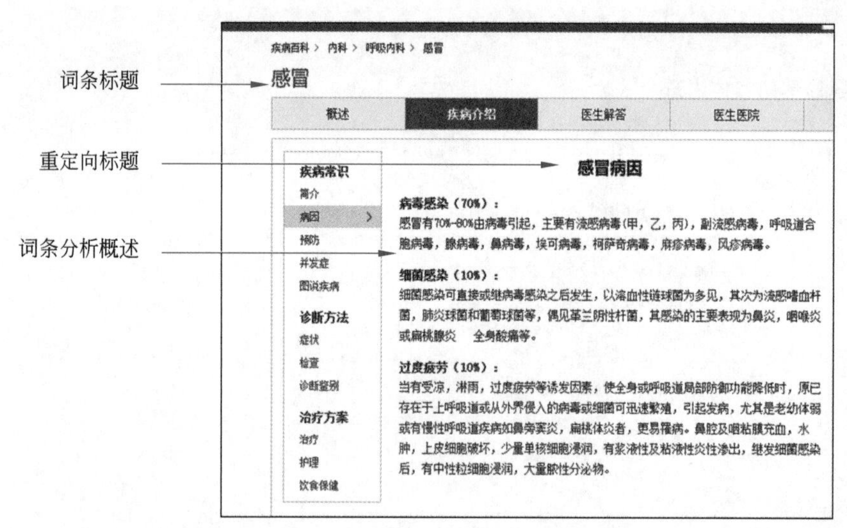

图 3-5　疾病信息采集分析

在本章中，抓取的数据为半结构化数据和非结构化数据，对于半结构化数据很容易处理格式化的数据，非结构化数据也通过上述算法进行处理，得到相应的实体，进而很容易找出三元组的关系。这里举个例子，如颅骨纤维异常增生症中有一词条数据为：

```
{并发症：耳聋，如进行手术治疗，可能出现以下并发症：1.术后视力下降 与术中操作碰触视神经有关，多可逐渐恢复。2.脑脊液鼻漏术中做骨瓣或切除增厚的骨质时打开额窦或筛窦，术中又未做严密修补所致，如经保守治疗数周不能治愈或治愈后又再复发时，需重新手术修补}
```

根据词典双向最匹配算法后，就可能得到若干个实体：耳聋、视力下降、脑脊液鼻漏术、骨瓣、额窦、筛窦，进而就可以找出三元组：＜颅骨纤维异常增生症，并发症，耳聋＞＜颅骨纤维异常增生症，并发症，脑脊液鼻漏术＞＜颅骨纤维异常增生症，并发症，视力下降＞等，得到很多个知识图谱的小单元。

在实战案例中的部分关键代码如下。

```
1. relation_diss_bad_food =[]
2. relation_diss_good_food =[]
3. relation_diss_recom_food =[]
4. relation_commonddrug =[]              #疾病—通用药品关系
5. relation_diss_neopath =[]             #疾病并发关系
6. relation_diss_department =[]
7.
8. #就诊科室与疾病关联
9. if len(basicinfo["visit_department"]) ==1:
10.     relation _ diss _ department. append ([basicinfo. get ( " disease _ name"),
        basicinfo["visit_department"]])
11.   if len(basicinfo["visit_department"]) ==2:
12.     relation_diss_department.append(
13.         [basicinfo.get("disease_name")[1], basicinfo["visit_department"]
            [0]])
```

```
14.      relation_diss_department.append([basicinfo["visit_department"],
         basicinfo.get("disease_name")[1]])
15.
16. #饮食与疾病关系
17. if "bad_food" in food:
18.     #忌吃与疾病关联
19.     bad_food =food['bad_food']
20.     for _ in bad_food:
21.         relation_diss_bad_food.append([basicinfo.get("disease_name"), _])
22.     total_food_list +=bad_food
23.     #宜吃与疾病关联
24.     good_food =food['good_food']
25.     for _ in good_food:
26.         relation_diss_good_food.append([basicinfo.get("disease_name"), _])
27.     total_food_list +=good_food
28.     #推荐与疾病关联
29.     recommand_food =food['recommend_food']
30.     for _ in recommand_food:
31.         relation_diss_recom_food.append([basicinfo.get("disease_name"), _])
32.     total_food_list +=recommand_food
33.
34.   #伴随着症状与疾病关联
35.   if "disease_neopath" in disease_together:
36.     disease_neopath =disease_together["disease_neopath"]
37.     for _ in disease_neopath:
38.         relation_diss_neopath.append([basicinfo.get("disease_name"), _])
```

在该部分代码中，首先根据数据建立相应的关系数组，由于此处的数据比较清晰明了，没有再去运用深度学习的相关算法进行训练得出实体之间的关系，而是直接通过手动建立，然后把处理好的实体数据通过判断插入建立的关系数组中，然后将全部形成的三元组插入数组当中，形成数组元素，方便之后数据存储到数据库再进行知识图谱数据的构建。

3.3.3　数据存储

在以上工作都完成以后，接下来就是最关键的部分，将处理好的三元组存储到数据库当中，后续再以图谱的形式展示出来。

在本实战案例中，已形成了处理好的数据组，如下所示。

```
[['百日咳', '螃蟹'], ['百日咳', '海蟹'],……, ['苯中毒', '海虾']、['苯中毒', '海参(水浸)'], ['苯中毒', '辣椒(青、尖)']]、['百日咳', '肺炎'], ['百日咳', '支气管肺炎'], ['百日咳', '肺不张'], …… ['苯中毒', '再生障碍性贫血']]、[['苯中毒', ['急诊科']]]
```

下面通过建立的关系组合成三元组，写入 Neo4j 数据库，部分关键代码如下所示。

```
1. #创建节点
2. def create_node(self, label, nodes):
3.     node_matcer =NodeMatcher(self.graph)
4.     create_node_cnt =0
5.     for node in nodes:
6.         find_node =node_matcer.match(label, name=node).first()
7.         if find_node is None:
```

```
8.            node =Node(label, name=node)
9.            self.graph.create(node)
10.            create_node_cnt +=1
11.            print(f"create {create_node_cnt} nodes.")
12.
13. #创建关联边方法
14. def create_rel(self, s_node, e_node, edges, rel_type, rel_name):
15.     create_rel_cnt =0
16.     array_edges_list =np.array(edges)
17.     unique_edges_list =np.unique(array_edges_list, axis=0)
18.     for edge in unique_edges_list:
19.         p =edge[0]
20.         q =edge[1]
21.         query ="match(p:%s),(q:%s) where p.name='%s'and q.name='%s' create
        (p)-[rel:%s{name:'%s'}]->(q)" %(
22.             s_node, e_node, p, q, rel_type, rel_name)
23.         try:
24.             self.graph.run(query)
25.             create_rel_cnt +=1
26.             print(rel_type, create_rel_cnt, all)
27.         except Exception as e:
28.             print(e)
29.     return
```

3.4 图谱可视化和知识应用

下面通过创建医药数据相关节点，创建医药数据的关系边，将三元组以知识图谱的形式展现出来，其展示结果如图 3-6 所示。

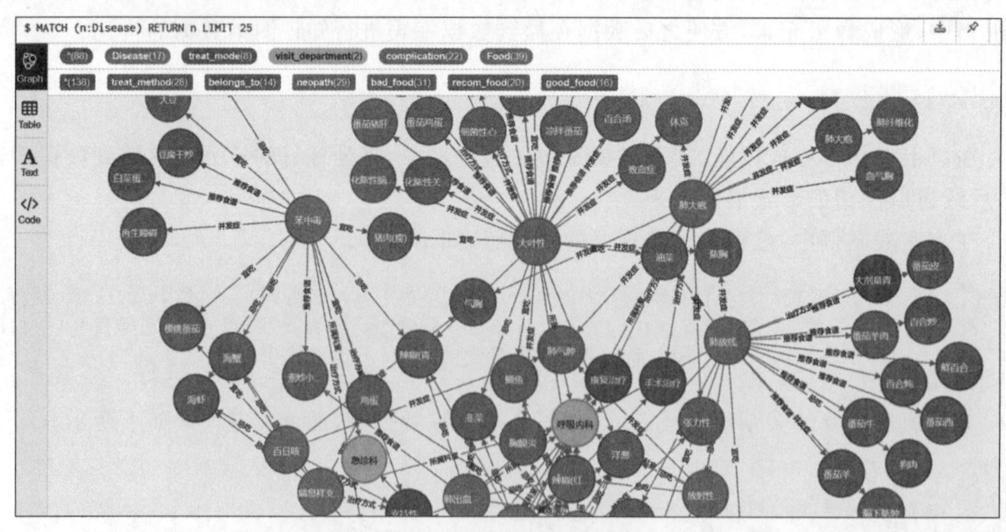

图 3-6　医药知识图谱情况

医药知识图谱可以将疾病主要信息、所属科室、常用药品、相关并发症、推荐膳食、忌吃食物、治疗方式等信息汇聚到一张图谱上，通过该知识图谱可以从大体的结构上了解各种医药信息之间的联系。另外，医药信息本身复杂繁冗，通过图谱可以从海量的信息中提取出某一条清晰明了的医药信息线，从而从各个方面了解以疾病为中心的医药信息。

3.4.1　数据查询

如果需要查询某种疾病的医药信息，可以使用 Cypher 语句。以下是查询单个疾病的医药知识图谱之间的关系。

```
1. match (p:Disease {name:"百日咳"}) return p
```

执行后的结果如图 3-7 所示。

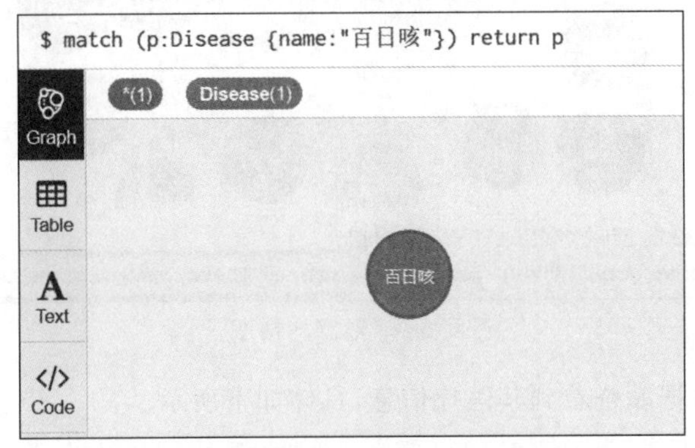

图 3-7　单个实体的数据查询

若是对实体某种关系的查询，也可以使用 Cypher 语句。比如查询的关系是忌口关系（bad_food），具体如下所示。

```
MATCH (p:Disease {name:"百日咳"})-[r:bad_food]->() RETURN p
```

运用该查询语句得到的结果如图 3-8 所示。

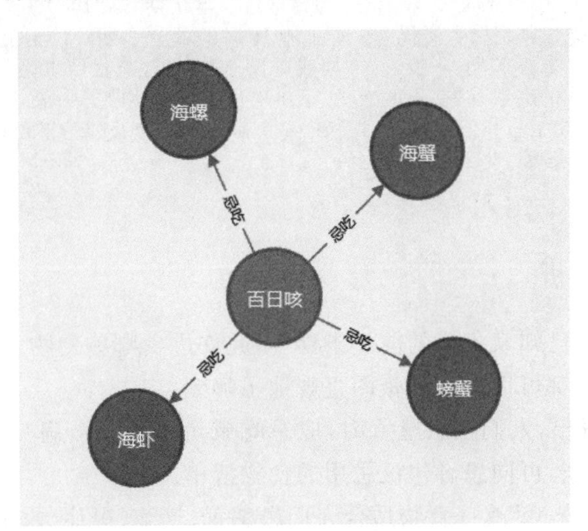

图 3-8　“百日咳”忌吃关系查询

查询到实体数据以后，可以对数据的信息进行展开，如图 3-9 所示。疾病实体的信息维度包括基本详情、易感人群、治疗周期、治愈率等，可以通过数据库信息的钻取得到这些信息，其中还包括疾病的 URL 链接，通过该链接进入到该疾病的信息页，得到所有的详情信息。

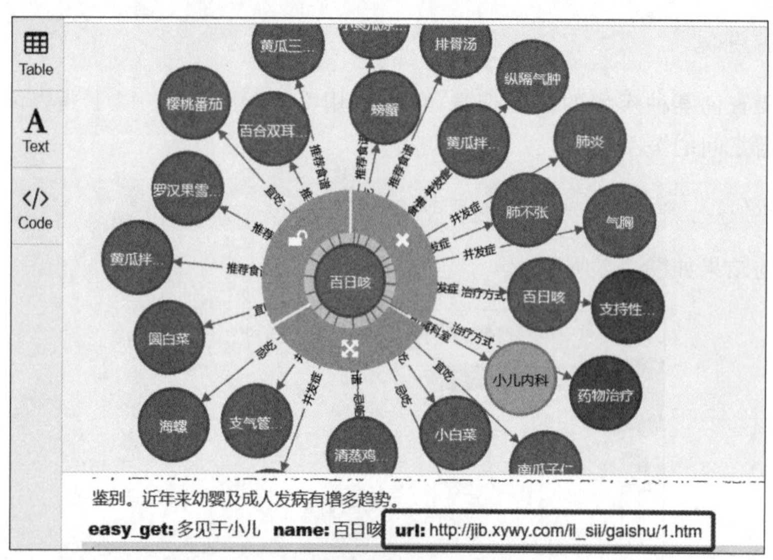

图 3-9 数据的钻取

同时也能通过数据库查看到其医疗信息，具体如下所示。


```
{
    "name": "百日咳",
    "cured_prob": "0.5%",
    "url": "http://jib.xywy.com/il_sii/gaishu/1.htm",
    "easy_get": "多见于小儿",
    "desc": "百日咳(pertussis,whoopingcough)是由百日咳杆菌所致的急性呼吸道传染病。其特征为阵发性痉挛性咳嗽,咳嗽末伴有特殊的鸡鸣样吸气吼声。病程较长,可达数周甚至 3 个月左右,故有百日咳之称。多见于 5 岁以下的小儿,幼婴患本病时易有窒息、肺炎,脑病等并发症,病死率高。百日咳患者,阴性感染者及带菌者为传染源。潜伏期末到病后 2～3 周传染性最强。百日咳经呼吸道飞沫传播。典型患者病程 6～8 周,临床病程可分 3 期: 1.卡他期,从发病到开始出现咳嗽,一般 1～2 周。2.痉咳期,一般 2～4 周或更长,阵发性痉挛性咳嗽为本期特点。3.恢复期,一般 1～2 周,咳嗽发作的次数减少,程度减轻,不再出现阵发性痉咳。一般外周血白细胞计数明显增高,分类以淋巴细胞为主。在诊断本病时要注意与支气管异物及肺门淋巴结结核鉴别。近年来幼婴及成人发病有增多趋势。"
}
```


3.4.2 膳食维度分析

从膳食的角度，在已知某疾病的前提条件下，允许进食哪些食物，禁忌哪些食物，哪些病与这些食物存在联系，都可以通过一张图直观地了解到。

从图 3-10 可以看出，人们在患感冒时，应忌吃咸鱼、油条、白扁豆和猪油等食物。通过查询某疾病的忌吃关系，可向患者建议忌用的食物清单。

从图 3-11 来看，"芝麻"这一食物适合人们患感冒、气胸、鼾症、汞中毒等疾病时食用，从而可推出同一食物对于多种病的膳食医疗是有裨益的。因此，通过医药知识图谱，可以查询疾病与膳食之间的关系，为病人提供膳食推荐和制定膳食治疗方案。

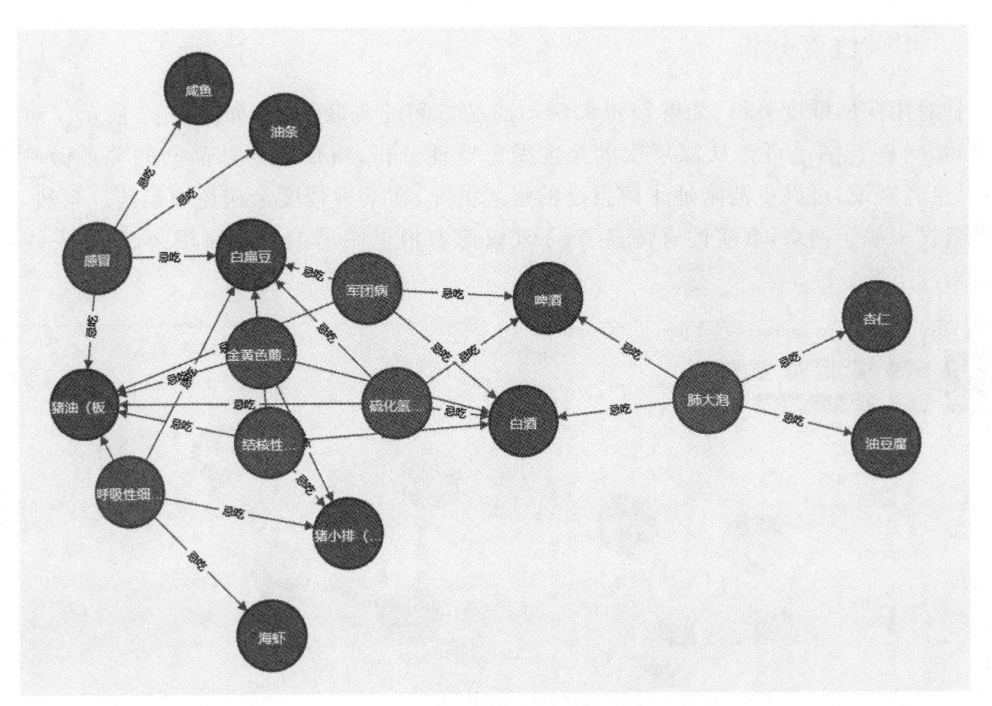

图 3-10　膳食维度分析—忌吃关系

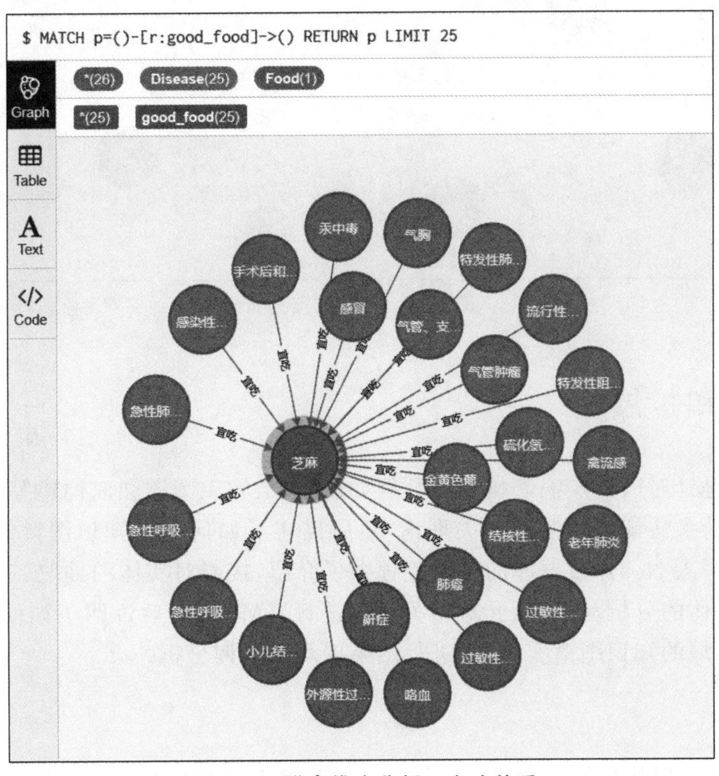

图 3-11　膳食维度分析—宜吃关系

3.4.3 用药维度分析

针对用药的维度分析,能够获得疾病与药品之间的关联关系,如图 3-12 所示。对于医生来说,对医药图谱可以从深层次的角度做总览性分析,将疾病与药品间的关系做一个参考;对患者来说,可以更清晰地了解自己的疾病情况,在某种程度上避免用错药。当然,由于这些数据来源于网络,真实性有待参考,不建议患者根据图谱内容盲目用药,而应去找专业医生对症下药。

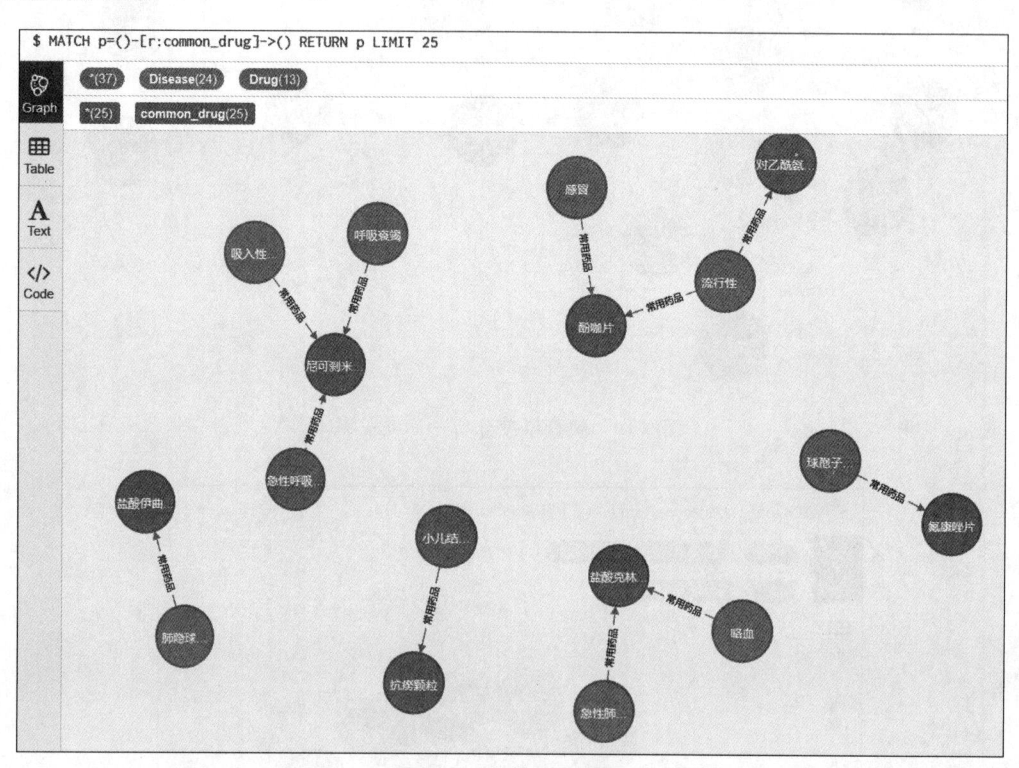

图 3-12 用药维度分析

3.5 小结和扩展

本章主要是针对医药疾病领域相关数据如何抓取、知识图谱如何构建等内容进行叙述。首先阐述了医药疾病知识图谱的相关理论,然后描述了如何构建知识图谱的框架,从 Web 资源的抓取到写入 Neo4j 数据库的整个流程做了介绍,接着对实体的抽取、三元组的抽取与构建,进行了具体的分析与阐述,并对相关代码进行了解释,然后说明了如何将数据写入数组,得到医疗领域的知识图谱实例,并进行结果展示和查询分析。

思考题:

(1) 从医药疾病数据的特点来看,非常适合于智能问答场景。感兴趣的读者可自行设计问题模板,在学习过第 5 章技术后,尝试做一个简单的智能问答程序。

(2) 扩宽查询范围,比如某疾病的就诊科室、相关检查、病因等。

第4章

银行审计知识图谱

本章介绍知识图谱应用于银行审计领域的一种解决方案，从银行业务中提取和组织数据，并在知识图谱中建立相关实体之间的关联，再讲解了5个审计场景的具体分析，并提出改进全流程的思路。

本章主要巩固 MySQL、Neo4j、PyCharm 的用法，掌握通过结构化数据搭建简单知识图谱的基础流程，并学习扩展应用场景思路。

4.1 项目设计

项目旨在将知识图谱技术应用于银行交易审计领域，以便更好地管理、分析和展示银行的交易数据，为银行提供更加智能化、个性化的服务，并加强对银行交易风险的管控。通过该系统，审计人员可以更快地找到问题，并更准确地判断问题的严重程度，从而提高审计效率和质量。

4.1.1 需求分析

随着科技的快速发展和互联网的普及，银行内部的数据规模和数据种类在不断增加，银行需要更加高效地管理和分析这些数据，以便更好地提供服务并确保风险控制。传统的数据分析方式(如 Excel、SQL 等)无法应对大数据时代的数据管理和分析需求，因此需要一种更加先进、高效、可视化的数据处理和展示方式。

而知识图谱是一种以图的形式表示知识和关系的技术，具有高度灵活性、可扩展性和可视化等优点，能够更加直观、全面地展示银行业的数据情况，为银行提供更加智能化、个性化的服务。具体而言，本项目需要满足以下需求。

(1) 数据采集和预处理：能够从银行系统中提取出银行交易数据，并进行数据清洗和格式转换。

(2) 模型构建和数据处理：能够将清洗后的数据存储到图数据库中，并构建出图数据库的数据结构。

(3) 图谱可视化与应用：能够根据需求展示图数据库中的数据关系，并实现一定的数据分析和挖掘功能。

4.1.2 工作流程

审计知识图谱构建的工作流程如下。

(1) 数据采集部分：用 Python 脚本将杂乱的银行交易明细表格规范化。

（2）数据预处理部分：将规范化的表格转存为 MySQL 表。

（3）知识图谱构建：在 Neo4j 中构建审计知识图谱的数据结构，再用 Python 脚本从 MySQL 中抽取所需的三元组存入 Neo4j。

（4）查询语句编写：编写查询语句，使用 Cypher 语言进行查询。

（5）结果展示：将查询结果在图谱中进行展示，并进行进一步分析。

4.1.3 技术选型

本章的数据存储部分使用 MySQL 和 Neo4j，数据处理部分使用 Python，图谱展示使用 Neo4j Browser。

Neo4j Browser 是 Neo4j 数据库附带的可视化工具，用于在 Web 浏览器中查看和管理 Neo4j 数据库中存储的图数据。它允许用户通过简单的图形界面探索、查询和可视化图数据，无须编写复杂的 Cypher 查询语言。Neo4j Browser 的界面设计简洁直观，主要分为左侧导航栏、中间查询编辑器和结果面板、右侧属性检查器几个部分。

（1）左侧导航栏列出了数据库中的所有节点标签和关系类型，可以用于快速选择查询的范围。查询编辑器支持用户输入 Cypher 查询语句并运行，同时也支持可视化的节点和关系操作，例如单击一个节点或关系可以选择该节点或关系并查看其属性。

（2）结果面板以表格或图形方式显示查询结果，可以通过鼠标拖动和缩放等操作自定义展示方式。

（3）右侧属性检查器显示当前选定节点或关系的属性和标签。

4.1.4 开发准备

1. 系统开发环境

本系统的软件开发及运行环境如下。

（1）操作系统：Windows 7、Windows 10、Linux。

（2）虚拟环境：Anaconda 3。

（3）数据库和驱动：MySQL＋pymysql、Neo4j＋py2neo。

（4）开发工具：PyCharm。

（5）浏览器：Chrome 或 Firefox。

2. 文件夹组织结构

文件夹组织结构如下所示。

```
├─audit_graph
│  ├─format                        #银行流水格式化
│  │  ├─ABC_format.py              #银行个人账户交易数据处理
│  │  ├─ABC_business_format.py     #银行对公账户交易数据处理
│  │  ├─XXX.py                     #……
│  ├─data                          #存储处理后的银行数据
│  │  ├─XXX.xlsx                   #处理后的银行数据
│  ├─handle                        #数据处理
```

```
|   |   ├─mysql_tables.py                #转存 MySQL
|   |   ├─mysql2neo4j.py                 #将 MySQL 数据处理后导入 Neo4j
|   ├─templates                          #存储网页
|   |   ├─index.html                     #导入原始数据的页面
|   ├─config.ini                         #配置信息,包括 MySQL、Neo4j 的连接信息
|   ├─readme.md                          #项目的说明信息
|   ├─requirements.txt                   #项目所依赖的 pip 安装列表
```

4.2　数据准备和预处理

4.2.1　数据获取

首先从银行的数据源中提取相关的数据,包括开户信息和交易信息等。使用 Python 脚本来分析和理解这些数据,并将它们转换成机器可读的形式,比如结构化数据或者导入 MySQL 数据库。同时,需要设计合适的数据模型来组织这些数据,以便于后续的知识图谱构建和推理。具体步骤如下。

1. 确定数据源

首先确定需要采集的数据源,例如在银行系统内可以查看交易流水,也可以导出个人交易记录。在确定数据源之后,对数据进行分类和整理,以便后续的处理。

2. 格式化数据

对于银行来说,无论是内部的查询系统,还是官方网站上的数据,都不可以直接爬取,必须通过合法渠道获取到交易记录。只有在用于银行内部审计时,才可以直接调取所需数据。银行交易明细可以导出为 Excel,但是导出的表格可能不规范,不利于下一步处理,需要将其格式化。

以某银行的个人账户交易明细为例,以下是使用 Python 脚本规范化数据的示例代码。

```
1.  def writeToXlsx(path,sheetname,value):
2.      index =len(value)
3.      workbook =openpyxl.Workbook()
4.      sheet =workbook.active
5.      sheet.title =sheetname
6.      for i in range(index):
7.          for j in range(len(value[i])):
8.              sheet.cell(row=i+1,column=j+1,value=str(value[i][j]))
9.      workbook.save(path)
10.       folder_path ="输入路径"
11.       savefolder ="输出路径"
12.       row=1
13.       for root, dirs, files in os.walk(folder_path):
14.           for file in files:
15.               filepath =os.path.join(root,file)
16.               wb =openpyxl.load_workbook(filepath)
17.               sheet_name =wb.sheetnames
```

```
18.                #取第二张表,银行导出账单,第一张工作表为开户信息,第二张表为流水,
                   是不规范的 Excel 表格,需要处理
19.                table =wb[sheet_name[1]]
20.
21.                START =0
22.                HUMING =''
23.                ID =''
24.                CARD_ID =''
25.                for i in range(table.max_row):
26.                    if table.cell(1 +1, 1).value =="交易日期":
27.                        CAPD_ID =table.cell(i, 1).value.replace('客户账号','')
28.                        START =i
29.                        break
30.                    for j in range(table.max_column):
31.                        if table.cell(i +1, j +1).value =='户名':
32.                            HUMING =table.cell(1 +2.j +1).value
33.                        elif table.cell(i +1.j +1).value =='证件号码':
34.                            ID =table.cell(1 +2.j +1).value
35.                        elif table.cell(1 +1.j +1).value =='客户账号':
36.                            CARD_ID =table.cell(i +2.j +1).value
37.                stand_value =[]
38.                for i in range(START,table.max_row):
39.                    if table.cell(1+1.1).velue =="交易日期":
40.                        CARD_ID=table.cell(1.1).value.replace('客户账号','')
41.                    if table.cell(i+1.2).value !=None and table.cell(1+1,2).
                       value !='':
42.                        tmp =[]
43.                        tmp.append(HUMING)
44.                        tmp.append(ID)
45.                        tmp.append(CARD_ID)
46.                        tmp.append(table.cell(1,1).value)
47.                        for j in range(1,table.max_column):
48.                            if table.cell(i+1.j+1).value !=None:
49.                                tmp.append(table.cell(i+1.j+1).value)
50.                            else:
51.                                tmp.append('')
52.                        if i>START+i and tmp[4] =="交易金额":
53.                            1
54.                        else:
55.                            stand_value.append(tmp)
56.                            stand_value[0][0] ='姓名'
57.                            stand_value[0][1] ='身份证号'
58.                            stand_value[0][2] ='交易账号'
59.                            stand_value[0][3] ='交易日期'
60.                            savepath =savefolder +'/'+str(row)+'.xlsx' #输出
                               标准表存储的路径
61.                            writeToXlsx(savepath ,'Sheetl',stand_value)
62.                            row +=1
```

其中,输入和输出路径根据实际情况更改。例如,该银行对公账户的交易明细处理就要做相应的更改。

```
1.  def write2xlsx(path, sheetname,value):
2.      index=len(value)
3.      workbook =openpyxl.Workbook()
4.      sheet =workbook.active
5.      sheet.title =sheetname
6.      for i in range(index):
7.          for j in range(len(value[i])):workbook.save(path)
8.          sheet.cell(row=i+1,column=j+1,value=str(value[1][j]))
9.          workbook.save(path)
10.       filepath ='输入路径'
11.       wb =openpyxl.load_workbook(filepath)
12.       sheet_name =wb.sheetnames
13.       table =wb[sheet_name[1]]            #取第二张表
14.       START =0
15.       HUMING =''
16.       CARD_ID =''
17.       for i in range(table.max_row):
18.           if table.cell(i+1,1).value =='交易日期':
19.               CARD_ID =table.cell(i,1).value.replace('客户账号','')
20.               START=i
21.               break
22.           for j in range(table.max_column):
23.               if table.cell(i+1,j+1).value =='户名':
24.                   HUMING =table.cell(i+2,j+1).value
25.               elif table.cell(i+1,j+1).value =='证件号码':
26.                   ID=table.cell(i+2,j+1).value
27.               elif table.cell(i+1,j+1).value =='客户账号':
28.                   CARD_ID=table.cell(i+2,j+1).value
29.       stand_value =[]
30.       for i in range(START.table.max_row):
31.           if table.cell(i+1,1).value =='交易日期':
32.               CARD_ID =table.cell(i,1).value. replace('客户账号','')
33.           if table.cell(i+1,2).value !=None and table.cell(i+1,2).value !='':
34.               tmp=[]
35.               tmp.append(HUMING)
36.               tmp.append(ID)
37.               tmp.append(CARD_ID)
38.               tmp.append(table.cell(i,1).value)
39.               for j in range(1,table.max_column):
40.                   if table.cell(1+1,j+1).value !=None:
41.                       tmp.append(table.cell(i+1.j+1).value)
42.                   else:
43.                       tmp.append('')
44.               if i >START+i and tmp[3] =='交易金额':
45.                   1
46.               else:
47.                   stand_value.append(tmp)
48.       stand_value[0][0] ='对公账户名'
49.       stand_value[0][1] ='身份证号'
50.       stand_value[0][2] ='交易账号'
51.       stand_value[0][3] ='交易日期'
52.       savepath ='输出路径'
53.       write2xlsx(savepath,'Sheetl',stand_value)
```

不同的银行导出的数据格式不尽相同，可以参考此思路将格式规范化，便于导入关系数据或直接抽取所需信息存入图数据库。本章的源码里，还有处理另一家银行交易记录的脚本，可以作为参考。

4.2.2 数据预处理

数据预处理在实现知识图谱等复杂应用中非常重要。清洗和规范化数据，从而提高数据质量，减少噪声和错误，增加数据的可信度和可用性。数据预处理还可以将不同格式、不同类型的数据转化为统一的数据格式，便于后续的数据分析和处理。同时，通过数据预处理，可以将原始数据进行降维、筛选和压缩，从而减少计算量，提高数据处理效率。经过数据预处理后的数据，更符合实际需求。

由于数据源所包含的有效数据较多，格式也可能不统一。直接从获取到的数据中抽取有效信息存入图数据库进行处理的难度较大，且容易遗漏信息。所以可以先将采集到的数据存入关系数据库，再逐步从关系数据库中抽取有效信息存入图数据库。

此处依然以该银行的交易记录为例，用 Python 脚本将规范化的 Excel 表格导入 MySQL。关键代码如下。

```
1.  #获取文件夹下所有 xlsx 文件的文件名
2.  xlsx_files =glob.glob("folder/* .xlsx")
3.  #连接 MySQL 数据库
4.  cnx =mysql.connector.connect(user='username', password='password',
5.                               host='localhost',
6.                               database='database_name')
7.  cursor =cnx.cursor()
8.  #遍历所有 xlsx 文件,读取 Excel 数据并插入 MySQL 数据库中
9.  for file in xlsx_files:
10.         #读取 Excel 数据
11.         df =pd.read_excel(file)
12.         #获取 Excel 表格中第一行数据作为 MySQL 字段名称
13.         column_names =df.columns.tolist()
14.         #设置字段数据类型
15.         column_types ={}
16.         for column in column_names:
17.             column_type =df[column].dtype
18.             if column_type =="int64":
19.                 column_types[column] ="INT"
20.             elif column_type =="float64":
21.                 column_types[column] ="FLOAT"
22.             else:
23.                 column_types[column] ="VARCHAR(255)"
24.         #跳过合并单元格的行
25.         df =df.drop_duplicates(subset=column_names[1:], keep="first")
26.         #重置行索引
27.         df =df.reset_index(drop=True)
28.         #创建 MySQL 表格
29.         create_table_query ="CREATE TABLE IF NOT EXISTS table_name ("
30.         for column in column_names:
31.             create_table_query +=column +" " +column_types[column] +","
```

```
32.         create_table_query =create_table_query[:-1] +")"
33.         cursor.execute(create_table_query)
34.         #插入数据
35.         for row in df.itertuples():
36.             insert_query ="INSERT INTO table_name (" +",".join(column_names)
                +") VALUES ("
37.             for i in range(1, len(column_names) +1):
38.                 if isinstance(getattr(row, f"_{i}"), str):
39.                     insert_query +=f"'{getattr(row, f'_{i}')}',"
40.                 else:
41.                     insert_query +=f"{getattr(row, f'_{i}')},"
42.             insert_query =insert_query[:-1] +")"
43.             cursor.execute(insert_query)
44.         #提交更改
45.         cnx.commit()
46.         #关闭数据库连接
47.         cursor.close()
48.         cnx.close()
```

该代码中的数据库连接信息需要根据实际情况进行修改。

4.3 知识建模和存储

4.3.1 构建账户数据模型

在银行审计知识图谱中,可以将交易记录、客户、账户等作为实体,将交易、持有、使用等作为关系。在实际应用中,可能需要根据具体情况进行实体和关系的建模及设计,以确保知识图谱的准确性和可用性。知识图谱构建的具体实现过程包括创建实体和关系节点,以及建立实体和关系之间的联系。

对于银行审计这类需要关联多个数据实体的业务场景,使用关系数据库(如 MySQL)去处理这类数据会变得非常复杂,而使用图数据库则能够更加高效地管理和查询这些关联数据。知识图谱需要存储实体(节点)和它们之间的关系(边),这种关系通常是多层次、多维度的,存在复杂的关系类型和属性,以及大量的关联和交互。由于 MySQL 的特性难以支持图结构和半结构化数据的灵活查询,不适合用于存储和展示知识图谱数据。

Neo4j 的数据模型是基于图(Graph)数据结构的,图形化界面使得查询和分析数据变得更加直观和便捷,对于银行审计人员有帮助。因此,使用 Neo4j 存储这些数据可以提高银行审计的效率和准确性。

需要在 Neo4j 中构建 4 种节点类型。

(1) Account:银行账户节点,包含银行账户名称(name)属性。

(2) Customer:银行客户节点,包含客户名称(name)属性。

(3) Transaction:交易节点,包含交易金额(amount)、交易时间(date)和交易描述(description)属性。

(4) Branch:银行分行节点,包含分行名称(name)属性。

同时构建 3 种关系类型。

(1) HAS_ACCOUNT：客户-账户关系，表示某个客户拥有某个银行账户。

(2) HAS_TRANSACTION：账户-交易关系，表示某个银行账户拥有某个交易。

(3) LOCATED_AT：账户-分行关系，表示某个银行账户属于某个分行。

部分关键代码如下。

```
1.  // 创建账户节点
2.  CREATE (account:Account {account_number: row.账号, balance: row.余额})
3.  // 创建交易节点
4.  CREATE (transaction:Transaction {transaction_number: row.流水号, amount:
    row.交易金额, date: row.交易日期, time: row.交易时间, summary: row.摘要})
5.  // 创建银行卡节点
6.  CREATE (card:Card {card_number: row.卡号, bank: row.银行})
7.  // 创建客户节点
8.  CREATE (customer:Customer {name: row.户名, id_number: row.身份证号})
9.  // 创建交易类型节点
10. CREATE (transaction_type:TransactionType {type_name: row.交易类型})
11. // 创建对方账户节点
12. CREATE (counterparty_account:Account {account_number: row.对方账户})
13. // 创建对方客户节点
14. CREATE (counterparty_customer:Customer {name: row.对方户名})
15. // 创建三元组关系
16. CREATE (account)-[:HAS_CARD]->(card)
17. CREATE (customer)-[:OWNS_ACCOUNT]->(account)
18. CREATE (account)-[:HAS_TRANSACTION]->(transaction)
19. CREATE (transaction)-[:IS_TYPE]->(transaction_type)
20. CREATE (transaction)-[:INVOLVES_ACCOUNT]->(counterparty_account)
21. CREATE (counterparty_account)-[:BELONGS_TO]->(counterparty_customer)
```

其中，<account_id>、<transaction_id>、<amount>、<date>、<card_number>、<customer_id>、<type_name>都需要替换成对应的数据字段或值。根据实际情况，还可以添加节点和关系的属性。

4.3.2 抽取三元组并存储

接下来要从 MySQL 中提取有效的数据转存到 Neo4j。

(1) 户名和账号之间的拥有关系：(Customer)-[:OWNS_ACCOUNT]->(Account)。

(2) 账号和卡号之间的拥有关系：(Account)-[:HAS_CARD]->(Card)。

(3) 账号和交易之间的交易关系：(Account)-[:HAS_TRANSACTION]->(Transaction)。

(4) 交易和交易类型之间的关系：(Transaction)-[:IS_TYPE]->(Transaction_Type)。

(5) 交易和对方账户之间的涉及关系：(Transaction)-[:INVOLVES_ACCOUNT]->(Counterparty_Account)。

(6) 对方账户和对方客户之间的拥有关系：(Counterparty_Account)-[:BELONGS_TO]->(Counterparty_Customer)。

部分关键代码如下。

```
1.  import mysql.connector
2.  from neo4j import GraphDatabase, basic_auth
3.  #MySQL 数据库连接信息
4.  mysql_config ={
5.      'host': 'localhost',
6.      'port': 3306,
7.      'user': 'root',
8.      'password': 'password',
9.      'database': 'bank_transactions'
10.       }
11.       #Neo4j 数据库连接信息
12.       neo4j_config ={
13.           'uri': 'bolt://localhost:7687',
14.           'auth': basic_auth('neo4j', 'password')
15.       }
16.       #定义节点类型和关系类型
17.       node_types =[ ' Customer ', ' Account ', ' Card ', ' Transaction ',
          'TransactionType']
18.       relation_types =['OWNS_ACCOUNT', 'HAS_CARD', 'HAS_TRANSACTION', 'IS_
          TYPE', 'INVOLVES_ACCOUNT', 'BELONGS_TO']
19.       #连接 MySQL 数据库
20.       mysql_conn =mysql.connector.connect(* * mysql_config)
21.       mysql_cursor =mysql_conn.cursor()
22.       #连接 Neo4j 数据库
23.       neo4j_driver =GraphDatabase.driver(neo4j_config['uri'], auth=neo4j_
          config ['auth'])
24.       neo4j_session =neo4j_driver.session()
25.       #逐行读取 MySQL 中的数据,并将数据存入 Neo4j
26.       mysql_cursor.execute("SELECT * FROM transaction_detail")
27.       #创建节点和关系
28.       for index, row in df.iterrows():
29.           #创建账户节点和关系
30.           account_query = " MERGE (a: Account {account _ number: $account _
              number}) ON CREATE SET a.bank = $bank, a.balance = $balance, a.
              create_time =$create_time "
31.           graph.run(account_query, account_number=row["账号"], bank=row
              ["银行"], balance=row["余额"], create_time=row["交易日期"])
32.           #创建持卡人节点和关系
33.           customer_query ="MERGE (c:Customer {id_card:$id_card}) ON CREATE
              SET c.name =$name "
34.           graph.run(customer_query, id_card=row["身份证号"], name=row["户
              名"])
35.           #创建卡片节点和关系
36.           card_query ="MERGE (c:Card {card_number:$card_number}) ON CREATE
              SET c.bank =$bank"
37.           graph.run(card_query, card_number=row["卡号"], bank=row["银行"])
38.           #创建交易类型节点
39.           transaction_type_query = " MERGE ( t: TransactionType { name:
              $name})"
40.           graph.run(transaction_type_query, name=row["交易类型"])
41.           #创建对方账户节点和关系
42.           counterparty_account_query ="MERGE (a:Account {account_number:
              $account_number}) ON CREATE SET a.bank =$bank"
```

```
43.        graph.run(counterparty_account_query, account_number=row["对方
           账户"], bank=row["对方银行"])
44.        #创建交易节点和关系
45.        transaction_query ="""
46.        MATCH (a:Account {account_number:$account_number}), (t:TransactionType
           {name:$transaction_type}), (ca:Account {account_number:$counterparty_
           account_number})
47.        CREATE (a)-[r:HAS_TRANSACTION {amount:$amount, date:$date, time:
           $time, summary:$summary, serial_number:$serial_number}]->(t)
48.        CREATE (a)-[r2:TRANSFER_TO {amount:$amount}]->(ca)
49.        """
50.        graph.run( transaction _ query, account _ number = row [ " 账 号 "],
           transaction_type=row["交易类型"], counterparty_account_number=row
           ["对方账户"], amount=row["交易金额"], date=row["交易日期"], time=row
           ["交易时间"], summary=row["摘要"], serial_number=row["流水号"])
```

4.4 图谱可视化和知识应用

在完成模型构建和数据存储后，使用 Neo4j Browser 作为图谱可视化的工具，提供直观、易于理解的交互式展示。该部分主要分为两个步骤：审计思路和查询语句的设计，以及图谱可视化展示。

在审计思路和查询语句的设计阶段，首先确定审计的目标和方向，根据目标和方向设计出相应的查询语句。例如查询某个特定账户在一段时间内的所有交易记录，并分析其交易金额、交易对手等情况，进一步推断其是否存在异常交易。在设计查询语句时，需要考虑查询的效率和准确性，避免过度查询和误判。

在图谱可视化展示阶段，使用 Neo4j Browser 进行可视化展示。Neo4j Browser 提供了直观的交互式图形界面，用户可以通过拖动、缩放、点击等操作进行数据的浏览和交互。用户可以根据需要展示和隐藏节点、关系和属性，设置节点和关系的颜色和大小，导出图像等操作，以满足不同的需求和展示效果。在展示过程中，需要保证图谱的可读性和美观性，使用户能够快速地理解和分析图谱中的信息。

本章的审计思路是基于三元组模型，在 Neo4j 图数据库中对交易行为进行分析。主要分析的是账户之间的交易行为，包括账户之间的交易频率、交易金额、交易时间等方面，以及异常交易行为的发现。

以下是一些常见的审计查询语句和效果展示（已对数据进行脱敏处理）。

4.4.1 客户的所有账户

根据某个客户的开户身份，查询其名下的所有账户。效果如图 4-1 所示。自 2016 年年底开始，个人在银行开立账户，每人在同一家银行只能开立一个 I 类户，再开户时只能是 II、III 类账户。账户级别的不同，意味着功能和额度的差异。如果发现某个客户名下有多个 I 类客户，可能是开户较早造成的现象。银行可以逐个甄别，如果存在睡眠卡情况则可能转为冻结状态，提醒客户及时注销，以免浪费银行的系统资源，或者被他人非法利用。

```
MATCH (c:Customer {name: '户名'})
-[:OWNS_ACCOUNT]->
(a:Account)
RETURN c.name, a.account_number, a.balance
```

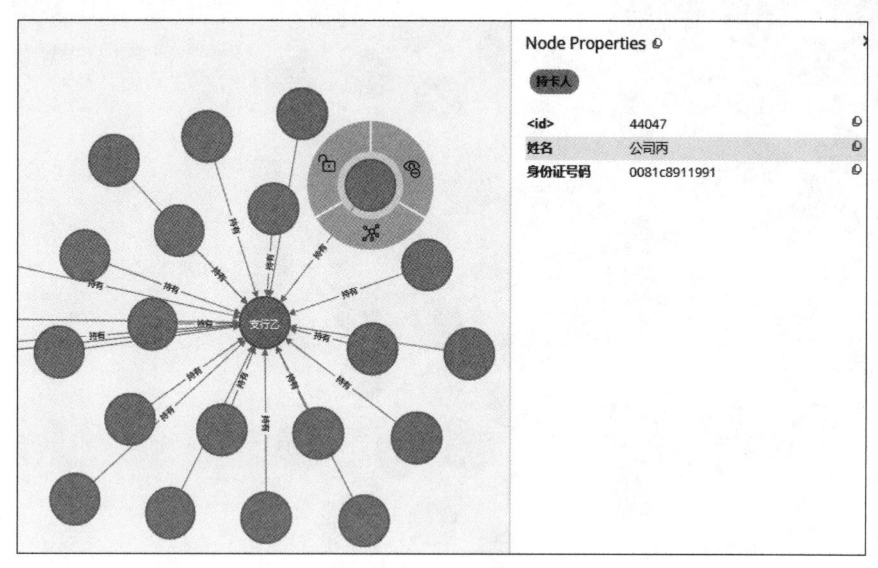

图 4-1　客户的所有账户

4.4.2　账户的全部交易记录

根据某个账户的开户号码，查询其全部交易记录。效果如图 4-2 所示。从中可以分析该客户的日常金融情况。如果账户的资金收付款交易流动频繁，但是金额都不大，比如都是几十元到几百元的转入转出，则有可能是个体经营户做点小生意；但是如果经常大额资金进出交易，单笔或者周期累计超过了某个设置的阈值，就会引发监管警觉是否涉嫌个人账户代收经营收入、不法分子洗钱、银行账户借用等行为，可能将账户设置为异常账户，启动偷税漏税、电信诈骗、非法集资等调查。

```
MATCH (a:Account {account_number: '账户'})
-[:HAS_TRANSACTION]->
(t:Transaction)
-[:IS_TYPE]->
(tt:TransactionType)
RETURN a.account_number, t.transaction_id, tt.type_name, t.transaction_amount
```

4.4.3　某时间段内账户的交易记录

根据某个账户的开户号码，查询其在起始日期到结束日期之间这个时间段之内的区间交易记录。效果如图 4-3 所示。如果发现账户交易记录的规律性很明显，比如某几个月交易很频繁而某几个月完全没有任何交易，有可能是正常的专门用途账户，比如收取租金专用，但也有可能该账户被人批量后台操控周期性启用，采取轮着使用的方式以规避监管设置的周期阈值。这种情况需要结合其他的分析手段进一步研究。

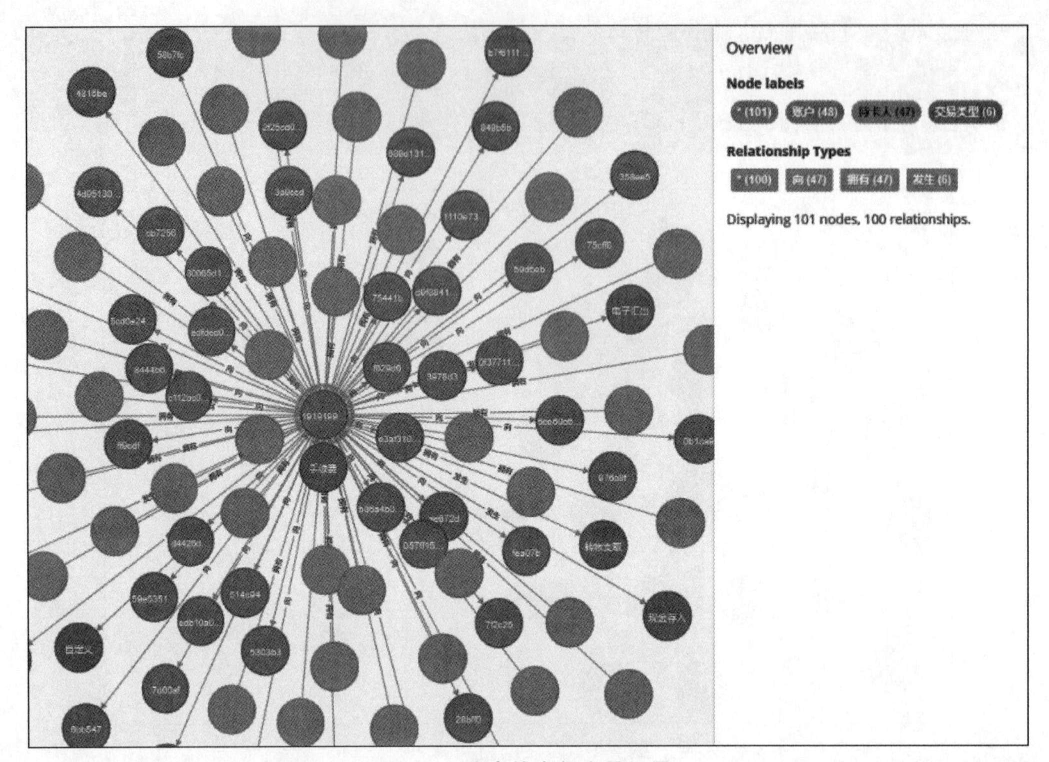

图 4-2　账户的全部交易记录

```
MATCH (a:Account {account_number: '账户'})-[:HAS_TRANSACTION]->(t:Transaction)
-[:IS_TYPE]->(tt:TransactionType)
WHERE t.transaction_date >='起始日期' AND t.transaction_date <='结束日期'
RETURN a.account_number, t.transaction_id, tt.type_name, t.transaction_amount
```

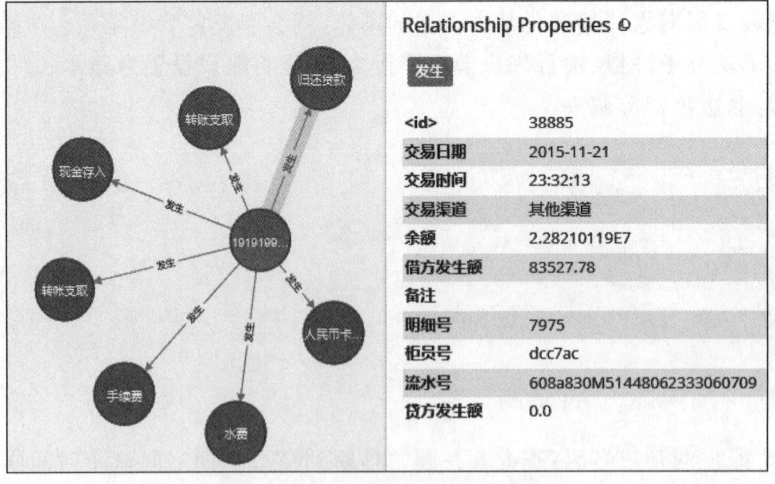

图 4-3　某时间段内账户的交易记录

4.4.4　账户相关的全部对方账户

根据某个账户的开户号码，查询与其产生过交易记录的全部对方账户。效果如图 4-4 所示。如果对方账户非常分散，并且基本上都是付款，那么可能是日常消费使用；如果基本上都是收款，那么可能是经营所得，可能引起税务部门关注有无逃税行为。如果对方账户非常集中只有少数几个，并且资金进出流量较大，估计就会被自动纳入监管范围。

```
MATCH (a:Account {account_number: '账户号'})-[:HAS_TRANSACTION]->(t:
Transaction)-[:INVOLVES_ACCOUNT]->(c:CounterpartyAccount)
RETURN a.account_number, c.account_number, t.transaction_amount
```

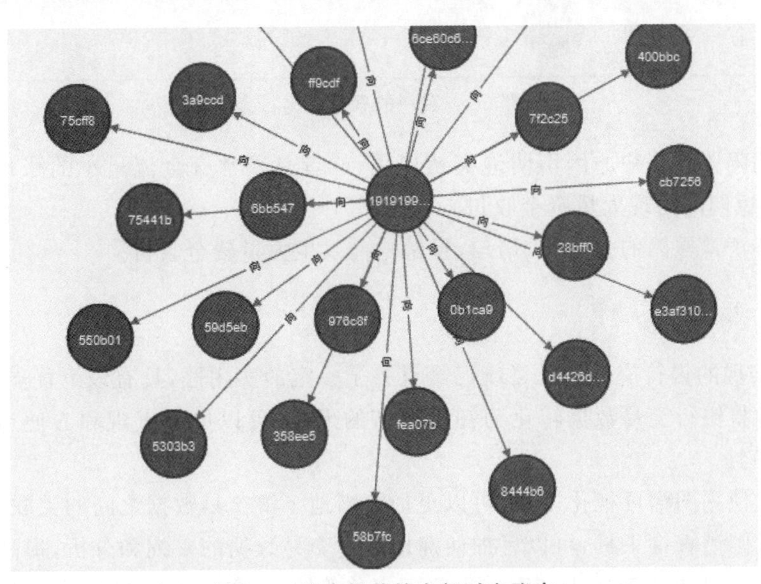

图 4-4　账户相关的全部对方账户

4.4.5　客户的异常交易行为

根据某个账户的开户号码，查询其异常交易记录。比如突然转账大额给某个新的账户行为。效果如图 4-5 所示。

```
MATCH (c:Customer {name: '户名'})-[:OWNS_ACCOUNT]->(a:Account) -[:HAS_
TRANSACTION]->(t:Transaction)-[:INVOLVES_ACCOUNT]->(c2:CounterpartyAccount)
WHERE NOT EXISTS((c2)-[:BELONGS_TO]->(:Customer)) AND t.transaction_amount
>100000
RETURN c.name, a.account_number, t.transaction_id, c2.account_number, t.
transaction_amount
```

上述查询语句仅是简单的示例，实际应用中需要根据具体情况调整查询条件和限制条件。以下是常见的异常交易行为示例。

(1) 短期内资金分散转入、集中转出或者集中转入、分散转出，与客户身份、财务状况、经营业务明显不符。例如：每月工资为三千元，在两天内连续存入十万元。

(2) 短期内相同收付款人之间频繁发生资金收付，且交易金额接近大额交易标准。

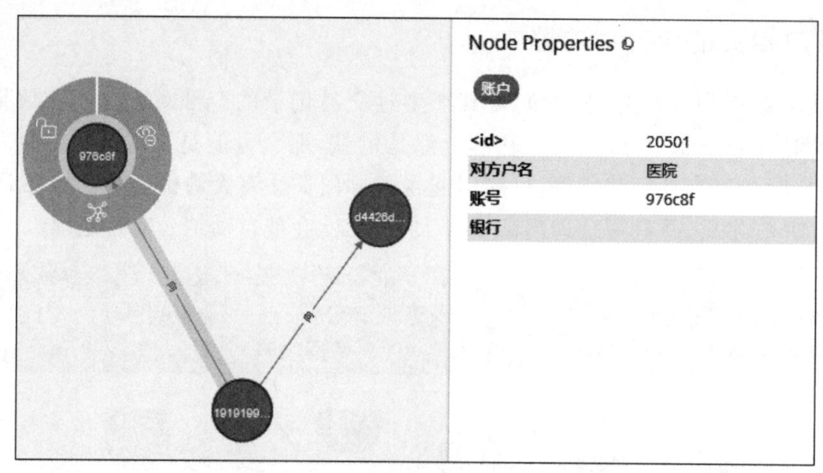

图 4-5 客户的异常交易行为

(3) 长期闲置的账户原因不明地突然启用，或者是平常资金流量小的账户突然有异常资金流入，且短期内出现大量资金收付。

(4) 没有正常原因的多开户、销户，且销户前发生大量资金收付。

4.4.6 下一步改进工作

本章所实现的银行交易审计系统已经具备了一定的实用性，具有以下优点。

(1) 通过将银行交易数据转化为知识图谱的形式，可以更加直观和方便地进行交易信息的管理和审计。

(2) 通过使用图谱可视化工具，可以更加清晰地了解交易数据之间的关联和规律。

(3) 通过图谱查询工具，可以更加便捷地进行交易数据的查询和分析，提高审计效率。

但是受限于数据来源较少和审计思路不完善等原因，仍有很大的扩展改进空间。

(1) 数据预处理和转换过程有待进一步完善，以提高数据处理的质量和准确性。每家银行导出的交易明细格式并不统一，需要逐一优化处理脚本。获取到原始交易数据后，需要手动选择脚本进行处理，并不能自主判断所属银行进而调取相应程序。

后续可以使用自然语言处理技术，对数据来源进行精准判断，进而自动调取相应程序，使系统更智能。要做此改进需要使用大量的来自不同银行的数据训练模型，但在实际应用场景(即银行审计流程)中，该需求具备可行性。

(2) 审计思路有待扩展，提高知识图谱的应用范围，以使审计数据更直观有效。本章中举了 5 个用于审计的例子，但在实际应用中，会使用到更多种类的原始数据，通过审计专业经验构建更为丰富的数据模型以发现审计线索，并可以支持更复杂的审计思路。还通过大量的审前调查，发现被审计对象存在的管理漏洞或者薄弱环节，以此确定审计重点。通过对审计重点的核查，有的放矢地发现审计疑点，为后期取得实质性进展奠定基础。

(3) 银行审计不会简单地使用 Neo4j Browser 进行可视化展示和疑点发现。一般都会扩展出全流程的 Web 网页以提高可用性。本章主要介绍了以银行交易数据构建知识图谱，用于银行审计的思路与流程。但在实际应用场景中，可以搭建更具有操作性的 Web 页面实现“傻瓜式”操作，便于使用者将精力集中于审计流程本身，增加可用性。比如对于某个账户进行分析时，和对方账户的连线粗细反映次数多少，对方账户颜色深浅反映金额总量大小。就很容易一眼看出关键性对方账户。

以下是一个简单的 Web 网页实例，可以输入原始文件路径上传，如图 4-6 所示，选择对应的银行，单击“确定”按钮后，调用相应银行的处理脚本，再转存为 MySQL 并抽取三元组存入 Neo4j。

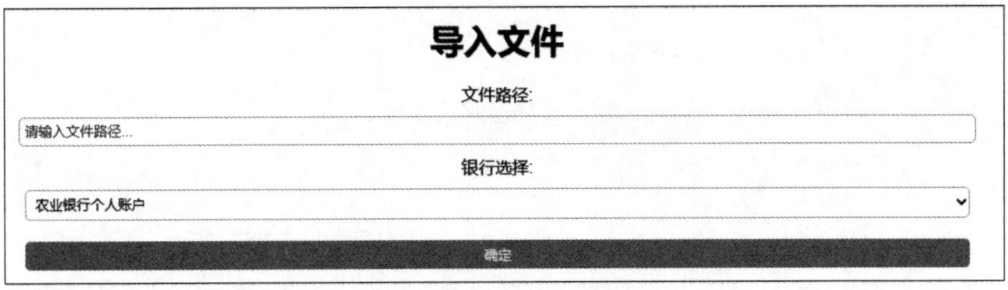

图 4-6　导入文件的 Web 页面

具体代码如下。

```
1.  <!DOCTYPE html>
2.  <html>
3.  <head>
4.      <title>知识图谱原始数据处理</title>
5.      <meta charset="UTF-8">
6.      <meta name="viewport" content="width=device-width, initial-scale=
        1.0">
7.      <style>此处省略样式 /</style>
8.  </head>
9.  <body>
10.     <h1>导入文件</h1>
11.     <!--表单部分 -->
12.     <form id="form">
13.         <!--文件路径输入框 -->
14.         <label for="filePath">文件路径:</label>
15.         <input type="text" id="filePath" name="filePath" placeholder="请
            输入文件路径...">
16.         <!--银行选择框 -->
17.         <label for="bank">银行选择:</label>
18.         <select id="bank" name="bank">
19.             <option value="bank1">银行 A 个人账户</option>
20.             <option value="bank2">银行 A 对公账户</option>
21.             <option value="bank3">银行 B 账户</option>
22.         </select>
23.         <!--提交按钮 -->
24.         <input type="submit" value="确定">
25.     </form>
26.     <!--JS 脚本部分 -->
27.     <script>
28.         // 获取表单元素
29.         const form =document.getElementById('form');
30.         const filePathInput =document.getElementById('filePath');
31.         const bankSelect =document.getElementById('bank');
```

```
32.
33.         // 监听表单提交事件
34.         form.addEventListener('submit', (e) =>{
35.             // 阻止表单默认提交行为
36.             e.preventDefault();
37.
38.             // 获取用户输入的文件路径和选择的银行
39.             const filePath =filePathInput.value;
40.             const bank =bankSelect.value;
41.
42.             // 根据银行选择相应的处理脚本路径
43.             let scriptPath ='';
44.             switch (bank) {
45.                 case 'bank1':
46.                     scriptPath ='format/bank1.py';
47.                     break;
48.                 case 'bank2':
49.                     scriptPath ='format/bank2.py';
50.                     break;
51.                 case 'bank3':
52.                     scriptPath ='format/bank3.py';
53.                     break;
54.                 default:
55.                     alert('请选择银行');
56.                     return;
57.             }
58.
59.             // 发送 AJAX 请求调用处理脚本
60.             const xhr =new XMLHttpRequest();
61.             xhr.open('POST', '/process', true);
62.             xhr.setRequestHeader('Content-type', 'application/x-www-form
                -urlencoded');
63.             xhr.onreadystatechange =function() {
64.                 if (xhr.readyState ===4 && xhr.status ===200) {
65.                     // 处理脚本运行成功,显示提示信息
66.                     alert('处理成功');
67.                 }
68.              else if (xhr.readyState ===4 && xhr.status !==200) {
69.                     // 处理脚本运行失败,显示提示信息
70.                     alert('处理失败,请重试');
71.                 }
72.             };
73.             // 发送 POST 请求,参数为文件路径和银行名称
74.             xhr.send(JSON.stringify({
75.                 'file_path': file_path,
76.                 'bank_name': bank_name
77.             }));
78.         });
79.     </script>
80. </body>
```

其中,样式可以根据具体需求修改,还可以扩展更多的功能,比如增加直接查看知识图谱结果的页面。

4.5　小结和扩展

本章介绍了一个基于知识图谱的银行交易审计系统的设计和实现过程。系统使用 MySQL 作为数据存储和处理的工具，使用 Python 编程语言和其相关的库对数据进行预处理和转换，并利用 Neo4j 将数据存储为图谱。最后，使用 Neo4j Browser 进行可视化展示和查询。在系统设计和实现过程中，解决了以下问题：如何将银行交易数据转化为知识图谱的形式，如何进行图谱的可视化展示以及如何利用图谱进行银行交易审计。

思考题：

(1) 优化原始数据处理脚本，根据 Excel 表中的信息，判断属于哪一类账单，从而调用相应脚本自动处理。

(2) 银行的交易明细账单中会附带一张账户信息表，记录该用户在本银行的所有开户信息。利用这类信息，抽取相应的数据用于审计。

(3) 优化抽取三元组的方法，尽可能挖掘已有数据的最大价值。

第 5 章

人物关系智能问答

本章构建了一个以人物为中心，辅以学校、作品等对象的人物关系图谱，并在图谱的基础上基于模板研发简易的智能问答程序，实现根据用户提出的问题给出合适的回答。

本章主要学习 Flask Web 框架、BootStrap 前端开发框架、Jieba 分词的用法，掌握通过结构化数据搭建模式匹配型智能问答系统的基础流程。

5.1 项目设计

项目采用基于模板的方法实现基于知识图谱的智能问答服务。基于模板的方法又称为基于模式匹配的方法，通常包括模板定义、模板生成和模板匹配几个步骤。此方法简化了问句分析的过程，通过预定义的模板替代了本体映射，而且模板查询速度快，准确率高，且人为可控。由于这个特点，它在各种场景中得到广泛应用。

5.1.1 需求分析

在日常生活中，人与人之间保持着各种关系，可以是父母儿女、亲戚朋友，可以是老师/同学/校友，也可以是公司同事或者上级等。人物关系图还可以是自己喜欢的电影或书籍中人物关系的呈现。

智能问答以自然语言对话的形式，统一入口快速便捷完成用户查询诉求。无论是信息检索，还是简单的业务办理，用户只需提出问题，智能系统会自动识别自然语言，理解用户的真实意图，获取相关的知识，通过推理计算形成自然语言表达的答案并及时回复，缩短了用户获取价值信息的时间，改善了用户体验。

例如，用户提问“苏轼是哪里人”时，人物关系知识图谱自动根据关键词“苏轼”定位找到相应的实体，进而找到“出生地”属性得出答案返回给用户。当前，知识问答技术广泛应用于智能对话系统、智能客服或智能助理等服务领域。它不但是知识图谱的重点应用之一，而且是自然语言处理的重要研究方向。

人物关系问答系统主要用于实现两个功能：一是构建人物关系知识图谱；二是对人物的查找与智能问答。用户输入想要查询的人物名称，系统自动返回所查询人物的相关信息。系统拥有问句分析功能，对用户提出的问题进行分析并提取问句中的关键词。对于问题模板外的问题不进行回答，并且提示用户输入与人物相关的问题。

项目从网络上搜集人物信息，将人物相关的知识进行提取、汇总，并构建起人物与人物、人物与其他对象间的内部联系，形成体系化的知识图谱，并利用中文分词技术对用户的自然语言问题进行分析，基于构建的知识图谱进行相关知识搜索，并通过推理将正确答案返回给用户。

本章利用知识图谱把复杂的人物关系结合在一起，通过问答服务可以为用户找出想要获取的某人的准确信息，以及和其他人之间的关系，为用户提供更有价值的深层次信息。问答系统构建的整体思路如下。

（1）将用户输入的问题与预设问题模板进行匹配，判断用户询问的问题属于哪一问题类别。

（2）对用户输入的内容进行理解，提取问句中的实体内容。本例中提取的是人物。

（3）结合问题类别和人物名称构建 Cypher 查询语句，调用知识图谱返回查询的结果。

（4）将返回的查询结果匹配至相应的回复语句，输出问题的答案，结束此次问答的整个过程。

5.1.2　工作流程

基于知识图谱的人物关系智能问答系统以 Web 系统的外在形式呈现给用户，通过网页端提供中国近代历史人物知识智能问答服务，其系统架构如图 5-1 所示。

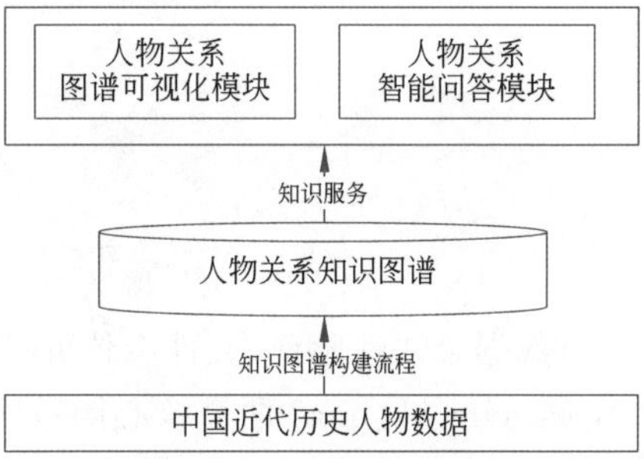

图 5-1　系统架构

该智能问答系统的工作流程主要包括 4 部分。

（1）知识图谱构建部分。通过采集网页知识的方式获取人物关系数据，经数据清洗、预处理等操作后，导入到图数据库 Neo4j 中。本章选择使用程序的方式将人物关系数据导入 Neo4j 数据库中，形成人物关系的知识库。

（2）问题分析部分。针对用户输入的问句进行模式匹配，识别出问题类型词、实体词，以及实体和实体之间的依赖关系。

（3）查询结果部分。预先建立好查询模板，其中包含一些空槽位，通过前序模块的处理结果进行填槽，形成完整的查询语句。

（4）结果返回部分。如果在 Neo4j 图数据库中能找到答案，就返回相应的结果；如果查找失败，就返回自定义信息。

从图 5-2 可知，用户输入问题，系统将对问题进行分词处理，识别问句中的实体、问题类型，将处理的结果与问句模板进行匹配，得到意图分类值，再从已设定的分类数据库中得到对应的分类 Cypher 语句，替换实体值，执行 Cypher 语句后得到查询结果，最后将结果返回给用户。

5.1.3　技术选型

本章主要使用了 Flask 框架、BootStrap 前端开发框架、Jieba 分词等技术。下面对几种技术做一个简要说明。

1. Flask 框架

Flask 是当今较为流行的轻量级 Web 框架，由 Python 语言编写而成。Flask 最显著的特点是"微"框架，轻便灵活的同时又易于扩展。默认情况下，Flask 不会指定数据库和模板引擎等对象，开发者可以根据需要自己选择各种数据库。Flask 自身不提供表单验证功能，在项目实施过程中可以自由配置，从而为应用程序开发提供数据库抽象层基础组件，支持进

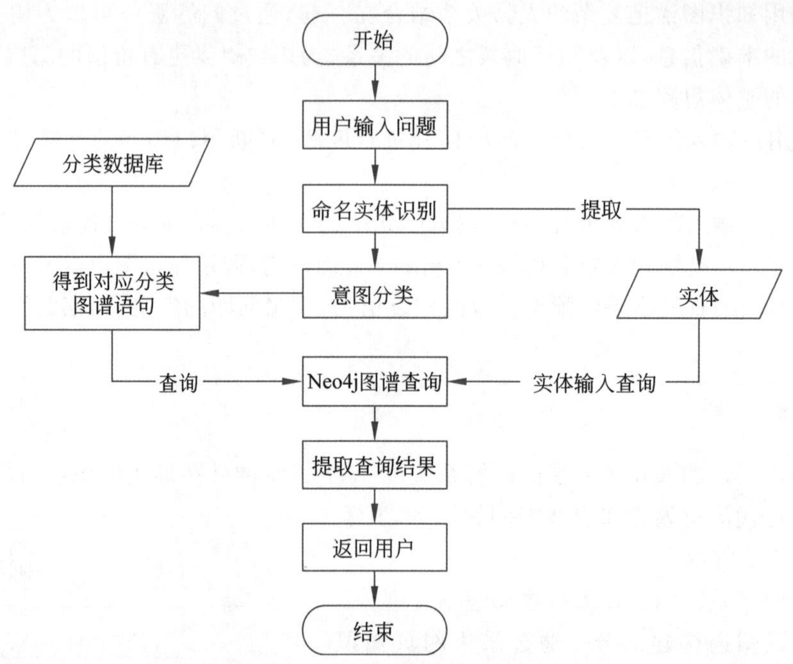

图 5-2　人物关系知识问答流程图

行表单数据合法性验证、文件上传处理、用户身份认证和数据库集成等功能。Flask 主要包括 Werkzeug 和 Jinja2 两个核心函数库，分别负责业务处理和安全方面的功能。

Flask 的工作流程如图 5-3 所示，在 Flask 中每个 URL 代表一个视图函数。当用户访问这些 URL 时，系统会调用相应视图函数，并将结果返回给用户。

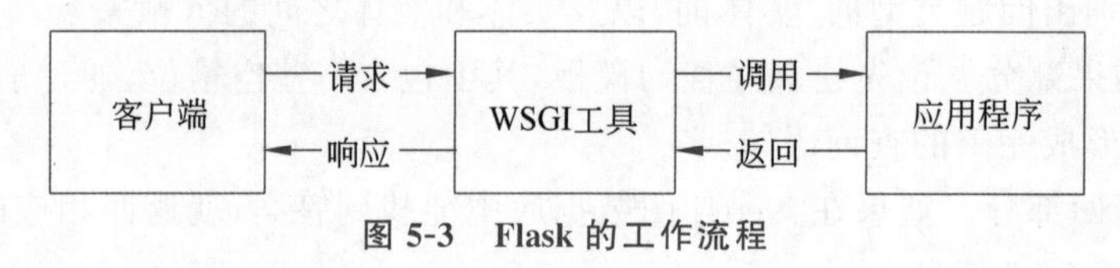

图 5-3　Flask 的工作流程

2. BootStrap 前端开发框架

BootStrap 是基于 HTML、CSS、JavaScript 开发的简洁、直观、强悍的前端开发框架，使得 Web 开发更加快捷。目前，BootStrap 是最受欢迎的 HTML、CSS 和 JS 框架，用于开发响应式布局、移动设备优先的 Web 项目。BootStrap 让前端开发更快速、简单。市面上常见的所有设备都可以适配、所有项目都适用、所有开发者都能快速上手，因此受到广泛欢迎。

BootStrap 主要包括如下内容。

(1) 基本结构：提供了一个带有网格系统、链接样式、背景的基本结构。

(2) CSS：自带多个特性，如全局的 CSS 设置、定义基本的 HTML 元素样式、可扩展的 class，以及一个先进的网格系统。

(3) 组件：包含了十几个可重用的组件，用于创建图像、下拉菜单、导航、警告框、弹出框等。

(4) JavaScript 插件：包含了十几个自定义的 jQuery 插件。可以直接包含所有的插件，也可以逐个包含这些插件。

（5）定制：可以定制组件、LESS 变量和 jQuery 插件来得到自己的版本。

3. Jieba 分词

Jieba 是 Python 中文分词组件。Jieba 分词的算法为：基于前缀词典实现高效的词图扫描，生成句子中汉字所有可能成词情况所构成的有向无环图(DAG)；采用了动态规划查找最大概率路径，找出基于词频的最大切分组合；对于未登录词，采用了基于汉字成词能力的隐马尔可夫模型(Hidden Markov Model，HMM)进行组词，并使用了 Viterbi 算法。

Jieba 库的主要功能包括分词、添加自定义词典、关键词提取和词性标注。它支持 3 种分词模型：精确模式、全模式和搜索引擎模式。开发者可以指定自己定义的词典，以便包含 Jieba 词库里没有的词。虽然 Jieba 有新词识别能力，但是自行添加新词可以保证更高的正确率。

5.1.4　开发准备

1. 系统开发环境

本章的软件开发及运行环境如下。

（1）操作系统：Windows 7、Windows 10、Linux。

（2）虚拟环境：virtualenv、miniconda。

（3）数据库：Neo4j＋py2neo 驱动。

（4）开发工具：PyCharm/Sublime Text 3 等。

（5）Python Web 框架：Flask。

（6）浏览器：Chrome 浏览器。

2. 文件夹组织结构

本章采用 Flask Web 框架进行开发。由于 Flask 框架的灵活性，可以任意组织项目的目录结构。在本项目中，使用包和模块的方式组织程序。文件夹组织结构如下所示。

```
├─person_school_works
│   ├─common                     #常用工具
│   │   ├─conn_neo4j.py          #连接 Neo4j 数据库
│   │   ├─get_config.py          #读取配置信息
│   │   ├─constant.py            #常量配置
│   │   ├─nlp_util.py            #自然语言处理工具
│   │   ├─file_util.py           #文件处理工具
│   ├─data                       #存放问题模板、数据库配置信息、Jieba 自定义词典等文件
│   │   ├─question               #用于存储问题模板文件
        │   ├─handler            #数据处理文件
        │   ├─model              #问题分类、问题回复模板
        │   ├─service            #业务处理
        │   ├─static             #静态资源文件
        │   ├─templates          #存放 HTML 模板
        │   │   ├─index.html     #主页面
        │   ├─app.py             #启动文件
        │   ├─README.md
        │   ├─requirements.txt       #依赖包文件
```

5.2 数据准备和预处理

本章的数据选用 OpenKG.CN 网站提供的近代历史人物数据，并对人物数据格式进行分析和整理。根据提供的人物属性信息创建问题分类及其问题模板，使用 Jieba 分词对问题模板内容进行分词处理。

5.2.1 数据准备

在数据准备阶段，依据前期的调研结果，首先确定关系图谱涉及的人员群体范围。中国近代历史涌现了大量的杰出人物和事迹，史料文献丰富，构成了一个庞大的知识体系，本章选取 OpenKG.CN 网站提供的中国近代历史人物知识图谱数据，以中国近代历史人物作为研究对象。

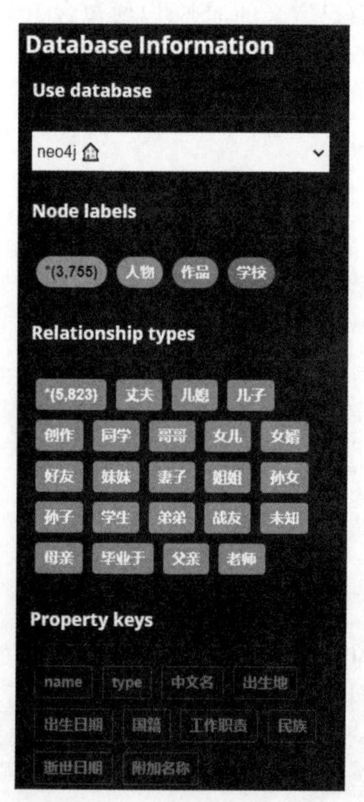

图 5-4 人物数据组成元素

从网页 http://www.openkg.cn/dataset/zgjdlsrw 下载数据到本地计算机，数据文件内容格式如图 5-4 所示。从图中可以看出，人物的数据主要包含人物的名字、国籍、出生地、生卒年月、作品、人物关系等信息。

5.2.2 数据预处理

用户在提出人物相关问题时，往往会出现关于人物、学校和作品的名词，而现有分词工具并不能将这些名词完整地分开。若 Jieba 不加载用户自定义的词典，很难将“春牡”这种词从所提问题中分离出来。针对这种情况，本章制作了一个作品的自定义词典，其对应的词性为 works。

数据预处理阶段主要是生成 Jieba 分词的自定义词典，以保证作品名称分词正确。词典格式是一个词占用一行。每一行分三部分：词语、词频(可省略)、词性(可省略)，中间用空格隔开，顺序不可以颠倒。文件名若为路径或二进制方式打开的文件，则文件必须为 UTF-8 编码。

生成自定义词的代码如下。

```
1.   #json 文件路径
2.   data_file_path =os.path.join(constant.DATA_DIR, "data-json.json")
3.   #自定义词典存储路径
4.   self_defining_dict_path =os.path.join(constant.DATA_DIR, 'self_define_
     dict.txt')
5.   #读取 json 文件内容
6.   content =json.load(open(data_file_path, 'r', encoding='UTF-8'))
7.
8.   with open(self_defining_dict_path, 'w', encoding='utf-8') as f:
9.       for json in content:
10.          #判断 json 中是否包含“作品”键
```

```
11.         if '作品' in json.keys():
12.             works =json['作品']
13.             for work in works:
14.                 work =re.sub("[【】《》!,。?、~@#¥%……&*()]+", "", work)
15.                 #将"词语 词频 词性"写入自定义词典文件
16.                 f.write(work +" 100 works")
17.                 f.write("\n")
```

生成后的自定义词典内容如下。

```
1. 实用英语文体学 100 works
2. 春牡 100 works
3. 夏荷 100 works
4. 秋菊 100 works
5. 冬梅 100 works
6. 五十述怀 100 works
7. 抗战八年回忆 100 works
```

Jieba 加载用户自定义词典后,即可将作品从问句中正确地分离出来,示例如下。

```
1. jieba.load_userdict(self_defining_dict_path)
2. text =u'《春牡》是谁创作的?'
3. clean_txt =re.sub("[\s+\.\!\/_,$%^*(+\"\')]+|[+——()?【】《》""!,。?、~@#¥%
   ……&*()]+", "", text)
4. words =jieba.posseg.cut(clean_txt)
5. for w in words:
6.     print(w)
```

执行结果如下。

```
1. 春牡/works
2. 是/v
3. 谁/r
4. 创作/vn
5. 的/uj
```

从上述结果可以看出,Jieba 加载自定义词典后,将"春牡"看作是一个词语。

5.3 知识建模和存储

知识建模是建立知识图谱概念模式的过程,相当于关系数据库的表结构定义。为了对人物及关系知识进行合理的组织,更好地描述知识本身与知识之间的关联,需要结合人物及关系数据特点与应用特点来完成模式的定义。

5.3.1 知识建模及描述

人物关系知识图谱的构建以人物为中心,涉及组织(学校)、成就(作品)等维度。图谱构建的重点是梳理人物与人物、人物与学校以及人物与作品之间的关系。

从数据内容分析可以得知人物与人物之间的关系可细分为 7 大类、21 个具体关系,具体内容如下所示。

```
1. '亲子':['儿子', '女儿', '父亲', '母亲'],
2. '祖孙':['孙子', '孙女', '爷爷', '奶奶'],
3. '兄弟':['哥哥', '妹妹', '弟弟', '姐姐'],
4. '配偶':['丈夫', '妻子'],
5. '婿媳':['女婿', '儿媳'],
6. '师生':['学生', '老师'],
7. '其他':['战友', '同学', '好友']
```

人物与组织(学校)的关系为“毕业于”,人物与成就(作品)之间的关系为“创作”。根据上述关系可以设计问题的匹配模板,比如:

(1) 人物与人物之间的关系可以设计的问题模板有:[“这个人的家庭成员有哪些?”,“这个人的配偶是谁?”,“这个人的学生有哪些人?”,“这个人的好友是哪些人?”……]。

(2) 人物与学校间的关系可以设计的问题模板有:[“这个人毕业于哪所学校?”,“这个人就读的学校有哪些?”,“这个人在哪几所学校就读过?”,“这个人在哪里读书”,“这个人在哪里上过学”……]。

(3) 人物与成就(作品)间的关系可以设计的问题模板有:[“这个人的代表作有哪些”,“这个人的作品有哪些?”,“这个人创作了哪些作品”,“这个人的著作有哪些?”……]。

综上所述,根据人物的信息、人物与其他实体间的关系,设计的问题如下:

```
【0】人物的简介:["nr","nr的简介","nr的生平","nr的信息","nr的基本信息","nr的一生","nr的详细信息","谁是nr"]
【1】人物的出生日期:[nr的出生日期,nr的生日, nr生日多少, nr的出生是什么时候, nr的出生是多少, nr生日是什么时候, nr生日什么时候, nr出生日期是什么时候, nr什么时候出生的, nr出生于哪一天, nr的出生日期是哪一天, nr哪一天出生的]
【2】人物就读于哪所学校:["nr就读于哪所学校", "nr就读过哪所学校", "nr在哪些学校就读过", "nr在哪里上过学", "nr的就读学校有哪些"]
【3】人物的作品:["nr的作品有哪些","nr的著作","nr创作的作品是哪些","nr创作了哪些作品","nr的作品"]
```

对应的问题回答模板为:

```
【0】{}的信息:{}
【1】{}的出生日期是{}
【2】{}毕业的学校有:{}
【3】{}的作品有:{}
【4】{}的生日是{}
【5】{}和{}之间的是{}关系
【6】{}的作者是{}
```

5.3.2 数据存储

1. 将数据存储到 Neo4j 数据库

从数据文件 data-json.json 中分析数据的组成结构,找出所有的节点类型和节点间的关系。从数据节点结构来看,除属性“毕业于”“作品”和“相关人物”之外,其余均可看作是人物的基本属性；而属性“毕业于”对应节点类型“学校”，属性“作品”对应节点类型“作品”，“相关人物”对应节点类型“人物”。

数据存储流程如图 5-5 所示。通过 json.load 读取数据文件内容，遍历 json 数据中的每一项，对每一项 item 执行如下操作。

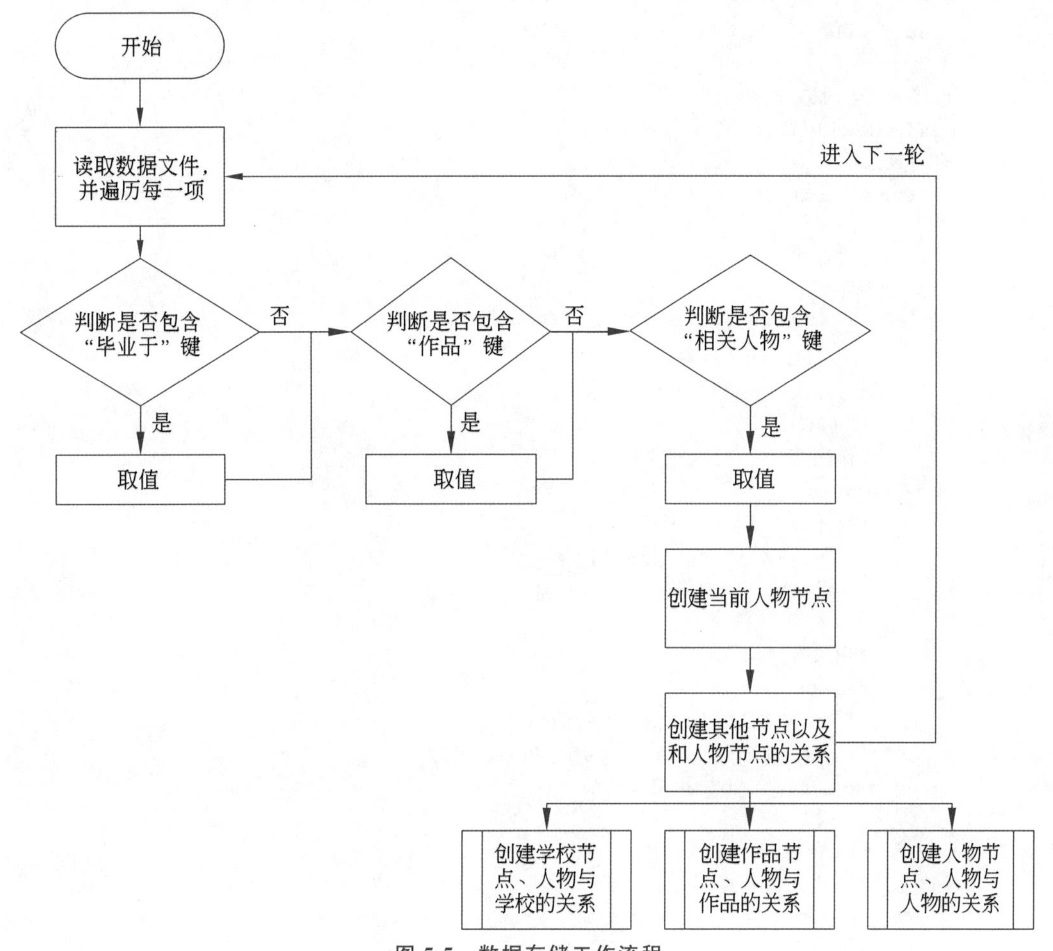

图 5-5　数据存储工作流程

(1) 判断 item 字典是否包含“毕业于”键，若是则利用 item['毕业于']取值，并从 item 字典中移除“毕业于”键。

(2) 判断 item 字典中是否包含“作品”键，若是则通过 item['作品']取值，并从 item 字典中移除“作品”键。

(3) 判断 item 字典中是否包含“相关人物”键，若是则通过 item['相关人物']取值，并从字典中移除“相关人物”键。

(4) 创建人物节点。先判断该人物节点是否存在，若不存在则通过 graph.create 方法创建，若存在则更新节点的属性值。

(5) 创建学校、作品、相关人物等节点，创建人物与学校、人物与作品、人物与人物之间的关系。

关键代码如下所示。

```
1. #获得数据文件的路径
2. data_path =os.path.join(constant.DATA_DIR, "data-json.json")
3. #读取数据文件的内容
4. data =json.load(open(data_path, 'r', encoding='utf-8'))
5. print("人物数目：", len(data))
6.
7. #连接 Neo4j 服务器
8. neo4j =ConnNeo4j()
9. #遍历数据
10.     for item in data:
11.         item['name'] =item['中文名']
12.         #毕业于
13.         school =[]
14.         if '毕业于' in item.keys():
15.             school =item['毕业于']
16.             item.pop('毕业于')
17.
18.         #作品
19.         works =[]
20.         if '作品' in item.keys():
21.             works =item['作品']
22.             item.pop('作品')
23.
24.         #相关人物
25.         relate_persons ={}
26.         if '相关人物' in item.keys():
27.             relate_persons =item['相关人物']
28.             item.pop('相关人物')
29.
30.         print(item)
31.         #创建人物节点
32.         neo4j.create_node("人物", item)
33.         #创建学校节点,人物与学校间的关系
34.         neo4j.create_node_relations("人物", item, "学校", school, "毕业于",
            {'type': '毕业于'}, False)
35.         #创建作品节点,人物与作品间的关系
36.         neo4j.create_node_relations("人物", item, "作品", works, "创作",
            {'type': '创作'}, False)
37.         #创建相关人物,人物社会关系
38.         for key in relate_persons.keys():
39.             tmp_value =relate_persons[key]
40.             tmp_rel_type =key
41.             if key in ['儿子', '女儿', '父亲', '母亲']:
42.                 neo4j.create_node_relations("人物", item, "人物", tmp_value,
                    tmp_rel_type, {'type': '父子'}, False)
43.             elif key in ['孙子', '孙女', '爷爷', '奶奶']:
```

```
44.                 neo4j.create_node_relations('人物', item, '人物', tmp_value,
                    tmp_rel_type, {'type': '祖孙'}, False)
45.             elif key in ['哥哥', '妹妹', '弟弟', '姐姐']:
46.                 neo4j.create_node_relations('人物', item, '人物', tmp_value,
                    tmp_rel_type, {'type': '兄弟姐妹'}, False)
47.             elif key in ['丈夫', '妻子']:
48.                 neo4j.create_node_relations('人物', item, '人物', tmp_value,
                    tmp_rel_type, {'type': '夫妻'}, False)
49.             elif key in ['女婿', '儿媳']:
50.                 neo4j.create_node_relations('人物', item, '人物', tmp_value,
                    tmp_rel_type, {'type': '婿媳'}, False)
51.             elif key in ['学生', '老师']:
52.                 neo4j.create_node_relations('人物', item, '人物', tmp_value,
                    tmp_rel_type, {'type': '师生'}, False)
53.             else:
54.                 neo4j.create_node_relations('人物', item, '人物', tmp_value,
                    tmp_rel_type, {'type': '其他'}, False)
```

2. 构造问题问句模板

打开浏览器，查看 Neo4j 的数据节点类型、关系类型和属性等信息。可以根据图 5-6 所表达的信息构造问题分类和问题问句模板。

```
{
        "中文名": "傅秋涛",
        "附加名称": "旭高、武民",
        "国籍": "中国",
        "出生地": "湖南省岳阳市平江县安定镇程家园村",
        "出生日期": "1907年8月3日",
        "逝世日期": "1981年8月25日",
        "工作职责": "军人",
        "毕业于": [
            "中共中央党校"
        ],
        "作品": [
            "《实行义务兵役制，保卫祖国社会主义建设》",
            "《高举红旗，坚持斗争》",
            "《中国民兵》"
        ],
        "相关人物": {
            "未知": [
                "上官云相",
                "赵希仲"
            ],
            "战友": [
                "叶挺"
            ]
        }
    },
```

图 5-6 人物图数据库属性信息

在浏览器中访问 Neo4j，查看人物、学校、作品的信息，以及节点间的关系数据。输入 Cypher 语句：

```
MATCH (n:'人物') WHERE n.name = '钱钟书' return n
```

单击“运行”按钮，可视化结果如图 5-7 所示。

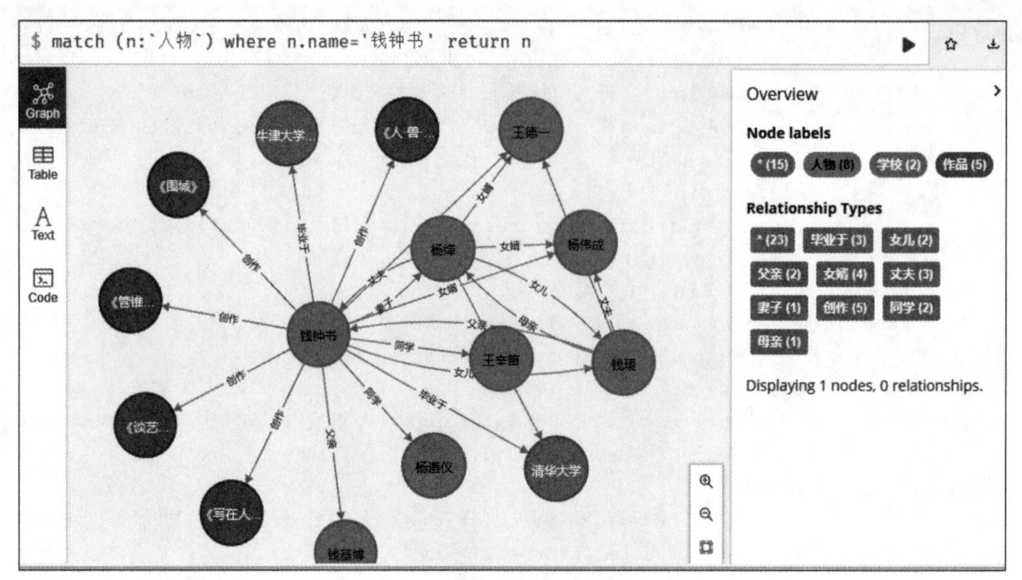

图 5-7　近代历史人物图谱

5.4　图谱可视化和知识应用

本章选择利用朴素贝叶斯算法对问题进行分类，朴素贝叶斯算法的核心是条件概率，通过算出问题语句所属哪一大类问句的可能性最大，即得出该问题语句的分类，借助其训练集进行训练，得到分类模型。训练完成后，即可运用该模型将待分类问题进行分类并返回相应的问题类别，输出最终的结果。具体分类流程如图 5-8 所示。

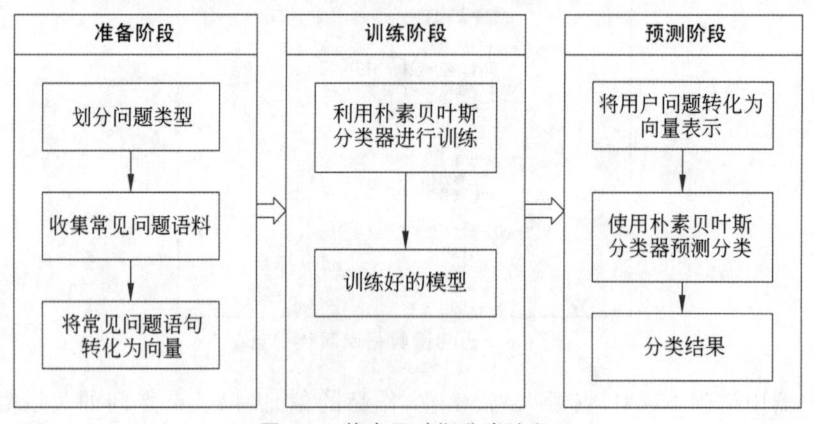

图 5-8　朴素贝叶斯分类流程

智能问答系统为了回答用户提出的问题，需要将自然语言转化成机器能够理解的机器语言，其过程包括了意图识别与槽位填充，将所识别出的关键信息转化成 Cypher 语言进行图数据库的查询，并将答案返回给用户等过程。

5.4.1　问题模板定义

在日常生活中，人们对一个问题的问法可以有各种各样的句式，从而每一个问题的提出都会有一些差别。本章依据自定义的问题语句和常用的问题集合，对人物关系智能问答系统归纳了 6 类问题来支撑问答功能的实现。通过对近代历史人物数据的分析，可以从人物的简介、人物的出生日期、人物的作品、人物毕业院校以及人物间的关系等不同的角度，对问题意图进行分类编号。问题分类结果如图 5-9 所示。

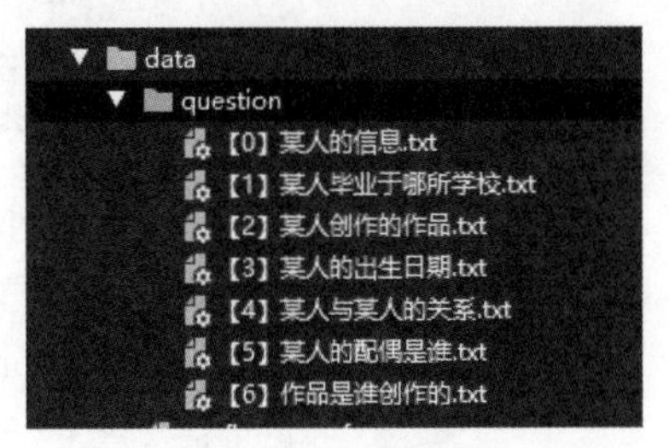

图 5-9　问题分类

人物关系相关的问题类别以及分类如表 5-1 所示。

表 5-1　问题类型及分类表

问题类型序号	类型命名	问题示例
0	某人的信息	nr nr 的基本信息 nr 是谁 nr 是 谁是 nr nr 的详细信息 nr 的信息 介绍一下 nr
1	某人毕业于哪所学校	nr 曾就读于哪几所学校 nr 的毕业院校 nr 毕业的学校 nr 毕业于哪里 nr 的学校 nr 在哪里上过学 nr 上学的地方
2	某人创作的作品	nr 的作品 nr 的作品有哪些 哪些是 nr 的作品 nr 写了哪几本书 nr 的创作 nr 的著作 nr 的书 nr 写的书

续表

问题类型序号	类型命名	问题示例
3	某人的出生日期	nr 的出生日期 nr 的生日 nr 生日多少 nr 的出生是什么时候 nr 的出生是多少 nr 生日是什么时候 nr 生日什么时候 nr 出生日期是什么时候 nr 什么时候出生的 nr 出生于哪一天 nr 的出生日期是哪一天 nr 哪一天出生的
4	某人与某人的关系	nr 与 nr 的关系 nr 和 nr nr 和 nr 是什么关系 nr 和 nr 有什么关系 nr 和 nr 之间
5	某人的配偶是谁	nr 的另一半 nr 的伴侣 nr 的爱人 nr 的对象 nr 的配偶
6	作品是谁创作的	works 是谁写的 works 是谁创作的 works 是出自谁之手 works 的作者 works 的作者是谁 works 的作者是哪位 works 是哪位大家创作的

将每一类的问题都分装在不同的文件中，文件名由问题分类序号和类型名称组成。每个文件中存放每一类问题的问句，一行一个。

5.4.2 朴素贝叶斯问题分类

在收集并分类好相关问题后，下一步要做的是怎样根据问题的特征关键词来判断问题到底属于哪一类。本章通过构建一个朴素贝叶斯分类模型来对汇总的问题集进行相关训练，再利用已经训练完成的模型来对用户提出的问题进行最终的分类。

第一步是加载训练数据。从 question 文件夹下获取所有的文件，对问句进行预处理清洗，运用正则表达式以及 Jieba 分词完成对于初始关键词实体数据的获取。从下面的代码可以看出，从文件名中通过正则表达式获得问题的分类值保存到 train_y 变量中；读取文件内容，将按行对文件内容做 Jieba 分词后的结果保存到 train_x 变量中；变量 train_x 和 train_y 的长度保持一致。

```
1. def load_train_data():
2.     train_x =[]
3.     train_y =[]
4.     file_path_list = file_util.get_file_list(os.path.join(constant.DATA_
       DIR, "question"))
5.     for file_item in file_path_list:
6.         #获取文件名中的 label
7.         label =re.sub(r'\D', "", file_item)
8.         if label.isnumeric():
9.             label_num =int(label)
10.            #读取文件内容
11.            with (open(file_item, "r", encoding="utf-8")) as file:
12.                lines =file.readlines()
13.                for line in lines:
14.                    #分词
15.                    word_list =list(jieba.cut(str(line).strip()))
16.                    #print(word_list)
17.                    train_x.append(" ".join(word_list))
18.                    train_y.append(label_num)
19.
20.    return train_x, train_y
```

第二步是利用工具将文本信息转化为计算机可以识别的向量信息，再基于朴素贝叶斯分类器来对问题训练集进行训练，得到一个训练效果较好的模型。

```
1. self.train_x, self.train_y =load_train_data()
2. #文本向量化
3. self.tfidf_vec =TfidfVectorizer()
4. self.train_vec =self.tfidf_vec.fit_transform(self.train_x).toarray()
5. self.model =self.train_model_nb()
```

上述代码中，train_model_nb 方法的内容如下所示。

```
1. def train_model_nb(self):
2.     """
3.         利用朴素贝叶斯分类器训练模型
4.         :return:
5.     """
6.     nb =MultinomialNB(alpha=0.01)
7.     nb.fit(self.train_vec, self.train_y)
8.     return nb
```

这一步的输入是特征属性以及训练集，输出是一个训练好的分类模型，主要用到 sklearn 中的 MultinomialNB 模型。

5.4.3 意图识别与槽位填充

上面完成了问句清洗、实体抽取以及类型的划分。接下来将用户问题特征词以及其中问题的类型输入到模板映射中进行后续处理，即意图识别和槽位填充。意图识别通过匹配对应模板进而明白用户意图，判断知道用户需要做什么事情。槽位填充是在识别出用户的意图后，找到该意图所对应的语义槽并进行填充。

简单地说，当用户输入语句后，系统先进行中文分词提取到关键信息(人物或者作品等)，随后使用先前已训练好的预测模型匹配到意图编号(即问题分类编号)，进而查询该意图所对应的词典来得到模板，提取对应槽位信息。

例如用户想知道“钱学森的作品有哪些”，系统会首先对用户的问题进行分词并提取出关键信息“钱学森”，随后对用户的意图进行预测，进而知道用户的意图模板是“nr 创作的作品”，替换模板内容后，得到结果“钱学森创作的作品”，即获取了“钱学森”这个槽位。最后将问题翻译成 Cypher 语言进行“创作的作品”查询。

知识检索流程如图 5-10 所示。

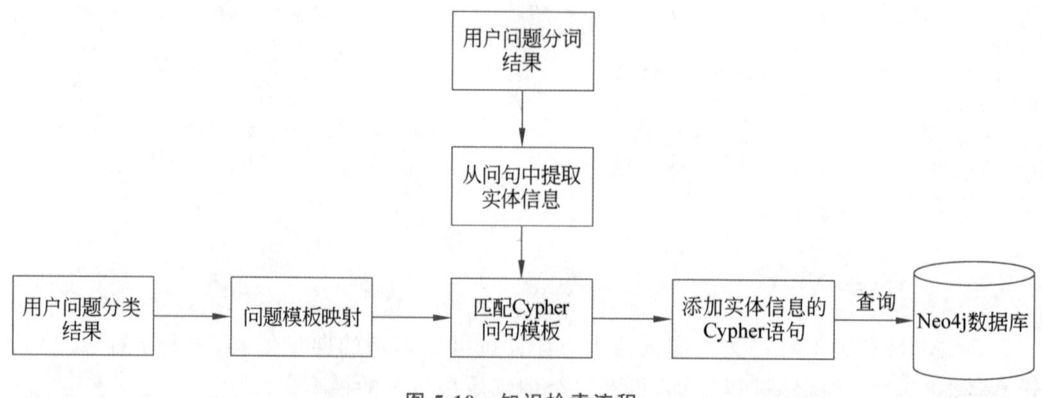

图 5-10 知识检索流程

第一步：根据用户提出的问题预测意图分类。

```
1. def predict(self, question):
2.     """
3.     预测意图分类
4.     :param question: 用户提出的问题
5.     :return:
6.     """
7.     #词性标注
8.     text_cut_gen =nlp_util.question_posseg(question)
9.     #获取模板,替换 nr(人名)、works(作品)、ng(名词词素)
10.        text_src_list =[]
11.        #一般化的问题,把人名替换为 nr,以此类推
12.        text_normal_list =[]
13.        for item in text_cut_gen:
14.            text_src_list.append(item.word)
15.            if item.flag in ['nr', 'works', 'ng']:
16.                text_normal_list.append(item.flag)
17.            else:
18.                text_normal_list.append(item.word)
19.
20.    #拼成一句话
21.    question_normal =[" ".join(text_normal_list)]
22.    print(question_normal)
23.    question_vector =self.tfidf_vec.transform(question_normal).toarray()
24.    predict =self.model.predict(question_vector)[0]
25.    return predict
```

第二步：根据意图分类，匹配问题模板，获得问题答案。

```
1. try:
2.     question_answer = self.question_template.get_question_answer(question,
       question_category)
3. except BaseException as e:
4.     print(e)
5.     question_answer = "我也不知道!"
6. return question_answer
```

在这之前，先构造问题匹配模板，然后根据问题意图分类结果映射模板，填充 Cypher 语句模板中的实体槽位，得到完整的 Cypher 检索语句。

```
1. #构造查询类别
2. self.q_template_dict = {
3.       0: self.get_person_introduction,
4.       1: self.get_person_schools,
5.       2: self.get_person_works,
6.       3: self.get_person_birthday,
7.       4: self.get_relation_between_person1_and_person2,
8.       5: self.get_person_spouse,
9.       6: self.get_works_author
10.      }
11.      self.neo4j_conn = ConnNeo4j()
```

以问题分类结果 1 为例，get_person_schools 代码如下所示。

```
1. def get_person_schools(self):
2.     """
3.     1:nr 某人毕业于哪所学校
4.     :return:
5.     """
6.     #获取人物名称
7.     person_name = self.get_person_name("nr")
8.     cql = f"match (m:`人物`)-[]->(n:`学校`) where m.name='{person_name}'
       return n.name"
9.     answer = self.neo4j_conn.run(cql)
10.        answer_set = set(answer)
11.        answer_list = list(answer_set)
12.        answer = "、".join(answer_list)
13.        final_answer = person_name + "毕业的学校是: " + str(answer) + "。"
14.        return final_answer
```

先从问句中获得人物实体信息，再将人物信息填充到预留的槽位中，执行 Cypher 语句得到结果。鉴于人物曾就读的学校不止一所，将所有结果拼接成字符串，返回答案。

更多问题的答案映射模板请参见源代码文件 model\question_template.py。

5.4.4　问答展示

本项目采用 Flask 微型 Web 框架进行开发。

1. 启动 Flask 应用

在终端输入命令“python -m flask run --host 0.0.0.0”，启动 Flask 应用，如图 5-11 所示。

```
(person_school_works_env) F:\myself_python_projects\person_school_works>python -m flask run --host 0.0.0.0
 * Environment: production
   WARNING: This is a development server. Do not use it in a production deployment.
   Use a production WSGI server instead.
 * Debug mode: off

Building prefix dict from the default dictionary ...
Loading model from cache C:\Users\Administrator\AppData\Local\Temp\jieba.cache
Loading model cost 2.093 seconds.
Prefix dict has been built successfully.
 * Running on all addresses.
   WARNING: This is a development server. Do not use it in a production deployment.
 * Running on http://172.20.0.138:5000/ (Press CTRL+C to quit)
```

图 5-11　Flask 应用启动成功

Flask 应用启动成功后，打开浏览器，在地址栏中输入 URL，比如 http://127.0.0.1:5000/，运行效果如图 5-12 所示。

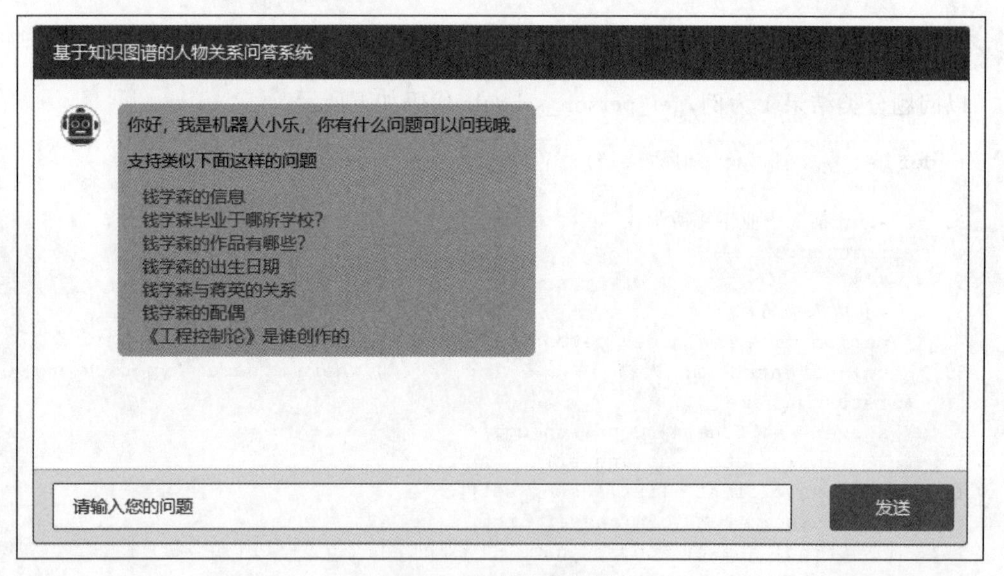

图 5-12　智能问答界面

2. 页面操作

本章前端页面的功能很简单，仅包含两个访问请求，其中@app.route('/')负责打开并渲染页面，@app.route('/get_answer')负责根据问题提供回复答案。相关代码如下所示。

```
1.  @app.route('/')
2.  def robot_index():
3.      return render_template("index.html")
```

```
4.
5.
6.  @app.route('/get_answer', methods=['GET', 'POST'])
7.  def get_answer():
8.      question =request.args.get("question")
9.      answer_str =question_service_instance.get_answer(question)
10.         result ={"answer": answer_str}
11.         return json.dumps(result, ensure_ascii='utf-8')
```

在问答检索页面中，需要用户填写问题，然后单击“发送”按钮将请求发送给系统。系统的处理流程如下所示。

```
1. from model import question_classify
2. from model import question_template
3.
4.
5. class QuestionService:
6.     """
7.     问答核心类,接受问题输入,构造查询语句,输出查询结果
8.     """
9.
10.        def __init__(self):
11.            self.classify_model =question_classify.QuestionClassify()
12.            self.question_template =question_template.QuestionTemplate()
13.
14.        def get_answer(self, question):
15.            #通过分类器获取分类
16.            question_category =self.classify_model.predict(question)
17.            print(f"{question}的分类是: {question_category}")
18.
19.            try:
20.                question_answer =self.question_template.get_question_answer
                   (question, question_category)
21.            except BaseException as e:
22.                print(e)
23.                question_answer ="我也不知道!"
24.            return question_answer
25.
26.    #单例服务
27.    question_service_instance =QuestionService()
```

在问题输入框中输入问题，如“钱学森的作品有哪些?”，单击“发送”按钮，查看问答效果，如图5-13所示。

输入问题“钱学森的信息”后，单击“发送”按钮，向系统发送请求，回答效果如图5-14所示。

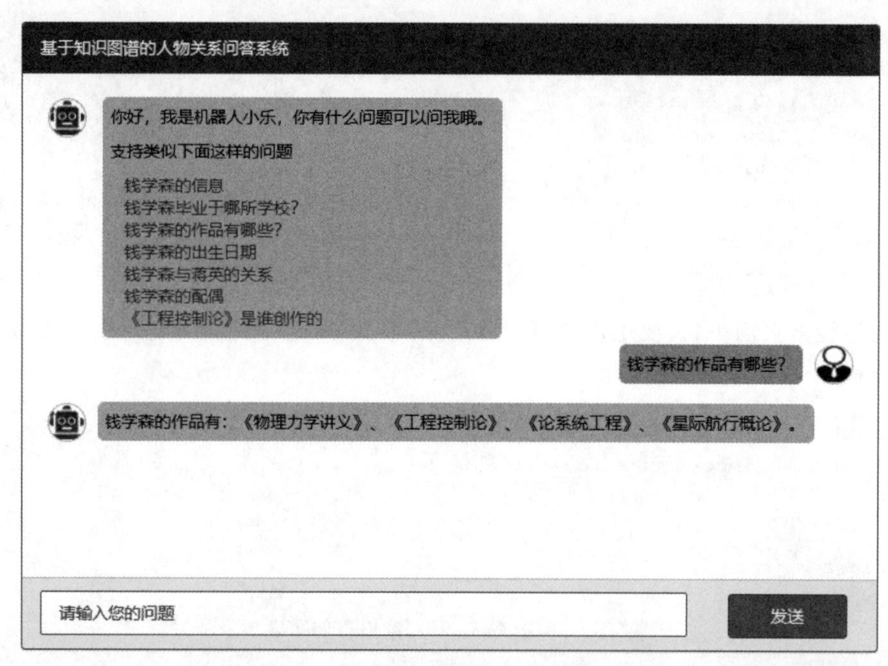

图 5-13　提问与回复

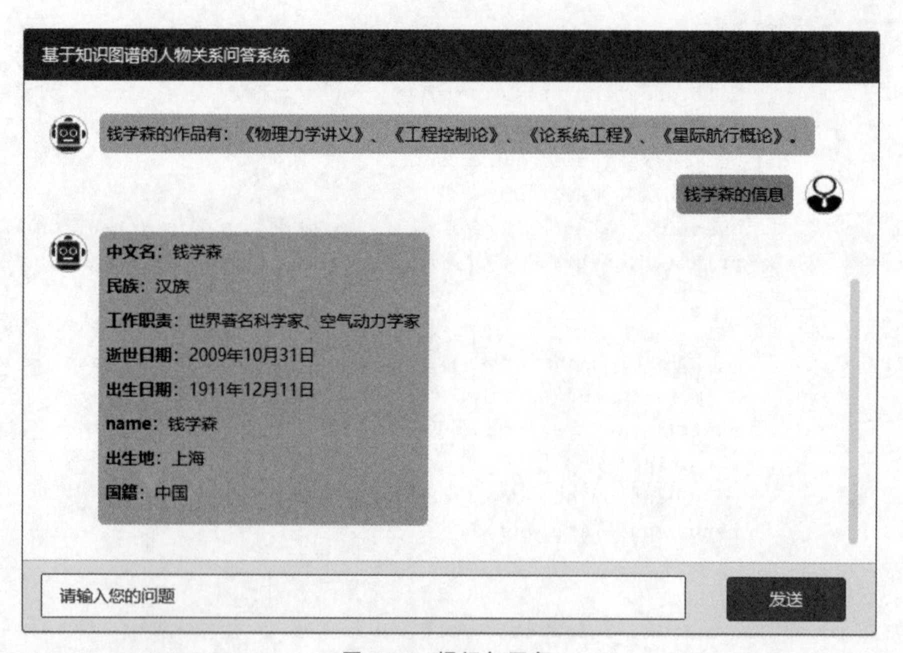

图 5-14　提问与回复

5.5　小结和扩展

本章利用 Neo4j 图数据库完成对实体、属性以及关系信息的存储，近代历史人物关系知识图谱建立成功。首先介绍了数据的网站来源，下载到本地计算机，并最终通过相关代码存储到 Neo4j 图数据库中，完成了对人物关系知识图谱的建立与展示。

本章还对自然语言智能问答模型进行了描述与设计，在完成近代历史人物关系知识图谱的建立之后，利用朴素贝叶斯算法进行分类查询。第一步对用户提出的相关问题语句进行预处理，对问句进行清洗去除无意义字符，并通过 Jieba 来提取问句中的实体；第二步将训练集用朴素贝叶斯算法进行训练，使其问句可以找到对应的问题分类；第三步通过将已经确定好问题类型的问题传递给模板映射函数，将其与实体信息相结合，最终生成专属于该问题类型的语句模板；第四步输入专属语句模板，在图数据库中找到相对应的答案并返回给客户端。

思考题：

（1）由于人物属性的多样化，可以设计更多的问句分类和问题模板，感兴趣的读者可以尝试改进问题分类、问题问句集以及问题匹配模板。

（2）为了节省时间和人力成本，本章直接下载已由其他人搜集并整理的近代历史人物数据。从数据的使用过程中可以看出，其中部分人物的信息是缺失的、不完整的。为了解决这个问题，读者可以采用网络爬虫的方式完善人物、作品、学校以及它们之间的关系。

（3）本章基于朴素贝叶斯问题分类查询方法建立智能问答模型，遇到复杂语义难以理解的问题时无法给出正确的答案。读者可以尝试结合自然语言处理算法对更复杂的问题语句解析，改进智能问答模型。

第6章

基于知识库的实体链接系统

本章的实战案例基于知识库搭建实体链接系统，综合考虑实体流行度、最小编辑距离、同义词、上下文相似度等因素，科学合理地设计候选实体生成以及实体消歧模块的算法。最终实现将用户输入中提及的实体链接至知识库的功能。

本章主要巩固 Flask Web 框架和 Jieba 分词技术，学习 Gensim 库及 Doc2ver 算法的调用，掌握通过中文百科知识图谱搭建一个实体链接系统的流程。

6.1 项目设计

本项目基于 CN-DBpedia（中文通用百科知识图谱）知识库，使用 Flask、Doc2vec、Jieba 等关键技术，构建一个实体链接系统。

6.1.1 需求分析

近几年，自然语言处理技术的发展在人机对话、智能问答、智能信息检索等领域改善了用户体验，为人们的生活带来极大的便利。但由于自然语言中广泛存在着一词多义和多词一义的现象，导致机器在处理非结构化文本时，往往因为难以准确地理解文本含义而影响处理效果。实体链接作为 NLP 领域的一项基本任务，它能够将文本中出现的实体映射到知识库中的相应实体上，为正确理解文本语义奠定了基础。

知识库（Knowledge Base，KB）可用于存储计算机系统所使用的复杂结构和非结构化信息。随着链接数据的发展，许多大规模知识库也逐渐对外开放发布，如 DBpedia、YAGO、Freebase 等。为了构建基于知识库的实体链接系统，首先需要选取一个知识库作为链接的目标库，本章选取的知识库为 CN-DBpedia；然后需要为实体链接工作的两大步骤研发相应的算法，主要是候选实体生成算法以及实体消歧算法。

接下来会详细介绍数据准备、数据预处理、候选实体生成以及实体消歧等内容。

6.1.2 工作流程

当用户调用实体链接系统 API 时，系统会自动将用户输入中提及的实体映射到知识库中，如果映射成功，则返回实体 ID；当知识库中没有与用户提及相关的实体时，返回 NULL。

从项目研发进程看，从零搭建一个实体链接系统难点在于候选实体生成以及实体消歧两大算法。本章的候选实体生成算法充分考虑了实体流行度、实体最短编辑距离、同义词等因素，提升了算法效果；候选实体消歧算法则是用 Doc2vec 模型，通过计算上下文相似度的方式得出预测概率。

在接下来的内容中，也将围绕候选实体生成以及实体消歧两大算法的设计展开，本章的总体框架如图 6-1 所示。

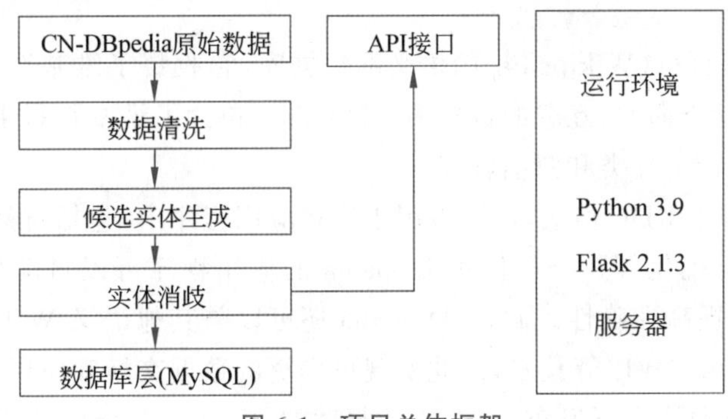

图 6-1　项目总体框架

6.1.3　技术选型

研发过程使用到的基础环境有 Python 3.9、PyCharm。使用到的 Python 库为 Jieba、Gensim，使用的 Web 框架为 Flask。学习本章内容，需要事先了解 Python、Jieba、Gensim 以及 Flask 等前置知识。

1. Gensim 库

Gensim 是一个简单高效的自然语言处理 Python 库，用于抽取文档的语义主题。Gensim 的输入是无结构纯文本，内置了 Word2vec、FastText、Doc2vec 等非监督式算法，通过计算训练语料种的统计共现模式自动发现文档的语义结构。比如本章中使用到 Doc2vec 算法仅需要一组纯文本语料作为输入，就可以实现词句子/段落/文档的向量表达，从而实现句子/段落/文档之间的相似度计算。

Gensim 的安装流程如下。

```
1. #-i 参数表示使用清华大学的镜像源
2. pip install gensim 2 -i https://pypi.tuna.tsinghua.edu.cn/simple
```

Doc2vec(又称为 Paragraph Vector)是一种用于文本向量化和语义表示的技术。它在 Word2vec 的基础上加入了对上下文的建模，使得同一文档中的不同单词能够被更好地联系起来。与 Word2vec 不同的是，Doc2vec 将整个文档看作一个“单词”，因此，可以更好地建模整个文档的语义信息。

Doc2vec 的核心思想是为每个文档(或段落)分配一个唯一的向量，通过这个向量来表示整个文档的语义信息。类似于 Word2vec，Doc2vec 也采用了神经网络进行训练，但是它需要输入整个文档作为一个序列，而不是单个单词。

为了训练 Doc2vec 模型，首先需要为每个文档分配一个唯一的 ID，并将文档中的单词编码为向量。然后，利用这些文档向量和对应的单词向量来训练模型，使得模型能够在给定一个文档时，生成一个合适的向量来表示这个文档。

Doc2vec 是一种非常有用的文本向量化技术，可以将文档转换为向量表示，并捕获文档的语义信息。它可以应用于许多 NLP 任务,如文本分类、情感分析和信息检索等。

2. CN-DBpedia 知识库

DBpedia 是维基百科(Wikipedia)的语义网数据库,它收集了维基百科中的所有结构化数据并将其转换为可查询的、互联的数据集。DBpedia 包含了维基百科中所有的实体、属性和关系,并对它们进行了分类和归纳整理。

DBpedia 数据基于 RDF 格式,可以被用于许多应用程序中,包括自然语言处理、数据挖掘、语义技术、数据可视化等领域。使用 DBpedia 的应用程序可以自动化地生成结构化数据,加快研究进程并提高准确性。此外,DBpedia 还可以与其他语义 Web 资源结合使用,包括 Linked Data、RDF、OWL 等技术,以此实现更广泛的数据交换和应用。

DBpedia 是在开源许可下发布的,由社区驱动的,它是一个全球性的开放数据平台,可以帮助用户更好地了解和利用维基百科的知识库和数据。DBpedia 是语义 Web 的重要组成部分,并被广泛应用于学术和商业应用领域,如知识图谱、搜索引擎、语言技术等。

CN-DBpedia 是由复旦大学知识工场实验室研发并维护的大规模通用领域结构化百科,其前身是复旦 GDM 中文知识图谱,是国内最早推出的也是目前最大规模的开放百科中文知识图谱之一,经过多年的发展完善,已经从百科领域延伸至法律、工商、金融、文娱、科技、军事、教育、医疗等十多个垂直领域,为各类行业智能化应用提供支撑性知识服务。

6.1.4 开发准备

1. 系统开发环境

本章的软件开发及运行环境如下。

(1) 操作系统:Windows 7、Windows 10、Linux。

(2) 虚拟环境:virtualenv 或者 miniconda。

(3) 数据库和驱动:MySQL+pymysql。

(4) 开发工具:PyCharm。

(5) 开发框架:Flask+BootStrap+jQuery。

(6) 浏览器:Chrome 浏览器。

2. 文件夹组织结构

本章采用 Flask Web 框架进行开发。由于 Flask 框架的灵活性,因此可以任意组织项目的目录结构。在本项目中,使用包和模块的方式组织程序。文件夹组织结构如下所示。

```
├─entity_links_demo
│  ├─common                  #常用工具
│  │  ├─conn_mysql.py        #连接 MySQL 数据库
│  │  ├─constant.py          #常量配置
│  │  ├─utils.py             #工具配置
│  ├─config                  #配置信息
│  │  ├─get_config.py        #用于读取配置文件信息
│  ├─data                    #存放 CN-DBpedia 数据、自定义词典文件、配置信息等文件
```

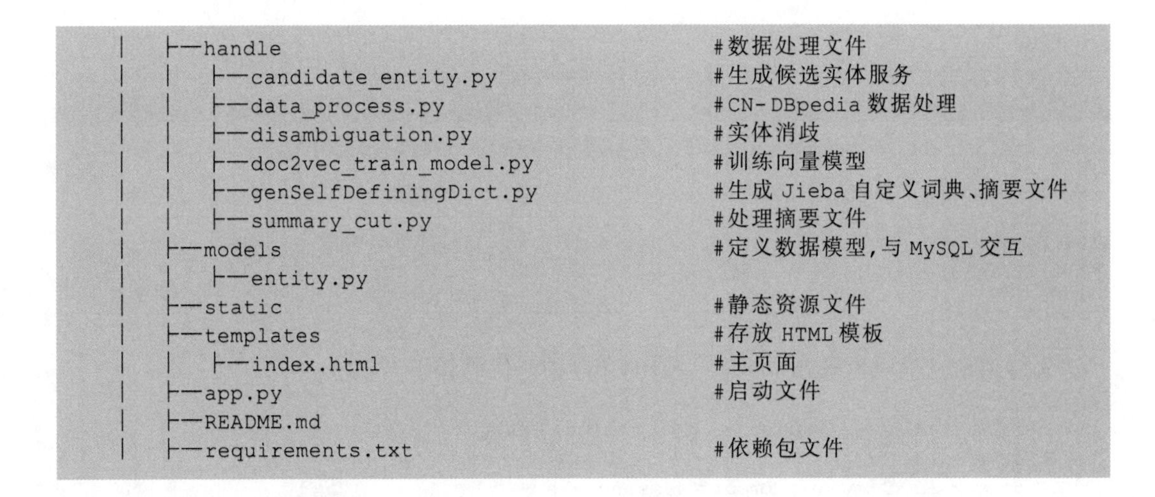

```
|    ├—handle                                    #数据处理文件
|    |   ├—candidate_entity.py                   #生成候选实体服务
|    |   ├—data_process.py                       #CN-DBpedia 数据处理
|    |   ├—disambiguation.py                     #实体消歧
|    |   ├—doc2vec_train_model.py                #训练向量模型
|    |   ├—genSelfDefiningDict.py                #生成 Jieba 自定义词典、摘要文件
|    |   ├—summary_cut.py                        #处理摘要文件
|    ├—models                                    #定义数据模型,与 MySQL 交互
|    |   ├—entity.py
|    ├—static                                    #静态资源文件
|    ├—templates                                 #存放 HTML 模板
|    |   ├—index.html                            #主页面
|    ├—app.py                                    #启动文件
|    ├—README.md
|    ├—requirements.txt                          #依赖包文件
```

6.2 数据准备和预处理

目前,已有的实体链接工作大多基于 Wikipedia 知识库或链接数据知识库如 DBpedia、Freebase 和 YAGO 等。本章选用 DBpedia 知识库作为实体链接的数据集。

6.2.1 数据获取

CN-DBpedia 提供了数据下载功能,其官网提供的示例数据包含 900 万个以上百科实体以及 6700 万个以上三元组关系。其中 mention2entity 信息 110 万以上,摘要信息 400 万以上,标签信息 1980 万个以上。

从 http://openkg.cn/dataset/cndbpedia 下载数据资源文件 CN-DBpedia Dump 数据(2015.07),下载后的文件名为 baiketriples.zip,解压后复制文件到 entity_links_demo 项目的 web\data 目录下。

下载的示例数据为 txt 格式,以实体"炮兵射击理论"为例,其数据格式如图 6-2 所示。

炮兵射击理论	BaiduTAG	书籍
炮兵射击理论	ISBN	9787810249584
炮兵射击理论	出版时间	2003-06-01
炮兵射击理论	出版社	国防科技大学出版社

图 6-2 图书数据格式

6.2.2 数据预处理

从上文可知,未经处理的数据为<实体名,属性,属性值>的格式,提取实体时,需要合并单个实体的所有属性值成为摘要,本次实验中一共提取了 8 万个实体并存储至 MySQL 数据库,形成一个小型知识库,作为本次实体链接实战的目标知识库。

创建数据库 entity_links,并新增数据表 t_entity,用于存储 CN-DBpedia 实体信息。表 t_entity 的表结构如表 6-1 所示。

表 6-1 实体信息表(t_entity)

字 段	类 型	长 度	字段说明	备 注
id	varchar	40	流水号	主键
name	varchar	255	实体名	

续表

字　段	类　型	长　度	字段说明	备　注
alias	varchar	255	别名	
summary	text		摘要	
len_name	int		实体名长度	
popularity	int		流行度	默认值为 1

实体类信息代码位置在 models\entity.py，关键代码如下。

```
1. from sqlalchemy import Column, String, Integer, TEXT, create_engine
2. from sqlalchemy.ext.declarative import declarative_base
3. from sqlalchemy.orm import sessionmaker
4.
5. #创建对象的基类
6. Base =declarative_base()
7.
8.
9. class Entity(Base):
10.         __tablename__ ='t_entity'
11.
12.         #表的结构
13.         id =Column(String(40), primary_key=True)
14.         #实体名称
15.         name =Column(String(255), nullable=False, comment="实体名称")
16.         #实体别名
17.         alias =Column(String(255), comment="实体别名")
18.         #摘要
19.         summary =Column(TEXT, comment="摘要")
20.         #实体名长度
21.         len_name =Column(Integer)
22.         #流行度
23.         popularity =Column(Integer, default=1)
24.
25.         def to_dict(self):
26.             return {c.name: getattr(self, c.name, None) for c in self.__table_
             _.columns}
27.
28.         Base.to_dict =to_dict
```

数据提取的代码在 handle\data_process.py 中，其主要目的是将同一个实体的多个属性合并为实体摘要，如果实体存在别名，则单独存储至 alias 属性中，关键代码如下。

```
1. def extract_summary(self):
2.     """
3.     抽取实体摘要信息
4.     :return:
5.     """
6.     entity_file =codecs.open(os.path.join(BASE_DIR, 'data/baike_triples.
    txt'), 'r', encoding="UTF-8")
```

```
7.     entity_name =entity_summary =entity_alias =''
8.     entity_dict =dict()
9.     for line in entity_file:
10.        try:
11.            if len(line.strip()) >0:
12.                arr =line.replace('\r\n', '').split('\t')
13.                if entity_name =='':
14.                    entity_name =arr[0]
15.                    entity_dict[arr[1]] =arr[2]
16.                elif arr[0] !=entity_name:
17.                    for k, v in entity_dict.items():
18.                        entity_summary =entity_summary +k +':' +v +';'
19.                    #保存实体
20.                    #if len(entity_alias) >0:
21.                      self.save_entity(entity_name, entity_alias, entity_
                      summary)
22.                    entity_dict.clear()
23.                    entity_name =entity_summary =entity_alias =''
24.                    entity_name =arr[0]
25.                    entity_dict[arr[1]] =arr[2]
26.                else: #更新实体
27.                    if arr[1] in entity_dict.keys():
28.                        entity_dict[arr[1]] =entity_dict[arr[1]] +',' +arr[2]
29.                    else:
30.                        entity_dict[arr[1]] =arr[2]
31.                if '别名' in arr[1]:
32.                    entity_alias =entity_alias +',' +arr[2]
33.        except Exception as ex:
34.            print(ex)
35.            continue
36.    for k, v in entity_dict.items():
37.        entity_summary =entity_summary +k +':' +v +';'
38.    self.save_entity(entity_name, entity_alias, entity_summary)
```

实体信息整合完成后，调用 self.save_entity 方法将数据保存到数据库表 t_entity 中，关键代码如下。

```
1. #保存转换后的实体到数据库
2. def save_entity(self, entity_name, entity_alias, entity_summary):
3.     try:
4.         entity =Entity()
5.         entity.id =uuid.uuid1()
6.         entity.name =entity_name.replace('"''"', '')
7.         entity.alias =entity_alias[1:]
8.         entity.summary =entity_summary.replace('"', '').replace(' ', '').
           replace('<a>', '').replace('</a>', '')
9.         entity.len_name =len(entity.name)
10.        self.session.add(entity)
11.    except Exception as e:
12.        print(e)
13.    self.session.commit()
```

6.2.3 自定义词典

采用 Jieba 分词工具对指定文本进行中文分词。为了准确地判断出文本中的实体，将 t_entity 表中的实体名组合到文本文件 self_define_dict.txt 中，作为 Jieba 分词的自定义词典数据。生成自定义词典的代码位置在 handle\genSelfDefiningDict.py，关键代码如下。

```
1. def generate_jieba_defining_dict():
2.     """
3.     生成 Jieba 分词插件的自定义词典
4.     :return:
5.     """
6.     conn =MysqlConnect()
7.     #获得指定表中的记录数
8.     sql ="select count(1) total from t_entity"
9.     record =conn.fetchOne(sql)
10.        total_records =record['total']
11.        #自定义词典存储路径
12.        self_defining_dict_path =os.path.join(DATA_DIR, 'self_define_dict.
           txt')
13.        pagesize =100
14.        with open(self_defining_dict_path, 'w', encoding='utf-8') as f:
15.            #分页查询
16.            for page in range(1, math.ceil(total_records / pagesize) +1):
17.                offset =(page -1) * pagesize
18.                print(offset)
19.                tmp_query ="select name from t_entity limit %d,%d" %(offset,
                   pagesize)
20.                tmp_results =conn.fetchAll(tmp_query)
21.                print(tmp_results)
22.                for tmp in tmp_results:
23.                    #将"词语 词频 词性"写入自定义词典文件
24.                    f.write(tmp['name'] +" 100 entity")
25.                    f.write("\n")
```

6.3 知识建模和存储

候选实体生成和实体消歧是实体链接的两大重要子任务，在接下来的内容中将从两大子任务的本质出发，研发相应的算法，并开放 API 接口，供其他模块使用。

6.3.1 候选实体生成

候选实体生成的定义为："根据用户输入中给定的实体名称从目标知识库中找到所有用户可能感兴趣的实体"。该步骤中生成的候选项集确定了实体消歧的范畴。

候选实体生成有多种策略，如基于字典的生成策略，该策略的本质是广泛收集实体项的别称信息，从而建立字典映射来生成候选实体，该策略简单高效，被很多实体链接系统使用。还有一种策略是利用搜索引擎生成候选实体，将用户输入的上下文信息提交至搜索引擎中，将结果页面的实体收集起来作为候选实体，其本质是利用搜索引擎的算力以及算法，将搜索引擎返回的相关性较大的实体作为候选实体。

本章实战中的候选实体生成算法借鉴了字典策略的思路，再综合考虑实体流行度、实体名最小编辑距离等因素生成候选实体。该方法既保留了字典生成策略简单高效的特点，也借鉴了搜索引擎的思想，返回了相关性最大的候选实体。

1. 基于同名词典生成候选实体

同名实体在知识库是广泛存在的，例如当用户提及李白时，既可能指的是诗人，也有可能指的是一首歌曲，或者是一张名叫《李白》的专辑，所以根据同名实体筛选就可以生成一批候选实体。为了让生成的候选实体数量稳定在可控范围内，从而保证后续实体消歧算法的效率，返回查询结果时按照实体流行度降序排序，取前 20 条记录。实体流行度可以使用该实体被点赞数或者浏览记录数来代替。

该部分的代码在 handle\candidate_entity.py 文件中，关键代码如下。

```
1. def get_by_same_name(self, entity_name):
2.      """
3.      基于同名字典生成候选实体
4.      :param entity_name:
5.      :return:
6.      """
7.      query_sql = f"select * from t_entity where name like '%{entity_name}%'
        order by popularity limit 20"
8.      tmp_list = self.mysql.fetchAll(query_sql)
9.      if len(tmp_list) > 0:
10.             return list(tmp_list)
11.         else:
12.             return []
```

基于同名词典生成候选实体生成效果如图 6-3 所示。

图 6-3　基于同名词典生成候选实体生成效果

2. 基于别名词典生成候选实体

汉语的表达中往往存在一词多义的情况，知识库中也会出现不同的指称代表同一个实体，如唐代诗人李白就存在李十二、李翰林、李供奉、李拾遗、诗仙、李太白、青莲居士等别称，当用户输入别称时，背后都指向诗人李白这一个实体。

基于别名词典生成候选实体正是为了解决上述问题，为了保证生成的候选实体数量稳定在可控范围内，查询条件中会考虑实体流行度因素。该部分的代码位于 handle\candidate_entity.py 文件，关键代码如下。

```
1. def get_by_alias(self, entity_name):
2.     """
3.      根据别名字典生成候选实体
4.     :param entity_name:
5.     :return:
6.     """
7.     query_sql = f"select * from t_entity where alias like '%{entity_name}%'
       order by popularity limit 20"
8.     entity_list = self.mysql.fetchAll(query_sql)
9.     if len(entity_list) > 0:
10.         return list(entity_list)
11.     else:
12.         return []
```

基于别名词典生成候选实体生成效果如图 6-4 所示。

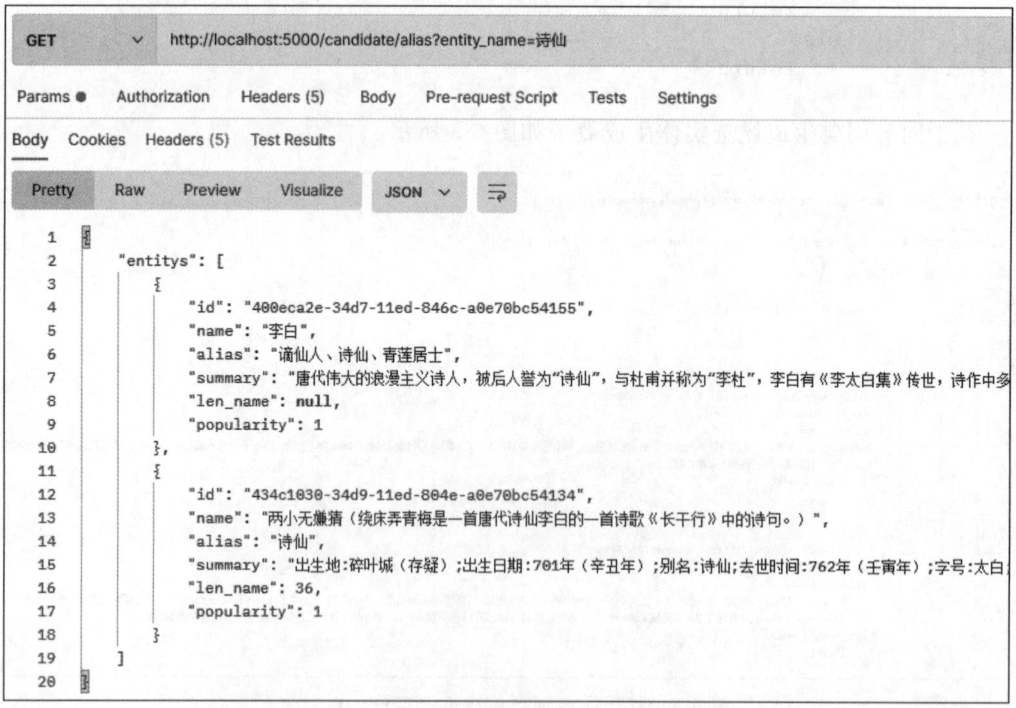

GET http://localhost:5000/candidate/alias?entity_name=诗仙

Params Authorization Headers (5) Body Pre-request Script Tests Settings

Body Cookies Headers (5) Test Results

Pretty Raw Preview Visualize JSON


```
1  {
2      "entitys": [
3          {
4              "id": "400eca2e-34d7-11ed-846c-a0e70bc54155",
5              "name": "李白",
6              "alias": "谪仙人、诗仙、青莲居士",
7              "summary": "唐代伟大的浪漫主义诗人，被后人誉为"诗仙"，与杜甫并称为"李杜"，李白有《李太白集》传世，诗作中多
8              "len_name": null,
9              "popularity": 1
10         },
11         {
12             "id": "434c1030-34d9-11ed-804e-a0e70bc54134",
13             "name": "两小无嫌猜（绕床弄青梅是一首唐代诗仙李白的一首诗歌《长干行》中的诗句。）",
14             "alias": "诗仙",
15             "summary": "出生地:碎叶城（存疑）;出生日期:701年（辛丑年）;别名:诗仙;去世时间:762年（壬寅年）;字号:太白;
16             "len_name": 36,
17             "popularity": 1
18         }
19     ]
20 }
```


图 6-4 基于别名词典生成候选实体生成效果

3. 基于最小编辑距离生成候选实体

编辑距离是指两个字符串之间，由一个字符串转成另一个字符串所需的最少编辑次数。如果它们的距离越大，说明它们越不相同。常规的编辑操作是将一个字符替换成另一个字符，插入一个字符，删除一个字符。该方法常用来衡量两个字符串之间的相似程度。

在本章中，最小编辑距离主要是用来解决实体名中包含有空格、下画线或者用户拼写错误、大小写错误等问题。如实体"长沙工学院"和实体"长沙_工学院"，虽然拼写不同，但指向同一个实体；又如用户无意间将"长沙工学院"错误地拼写为"长沙公学院"，通过计算，过滤出最小编辑距离小于或等于 1 的实体作为候选实体，可以尽量解决上述情况。

该部分代码位于 handle\candidate_entity.py 文件，关键代码如下。

```
1. def get_by_min_distance(self, entity_name):
2.     """
3.     基于最小编辑距离
4.     :param entity_name:
5.     :return:
6.     """
7.     n = len(entity_name)
8.     query_sql = f"select * from t_entity where len_name in ({n - 1},{n},{n + 4}) "
9.     entity_list = self.mysql.fetchAll(query_sql)
10.         result = []
11.         for i in entity_list:
12.             if min_distance(entity_name, i["name"]) <= 1:
13.                 result.append(i)
14.         if len(result) > 0:
15.             return result
16.         else:
17.             return []
```

其中，方法 min_distance 在矩阵的基础上采用了动态规划的算法思想，求解两两字符串之间的最小编辑距离，关键代码如下。

```
1. def min_distance(str1, str2):
2.     str1 = str1.lower()
3.     str2 = str2.lower()
4.     len_str1 = len(str1) + 1
5.     len_str2 = len(str2) + 1
6.     #初始化矩阵
7.     matrix = np.zeros(shape=(len_str1, len_str2), dtype=np.int)
8.     for i in range(1, len_str1):
9.         matrix[i][0] = i
10.         for j in range(1, len_str2):
11.             matrix[0][j] = j
12.         #动态规划，计算最小编辑距离
13.         for i in range(1, len_str1):
14.             for j in range(1, len_str2):
15.                 if str1[i - 1:i] == str2[j - 1:j]:
16.                     flag = 0
```

```
17.                 else:
18.                     flag =1
19.                 matrix[i][j] =min(matrix[i -1][j] +1, matrix[i][j -1] +1,
                    matrix[i -1][j -1] +flag)
20.         return matrix[len_str1 -1][len_str2 -1]
```

假设用户提及的实体字符串长度为 n,则将 len_name 的范围控制在 n－1～n＋1 的范围内可以提升最小编辑距离的计算效率。

以用户输入的实体“2-丁烯”为例,如图 6-5 所示,经过计算最小编辑距离,系统返回的实体有“2-丁炔”“2-丁烯”“2-丁烯腈”“2-丁烯醛”“2-丁醇”“1-丁烯”“2-戊烯”等,返回的实体均和用户提及的实体有较强相关性,将其作为候选实体符合预期目标。

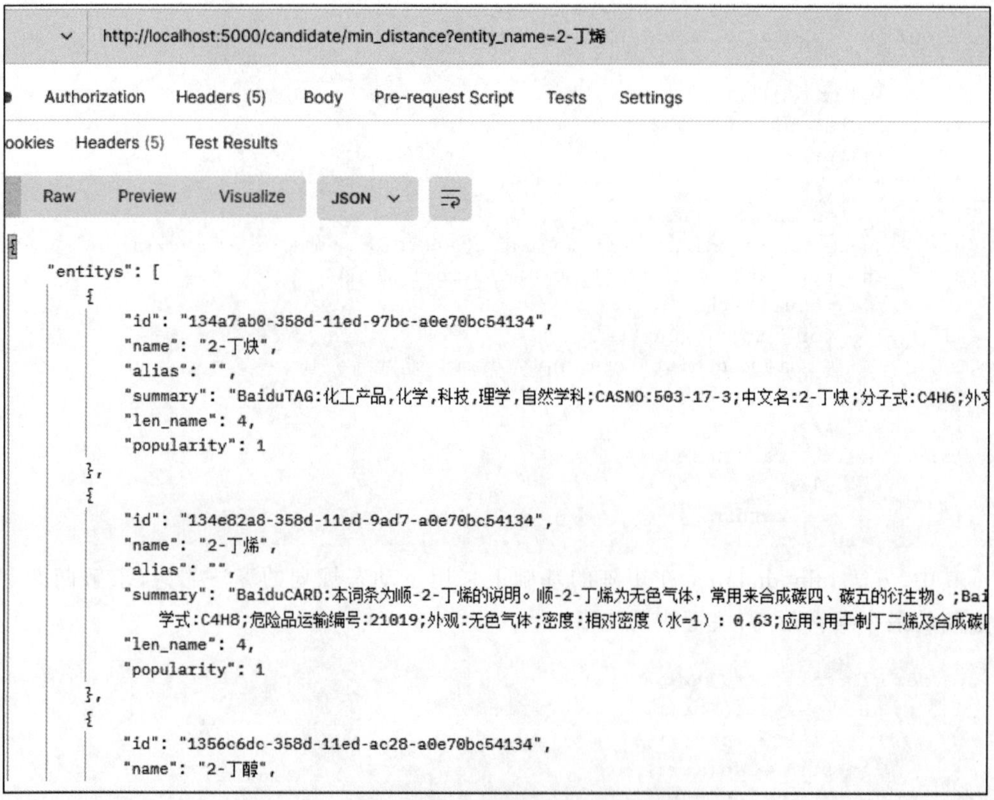

http://localhost:5000/candidate/min_distance?entity_name=2-丁烯

Authorization Headers (5) Body Pre-request Script Tests Settings

ookies Headers (5) Test Results

Raw Preview Visualize JSON


```
{
    "entitys": [
        {
            "id": "134a7ab0-358d-11ed-97bc-a0e70bc54134",
            "name": "2-丁炔",
            "alias": "",
            "summary": "BaiduTAG:化工产品,化学,科技,理学,自然学科;CASNO:503-17-3;中文名:2-丁炔;分子式:C4H6;外
            "len_name": 4,
            "popularity": 1
        },
        {
            "id": "134e82a8-358d-11ed-9ad7-a0e70bc54134",
            "name": "2-丁烯",
            "alias": "",
            "summary": "BaiduCARD:本词条为顺-2-丁烯的说明。顺-2-丁烯为无色气体，常用来合成碳四、碳五的衍生物。;Ba
                学式:C4H8;危险品运输编号:21019;外观:无色气体;密度:相对密度（水=1）: 0.63;应用:用于制丁二烯及合成碳
            "len_name": 4,
            "popularity": 1
        },
        {
            "id": "1356c6dc-358d-11ed-ac28-a0e70bc54134",
            "name": "2-丁醇",
```


图 6-5　基于最小编辑距离生成候选实体效果

最后,将 3 种方法的结果合并成一个列表,生成候选实体列表的效果如图 6-6 所示。

6.3.2　候选实体消歧

在确定候选实体集合后,需要对候选实体进行排序,返回与用户提及的实体相关性最大的实体,从而达到消歧的目的。本章中采用的是基于上下文相似度的实体消歧方法。

1. 模型训练

基于上下文相似度的实体消歧,其原理是将用户输入和候选实体的摘要向量化。用

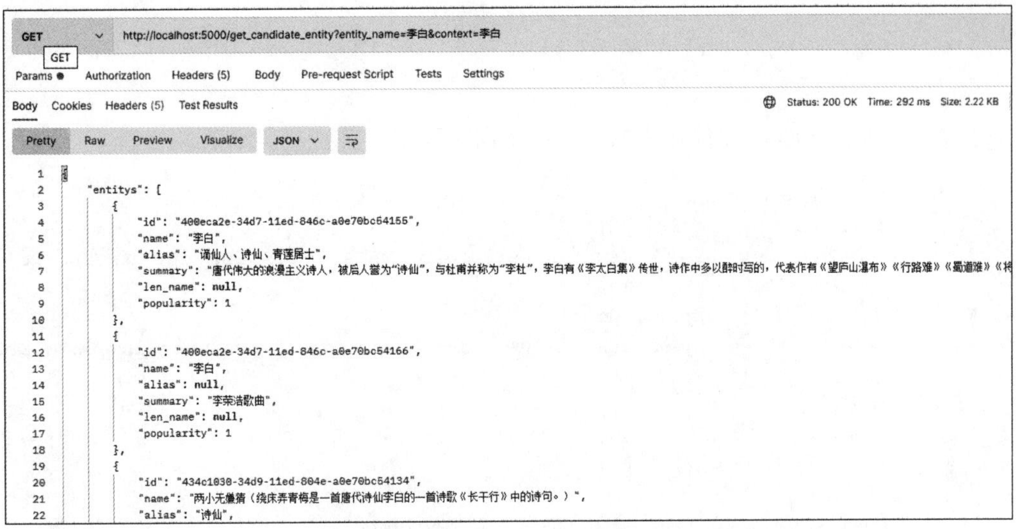

```
GET  http://localhost:5000/get_candidate_entity?entity_name=李白&context=李白
Params ●  Authorization  Headers (5)  Body  Pre-request Script  Tests  Settings
Body  Cookies  Headers (5)  Test Results        Status: 200 OK  Time: 292 ms  Size: 2.22 KB
Pretty  Raw  Preview  Visualize  JSON

1  {
2      "entitys": [
3          {
4              "id": "400eca2e-34d7-11ed-846c-a0e70bc54155",
5              "name": "李白",
6              "alias": "谪仙人、诗仙、青莲居士",
7              "summary": "唐代伟大的浪漫主义诗人，被后人誉为"诗仙"，与杜甫并称为"李杜"，李白有《李太白集》传世，诗作中多以醉时写的，代表作有《望庐山瀑布》《行路难》《蜀道难》《将
8              "len_name": null,
9              "popularity": 1
10         },
11         {
12             "id": "400eca2e-34d7-11ed-846c-a0e70bc54166",
13             "name": "李白",
14             "alias": null,
15             "summary": "李荣浩歌曲",
16             "len_name": null,
17             "popularity": 1
18         },
19         {
20             "id": "434c1030-34d9-11ed-804e-a0e70bc54134",
21             "name": "两小无嫌猜（绕床弄青梅是一首唐代诗仙李白的一首诗歌《长干行》中的诗句。）",
22             "alias": "诗仙",
```


图 6-6　合并 3 种方法的结果生成候选实体效果

向量的余弦相似度作为相似度，再将相似度由高到低排序，进而确定候选实体，完成消歧任务。

本章使用 Gensim 库下的 Doc2vec 训练向量模型。训练前将知识库中所有实体的摘要信息导出为文本文件，例如 summary.txt。经过分词、去除停用词等操作后生成文本文件 doc_cut.txt，关键代码如下。

```
1. def summary_handle():
2.     #结果保存文件
3.     result_file =open(os.path.join(DATA_DIR, 'doc_cut.txt'), 'w', encoding=
       'utf-8')
4.     #停用词集
5.     stop_words =['BaiduTAG', 'BaiduCARD', ':', ';', '。', ',', '!', '、', '/',
       '(', ')', '“', '”', '|', '!', ': ', '!',
6.                 '《', '《', '(', '.', ';',
7.                 ')', ',']
8.     jieba.load_userdict(os.path.join(DATA_DIR, 'self_define_dict.txt'))
9.
10.        with open(os.path.join(DATA_DIR, 'summary.txt'), 'r', encoding='utf
           -8') as f:
11.            for sentence in f.readlines():
12.                sentence =sentence.replace('\r', '').replace('\n', '').strip()
13.                if sentence =='' or sentence is None:
14.                    continue
15.                word_list =[]
16.                for word in jieba.cut(sentence):
17.                    if word not in stop_words:
18.                        word_list.append(word)
19.
20.                if len(word_list) >0:
21.                    sentence =' '.join(word_list)
```

```
22.                result_file.write(sentence + '\n')
23.         result_file.flush()
24.     result_file.close()
```

接着,以 doc_cut.txt 文件作为输入来训练向量模型。关键代码如下。

```
1. def train_model():
2.     #读取 doc_cut.txt 文件内容
3.     sentence_cut_list = open(os.path.join(DATA_DIR, 'doc_cut.txt'), 'r',
       encoding='utf-8').readlines()
4.     #doc2vec 输入 TaggedDocument 类型数据
5.     sentences = [TaggedDocument(sentence, [i]) for i, sentence in enumerate
       (sentence_cut_list)]
6.     #模型训练
7.     model = Doc2Vec(sentences, vector_size=200, window=2, min_count=2,
       workers=4, epochs=40)
8.     #模型保存
9.     model.save(os.path.join(DATA_DIR, "doc2vec"))
```

2. 模型使用

模型使用阶段主要完成的任务是句子间相似度计算和候选实体排名,利用 6.3.1 节中输出的向量模型,计算出句子向量,进而计算向量间的相似度。关键代码如下。

```
1. def disambiguation(entity_name, context):
2.     """
3.     实体消歧,即根据上下文找出实体的链接信息
4.     :param entity_name:实体名称
5.     :param context: 上下文
6.     :return:
7.     """
8.     result = candidate_entity_instance.get_candidate_entity(entity_name,
       context)
9.     if (len(result)) ==0:
10.            return []
11.        dict = {}
12.        context_list =[]
13.        for x in jieba.cut(context):
14.            if x not in stop_words:
15.                context_list.append(x)
16.        context_vec =model.infer_vector(context_list)
17.        for i in result:
18.            i_list =[]
19.            for n in jieba.cut(i['summary']):
20.                if n not in stop_words:
21.                    i_list.append(n)
22.            i_vec =model.infer_vector(i_list)
23.            cos =similarity(context_vec, i_vec)
24.            dict[i['id'] + '-' + i['summary']] =cos
25.        #对结果降序排序
26.        return sorted(dict.items(), key=lambda x: x[1], reverse=True)
```

其中,使用余弦相似度计算两个向量间的相似度。关键代码如下。

```
1. #余弦相似度计算
2. def similarity(a_vect, b_vect):
3.     v1=np.sqrt(a_vect.dot(a_vect))
4.     v2=np.sqrt(b_vect.dot(b_vect))
5.     cos=a_vect.dot(b_vect)/(v1 * v2)
6.     return float(cos)
```

以知识库中同名实体“李娜”为例,当输入唱歌的李娜、打球的李娜进行验证,均能链接到正确的实体,效果如图 6-7 所示。

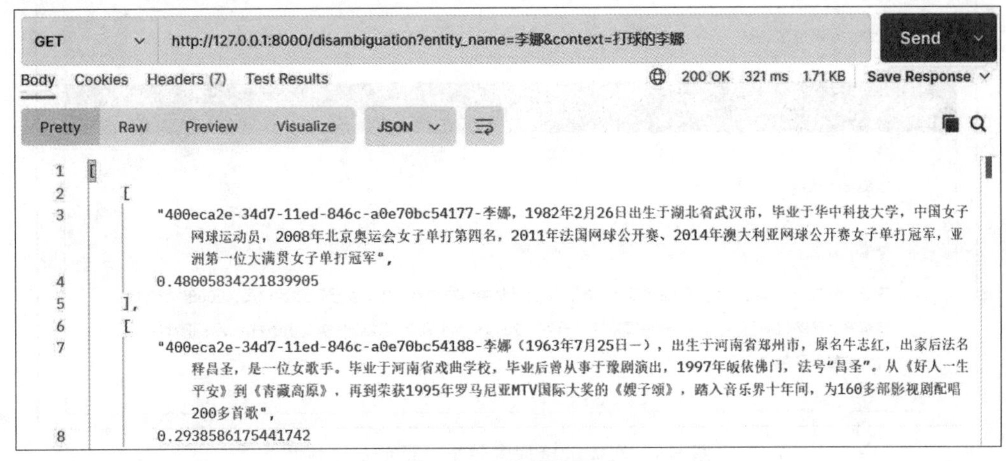

图 6-7　实体链接效果

6.4　知识应用

本章实战的实体链接系统使用 Python 编程语言开发,前端使用 BootStrap 进行界面开发,后台使用微框架 Flask 搭建系统,数据库使用 MySQL。实体链接算法的实现主要依靠 Python 的第三方库:Gensim、NumPy、Jieba 等。

6.4.1　功能实现

整个实体链接系统总共有以下几个步骤。

(1) 对输入的文本进行预处理操作,使用 Jieba 进行中文分词,找出词性为 entity 的词语,其他词性的词原样保存到 result 列表中。

(2) 对于词性为 entity 的词语,调用候选实体生成方法得到候选实体列表。

(3) 根据上下文语句,调用实体消歧方法获得实体链接信息。

(4) 最后整合结果返回到前端页面。

通过 Flask 启动应用,在浏览器中输入 URL 地址“127.0.0.1:5000”并按 Enter 键,打开实体链接页面,效果如图 6-8 所示。

在图 6-8 的输入框中输入语句,如分别输入“李娜是国家女子网球运动员。”“李白是一个诗人。”等,单击“搜索”按钮,向系统发送请求,返回结果分别如图 6-9 和图 6-10 所示。

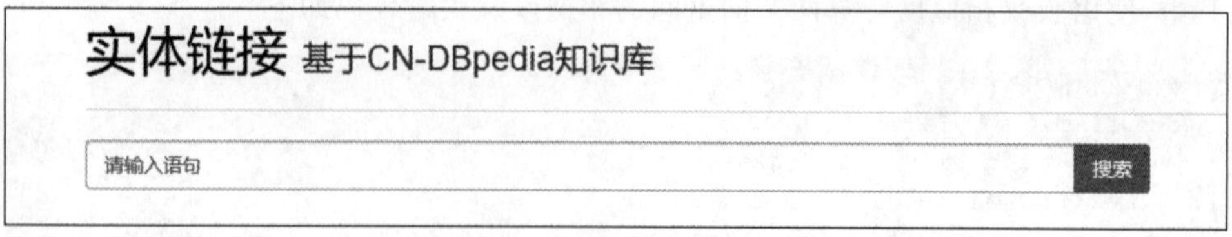

实体链接 基于CN-DBpedia知识库
请输入语句
搜索

图 6-8　实体链接展示页面

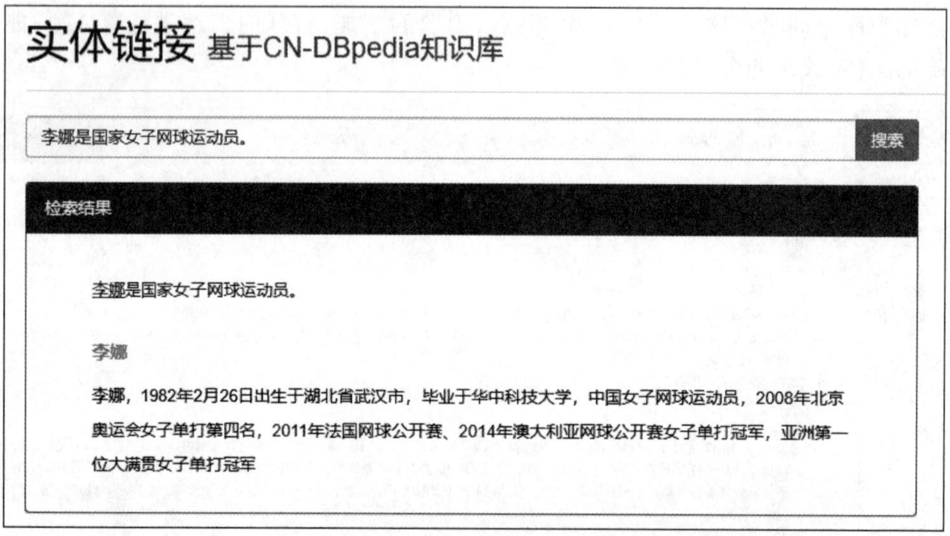

实体链接 基于CN-DBpedia知识库
李娜是国家女子网球运动员。
搜索
检索结果
李娜是国家女子网球运动员。
李娜
李娜，1982年2月26日出生于湖北省武汉市，毕业于华中科技大学，中国女子网球运动员，2008年北京奥运会女子单打第四名，2011年法国网球公开赛、2014年澳大利亚网球公开赛女子单打冠军，亚洲第一位大满贯女子单打冠军

图 6-9　实体链接检索效果—运动员李娜

实体链接 基于CN-DBpedia知识库
李白是一个诗人。
搜索
检索结果
李白是一个诗人。
李白
唐代伟大的浪漫主义诗人，被后人誉为"诗仙"，与杜甫并称为"李杜"，李白有《李太白集》传世，诗作中多以醉时写的，代表作有《望庐山瀑布》《行路难》《蜀道难》《将进酒》

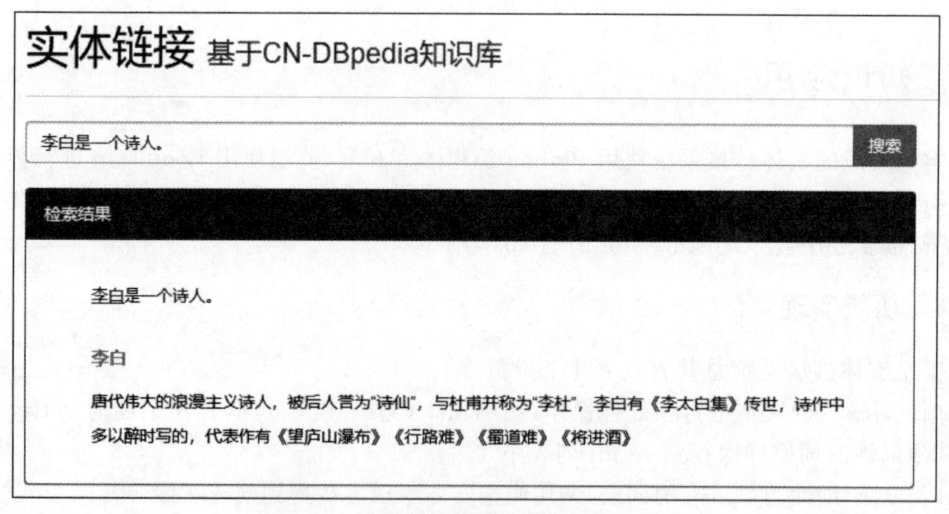

图 6-10　实体链接效果—李白是一个诗人

6.4.2　应用场景

实体链接是自然语言处理技术中的一项重要工作，为有效理解语义提供了很大帮助。实体链接技术也被应用到许多任务中，比如知识更新、问答系统、智能搜索、机器翻译等。有效的实体链接方法，可以准确理解文本语义，极大促进自然处理语言领域的发展，改善用户

的使用体验。

(1) 知识更新。在知识库迭代升级的过程中,更新操作必不可少,对于存在重名或者有歧义的实体,更新信息前必须明确当前实体对应知识库中哪个实体,这也正是当前实体链接所要解决的任务。

(2) 问答系统。在知识库问答系统中,想要准确理解问句中的语义,需要对问句进行实体属性的抽取和消歧。比如问句"李娜是哪一年获得冠军?",问句中的"李娜"是有歧义的,可能指的是网球运动员李娜,也有可能指的是歌手李娜。想要正确回答出用户的问题,需要对具有歧义的名称进行消歧,这也是实体链接所要解决的任务。

(3) 智能搜索。利用知识图谱可以快速检索出想要得到的结果,极大提高搜索体验。例如,搜索"歌手李娜的年龄",搜索引擎会在首条结果直接给出年龄结果。该技术融入了基于知识图谱的推理技术,想要推出正确的结果,实体链接必不可少。

(4) 机器翻译。面对一词多义或多词一义的情况,就需要使用实体链接技术,结合上下文语境,在知识库找到目标语言的准确翻译。

6.5　小结和扩展

在本章中,针对CN-DBpedia知识库的半结构化数据,回答了实体链接是什么、如何生成候选实体、候选实体消歧、如何构建实体链接系统等问题,过程中还讲述了Web框架Flask、文档向量Doc2vec和余弦相似度等知识点,通过章节中的讲解以及随书代码实操,相信读者一定对实体链接构建技术有了更加清晰的认识。

在实际的生产环境中,项目采用的编程语言,面对的业务场景各有不同,但是构建实体链接系统的流程是类似的,希望通过本章的抛砖引玉,帮助读者从零到一,构建出属于自己的实体链接系统。

思考题:

(1) 优化候选实体生成算法,提高命中率。

(2) 优化实体消歧算法,在上下文中支持一词多义,提高实体链接匹配的正确率。

(3) 优化文档向量化算法。

第 7 章

交通出行科研文献研究

本章主要利用 CiteSpace 工具对交通出行的演化发展进行统计分析，展示从数据的获取方式到利用 CiteSpace 进行数据处理，然后对处理的数据进行共现分析、突现分析、聚类分析等功能讲解，从历年交通出行相关文献出发探寻交通领域的研究热点与前沿技术，使用知识图谱的方式展示研究发展现状及演化过程。

本章主要学习 CiteSpace 和 Selenium 工具的用法，掌握从基础数据着手到利用工具对相关科学研究文献进行定量分析和知识应用的技巧。

7.1 项目设计

项目使用 CiteSpace 可视化知识图谱工具结合科技文献数据库，研究交通出行方面的技术发展和影响因素，通过共现分析、突现分析、聚类分析等功能，从发文时间、作者、关键词等多个视角分析交通出行引文信息，发现交通出行方面的研究热点及未来发展趋势。

7.1.1 需求分析

交通出行一直是人们的关注重点，出行方式、出行行为以及出行特征等方面的研究课题层出不穷，而如何快速确定最新研究趋势，找到热门研究方向是一个问题。目前解决这一问题的方法有两个：一个是采用归纳和总结文献资料的办法对现有研究进行分析，另一个是使用知识图谱可视化呈现数据和信息分析结果。归纳和总结文献资料的办法完全依赖人工完成，存在阅读量大、主观性强等问题，而使用知识图谱可视化方法则可以解决这一问题，通过可视化工具完成对数据的处理；提供标准数据接口，保持数据一致性和完整性；使用统计算法完成对数据的统计并以图谱的方式展示，能够清晰明了交通出行目前研究现状。

7.1.2 工作流程

CiteSpace 工具用于分析文献资料，只能分析格式化数据结果。要利用 CiteSpace 进行数据分析，首先需要安装 Java 环境，下载并安装 CiteSpace 软件。从基础环境准备入手，经过数据准备、数据处理后再进入数据可视化分析阶段，整个工作流程如图 7-1 所示。其中最重要的是数据准备阶段，需要足够精准的数据作为基础，使用 CiteSpace 分析的结果才会准确。

数据准备阶段需要厘清所要分析的学科主题，在 Web of Science(WOS)、CNKI(知网)、CSSCI(中文社会科学引文索引)、CSCD(中国科学引文数据库)等几大文献网站搜索相关文献。注意这些文献网站是有偏向性的，需要根据所选学科主题选择网站进行搜索下载。下

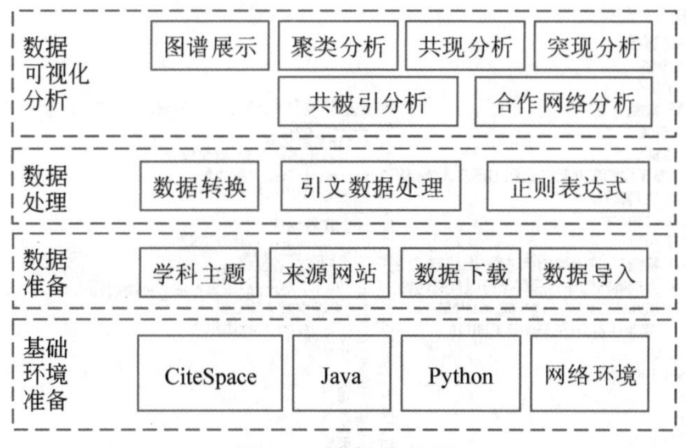

图 7-1　分析流程图

载数据时需要注意下载的数据格式能否被 CiteSpace 使用，如果不能，那么就需要用到 Python 工具对数据进行处理。

数据处理阶段主要是利用 CiteSpace 转换下载的数据，利用 Python 数据采集技术和正则表达式数据处理技术处理 CNKI 引文数据，通过数据处理让数据标准化，只有标准化后的数据才能使用 CiteSpace 的共被引分析。

数据可视化分析阶段主要是使用 CiteSpace 软件提供的功能，实现可视化分析，对数据的关键词进行共现和聚类分析；对关键词进行突现分析等。每个不同分析所得到的关系图谱结果不一样，通过不同的结果展示 CiteSpace 分析效果。

7.1.3　技术选型

1. CiteSpace

CiteSpace 能够对文献中蕴含的潜在知识进行分析，并能够使用科学计量学进行数据可视化，通过分析一批同类型学科文献来发现科学知识的结构、规律和分布情况，是一款可视化科学知识图谱工具。CiteSpace 支持通过 Web of Science、CNKI、CSSCI、CSCD 等网站搜索下载的文献数据，这些数据中包含作者、文献名称、关键词、简介等内容，如图 7-2 所示。只要文献网站中导出的格式一致，就可以使用 CiteSpace 进行分析。

CiteSpace 不同版本之间，对图算法的支持是不一样的，本章所有示例建立在 CiteSpace 6.1.2 版本基础上，它支持时间线图、时区图、Barnes-Hut 图，但是不支持 t-SNE 图；而 CiteSpace 6.1.3 版本只支持时间线图。尽管 CiteSpace 在使用过程中偶然会遇到一点问题（如有时图调不出来、功能单击无反应等），但是整体来说还是可以极大加快对引文数据的统计分析工作。

2. Selenium 工具

Selenium 是一个 Web 的自动化测试工具，最初是为网站自动化测试而开发的。Selenium 可以直接运行在浏览器上，它支持所有主流的浏览器，可以接受指令，让浏览器自动加载页面，获取需要的数据，甚至页面截屏。它采用 JavaScript 单元测试工具 JSUnit 为核心，模拟真实用户操作，包括浏览页面、单击链接、输入文字、提交表单、触发鼠标事件等，

```
PT J
AU 张娅,
  李佳,
  周舸,
AF 张娅,
  李佳,
  周舸,
TI 基于网约车背景的居民出行方式选择
SO 山西建筑
LA Chinese
DT Article
DE 网约车; 交通城市化进程; 出行方式;
AB 为明确网约车对居民出行以及交通城
C1 东北林业大学交通学院, CHINA
   黑龙江省交通运输厅, CHINA
TC 0
SN 1009-6825
EI
J9
PD JUN 15
PY 2022
VL 48
IS 07
BP 189
EP 195
DI 10.13719/j.cnki.1009-6825.2022.07.053
PG 7
UT CNKI:张娅#2022#48#189
ER
```

```
PT 出版物类型 (J=期刊; B=书籍; S=丛书; P=专利; )
AU author作者
TI title文献标题
SO source出版物名称/来源期刊
DT Document Type文献类型
ID Keywords Plus扩展关键字
AB 摘要
RP 通讯作者地址
CR Cited refernces参考文献
NR 引用的参考文献数
TC Times Cited被引次数
J9 长度为29个字符的来源文件名称缩写
JI ISO来源文献名称缩写
PY Publication Year出版年
PD 出版日期
VL 卷
IS 期
BP 开始页
EP 结束页
PG 页数
UT 入藏号
ER 记录结束
```

图 7-2 文献数据格式

并且能够对页面结果进行种种验证。

Selenium 自动化爬虫又称为可视化爬虫,通过模拟人的真实操作进行浏览、单击、文字输入等,基于 Python 和 Selenium 开发爬虫时,主要使用的是 Selenium 的 Webdriver。可使用 Python 的 pip 命令安装 Selenium,安装语句如下:

```
1. pip install selenium==4.1.3
```

下载浏览器驱动,把解压后的驱动放在 Python 的安装位置。

7.1.4 开发准备

1. 系统开发环境

本系统的软件开发及运行环境如下。

(1) 操作系统:Windows 10。

(2) 依赖环境:JDK 1.8 及以上,Python 3.7 及以上。

(3) 开发工具:PyCharm。

(4) 浏览器和驱动:Chrome 浏览器,googledriver(需要与浏览器版本保持一致)。

2. 文件夹组织结构

文件夹组织结构如下所示。

```
├— traffic_data.zip                  #在 CNKI 上下载的数据包
├— cnki_refspider                    #CNKI 引文数据采集程序
|    |    ├—data                     #存放原 CNKI 论文数据和引文数据的目录
|    |    ├—cnki_search_spider.py    #用于获取 CNKI 的引文数据
```

```
|   |   ├─resolve_refdata.py          #用于处理 CNKI 的引文数据
|   ├─readme.md                       #项目的说明信息
|   ├─requirements.txt                #项目所依赖的 pip 安装列表
```

7.2 数据准备和预处理

CiteSpace 是一款很常用的文献分析软件，不同的数据会造成不同的分析结果，所以下载和处理数据是重点。数据准备主要包括数据下载、数据导入和数据处理。

7.2.1 文献数据下载

CiteSpace 能够使用的数据主要来源于 Web of Science(WOS)、知网(CNKI)、中文社会科学引文索引(CSSCI)、中国科学引文数据库(CSCD)等，CiteSpace 的数据格式主要依从 WOS 的数据格式。因此，从 WOS 上下载的数据可以直接使用，而从其他网站下载的数据通常需要经过转换后才能使用。CiteSpace 数据来源及功能说明如表 7-1 所示。

表 7-1 CiteSpace 数据来源及功能说明

功能数据源	合作网络			共现分析			共被引分析			文献耦合	双图叠加	需预处理
	作者	机构	国家/地区	关键词	术语	领域	文献	作者	期刊			
WOS	√	√	√	√	√	√	√	√	√	√	√	
Scopus	√	√	√	√	√	—	√	√	√	√	√	√
Derwent	√	—	—	√	√	√	√	√	√	—	—	√
CNKI	√	√	—	√	—	—	—	—	—	—	—	√
CSSCI	√	√	—	√	—	√	√	√	√	—	—	√
CSCD	√	√	—	√	√	—	√	√	√	√	—	
RCI	—	—	—	√	√	—	—	—	—	—	—	
KCI	—	—	—	√	√	—	—	—	—	—	—	

本章使用 CNKI 作为数据源进行分析。首先在 CNKI 上使用高级检索，检索主题关键词为“交通”“出行”和“工具”，时间范围为 2010 年至 2022 年的学术期刊，共筛选出 533 篇期刊文献。对筛选结果进行导出，选择导出文献为 Refworks 格式，如图 7-3 所示。在导出前可以对已选文献进行进一步筛选，将明显不符合要求的文献剔除，尽量保证分析结果更加精准。

7.2.2 文献数据导入

打开 CiteSpace 软件，选择 Data 菜单下的 Import/Export 菜单，在弹出窗口中选择下载的数据所在文件夹，并设置输出文件夹，然后单击 CNKI Format Conversion 按钮，如图 7-4 所示。执行完毕后，在状态窗口中可以看到处理的数据量，并在输出文件夹中可以看到经过 CiteSpace 转换后输出的数据。注意这里使用的是 CNKI 数据，如果下载的是 WOS 数据，

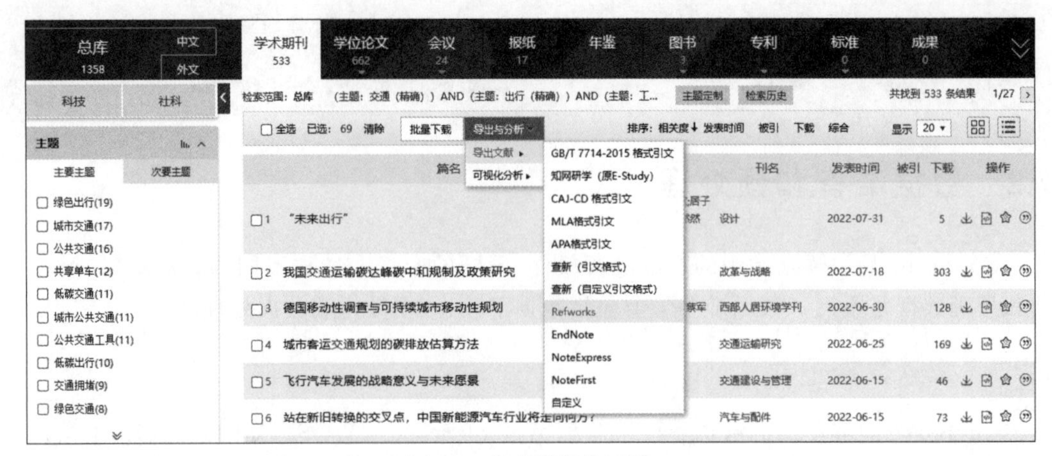

图 7-3 数据筛选和下载

则需要选择 WOS 选项卡进行数据导入操作。

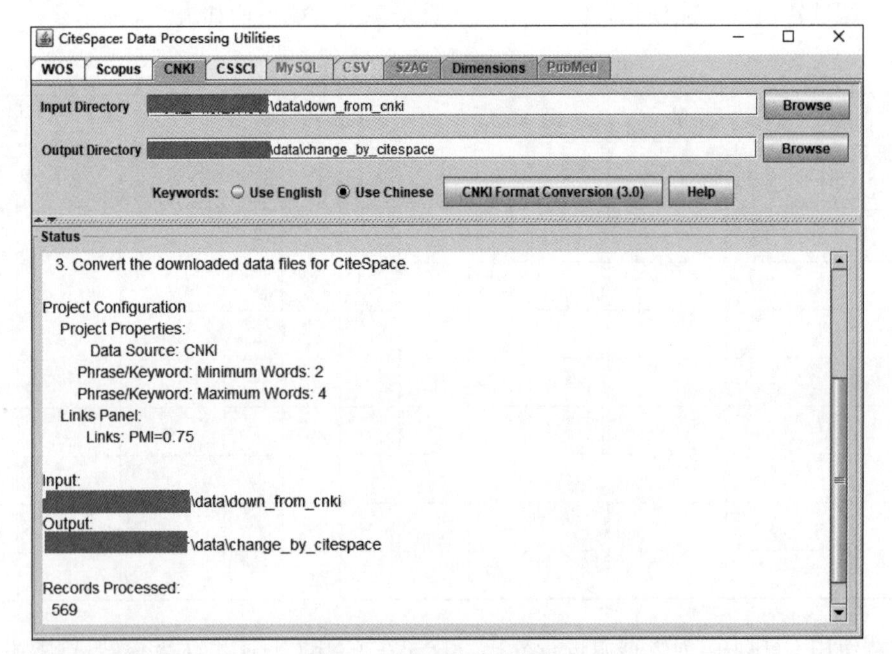

图 7-4 CNKI 格式数据导入

7.2.3 数据转换处理

CiteSpace 提供数据转换功能，这个功能只针对固定来源的网站。在 CiteSpace 主界面中，单击 New 按钮弹出数据选择窗口，如图 7-5 所示。在窗口中选择项目主目录，并选择经过导入操作处理后的数据所在目录，单击 Save 按钮。

然后在主界面中设置数据相关年份和节点类型，单击 GO 按钮开始处理数据，如图 7-6 所示。数据量越大处理数据所需时间越长，因此建议在数据下载时增加筛选条件，以便过滤筛查出更符合研究项目的文献。

在处理完毕数据后，会弹出处理结果界面，结果界面中即为实际数据分析界面。注意图

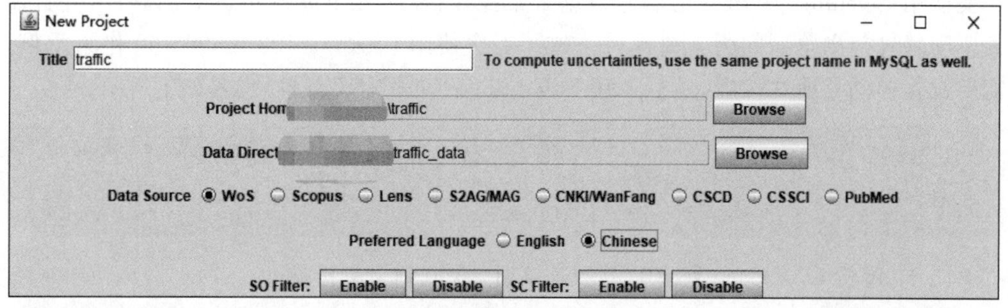

图 7-5　选择数据文件

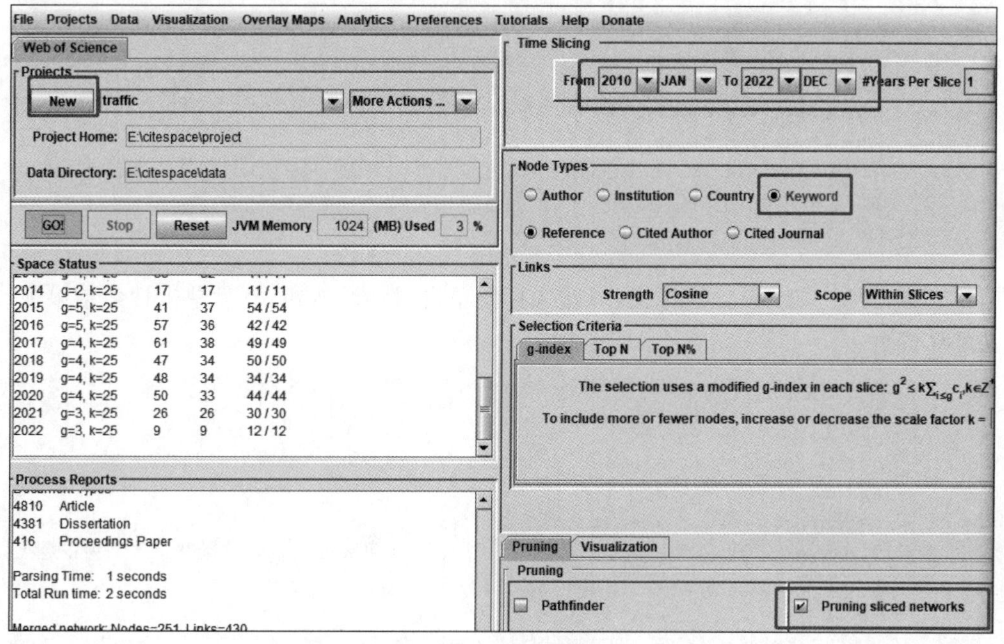

图 7-6　文献数据处理

7-6 中 Node Types 区域的选择，选择 Keyword 是针对数据中的关键词进行分析，选择 Reference 是对数据进行共被引分析。不同的选项处理的数据不一样，展示的结果也不一样，这块区域是 CiteSpace 数据分析的重点功能区域。Pruning 窗口中的项目选择与否与对数据分析结果影响不大，Pruning 中不同的选项使用不同的剪枝算法，剪枝实际上是对形成的网络进行修剪，去除不重要的节点和连线，使得网络中重要的节点和连线更加清晰，便于对图谱进行解读，同时可以减轻计算机工作量。

7.2.4　CNKI 引文数据获取

由于 CNKI 导出的数据经过 CiteSpace 处理后是没有引文信息的，所以无法做共引分析，这里使用 Python 3.8 的 Selenium 获取已下载文字的引文信息。具体思路为：首先提取出导出数据中的文献标题，然后使用 Selenium 调用 googledriver.exe 驱动浏览器访问 CNKI 首页，将标题作为搜索条件搜索文献，在文献详情页中可以看到文献的引文信息，使用 selenium 提供的方法获取引文信息，保存到临时文件中。

要使用 Selenium 驱动浏览器做数据采集操作，需要先下载浏览器驱动软件，并且需要注意驱动软件与浏览器的版本要保持一致。本次使用 Chrome 102.0.5005.62 作为示例，首先需要设置驱动器所在位置，然后调用 Selenium 启动 CNKI 首页，代码如下所示。

```
1.  chrome_driver =Service(r"E:\chromedriver.exe") #替换为自己的浏览器位置
2.  bro =webdriver.Chrome(service=chrome_driver)
3.  bro.get('https://kns.cnki.net/kns8')
```

第二步，解析 CiteSpace 处理后的数据文件，获取到文献标题。

```
1.  def resolve_file_title(file_path):
2.    ex ='TI(.*?)\n' #使用正则表达式提取标题
3.    title_arr =[]
4.    with open(file_path, 'r', encoding='utf-8') as fp:
5.      data =fp.read()
6.      data_one =re.findall(ex, data, re.S)
7.      for item in data_one:
8.        if item not in title_arr: #去重
9.    title_arr.append(item)
10. return title_arr
```

第三步，使用 Selenium 模拟操作，输入标题单击“搜索”按钮，然后单击搜索结果项，打开文献详情页。

```
1.  index=0
2.  for title in title_list:
3.    search_input =get_element_by_id(bro, "txt_search")   #搜索输入框
4.    search_input.clear()
5.    search_input.send_keys(title)
6.    if index ==0:                              #初次搜索需要设置搜索类型为主题搜索
7.      sort_default =get_element_by_class(bro, "sort-default")
8.      sort_default[0].click()
9.      title_options =get_element_by_xpath(bro, "//div[@class='sort-list']/
        ul/li[@data-val='TI']")
10.      title_options[0].click()
11.      index =1
12.    search_btn =get_element_by_class(bro, "search-btn") #搜索按钮
13.    search_btn.click()                                   #模拟单击“搜索”按钮
```

第四步，根据详情页引文所在区域和 HTML 结构，解析并保存引文到本地文件中。Selenium 获取数据的语法，可以在网上自行搜索 Python Selenium 常用 API。

```
1.  title_str=get_element_by_xpath(bro,"//h1")[0].text
2.  #期刊文献类解析方法,文献标题
3.  target=get_element_by_id(bro, "frame1")     #参考文献所在 iframe
4.  bro.execute_script("arguments[0].scrollIntoView();",target)
5.  #操作页面滚动到引文位置
6.  bro.switch_to.frame("frame1")
7.  #Selenium 切入到 iframe 内部,操作 iframe 里面的元素
8.  ref_box =get_element_by_xpath(bro, "//div[@class='essayBox']")
9.  #参考文献所在区域,样式为 essayBox 的 div 有多个,用于显示不同类型的引文
```

```
10.  tmp_arr =[]
11.  for box_item in ref_box:
12.      ref_list =get_element_by_xpath(box_item, "ul/li")
13.      for ref_li in ref_list:
14.          tmp_arr.append(ref_li.text)
15.  if len(tmp_arr) >0: #保存引文到本地文件中
16.      with open(r'./download_ref.txt', 'a+', encoding='utf-8') as fp:
17.        fp.write(str([title_str, tmp_arr]) +"\n")
```

最后，解析引文数据，构建 WOS 格式的引文数据。WOS 引文格式为：“CR 作者，发文年份，期刊，v，p，DOI”，将原始引文数据与目标引文数据比对，发现 CNKI 的引文数据格式为：“序号\n 标题.作者.期刊.发文年份”。将 CNKI 的引文格式以字符“.”分割，将分割后的数据按目标引文数据格式拼接，然后写入 CiteSpace 处理后的文献数据中。

```
1.   for ref_info in ref_list: #单个文献的所有引文
2.       tmp_arr1 =ref_info.split('.')
3.       result_str.append(tmp_arr1[1].strip()+', ' +tmp_arr1[-1].strip() +', '
         +tmp_arr1[-2].strip())                        #拼接 CiteSpace 能够识别的引文格式
4.   inf_dic[title] ='\n '.join(result_str)
5.   ex ='PT (.*?)ER'
6.   title_ex ='TI (.*?)SO'
7.   data_one =re.findall(ex, data, re.S)          #data 为文献数据
8.   for str1 in data_one:                         #循环处理文献数据
9.       title =re.findall(title_ex, str1, re.S)[0].strip()    #提取文献标题
10.      str2 ='PT ' +str1 +'CR ' +inf_dic.get(title.strip()) +'\n'+'ER\n\n'
11.      with open(r'./data1/download.txt', 'a+', encoding='utf-8') as fp2:
12.          fp2.write(str2)
```

需要注意的是，在实际测试中发现引文中英文引文格式的人名含有标点符号“.”，所以在构建 CiteSpace 引文格式时出现错误，通过调整代码兼容英文的引文格式修复了这一错误，这里利用了 CNKI 引文格式构成，处理按标点符号“.”拆分后的数组，去掉数组中第一项和最后两项，那么剩下的就是作者名称所在，并且在处理时，注意到多个作者名称使用的分隔符是“，”，那么将数组中剩下的项拼接起来后，使用符号“，”进行分割，获取到引文的作者名，具体调整代码如下。

```
1.   tmp_arr1 =ref_info.split(".")          #引文格式：序号\n 标题.作者.期刊.发文年份
2.   tmp_arr_ex =[]
3.   author_str =[]
4.   for index in range(0, len(tmp_arr1)):
5.     if index ==0 or index ==tmp_size -1 or index ==tmp_size -2:
6.         tmp_arr_ex.append(tmp_arr1[index])       #保存发文年份和期刊名
7.     else:
8.         author_str.append(tmp_arr1[index])       #作者名
9.   author_arr=".".join(author_str).replace(",", ',').split(",")
                                                    #拼接和拆分作者名
```

7.3　图谱可视化和知识应用

CiteSpace 是一款数据可视化分析工具，主要提供共现、聚类、突现、共被引和合作网络等分析方法，用于快速锁定学科文献中的重点及关键信息。以下分别对各类分析方法进行

实例使用说明。

7.3.1 共现和聚类分析

在主界面中的 Node Types 处选择 Keyword，然后单击 GO 按钮，开始进行关键词的共现分析，分析结果会以关系图的方式在新窗口中显示，如图 7-7 所示。关系图谱中默认显示前 3 个节点名称，并且节点大小默认以关键词的连接数多少进行区分显示。

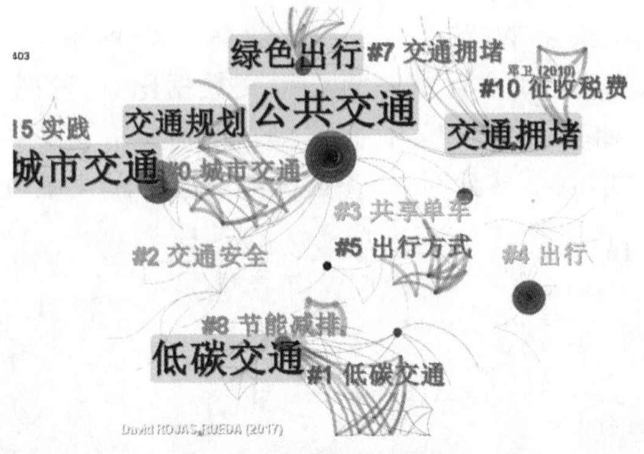

图 7-7 关键词共现结果

如果单击 GO 按钮后弹出“The time slicing setting is outside the range of your data”异常，而对比经过自定义数据处理后的数据与未处理的数据发现格式都一致，就可以断定是由于 CiteSpace 不兼容处理后的数据引起的。这个问题可以通过在 CiteSpace 主界面 Node Types 处勾选 Reference 解决，即同时勾选 Reference 和 Keyword 选项进行分析，经过原始数据和处理后的数据分析结果比对，这种方法不影响数据分析结果。

如果知识图谱默认展示的节点类型不是圆，那么可以通过设置 Nodes 菜单的 Node Shape for Keywords and Terms 调整，如图 7-8 所示。

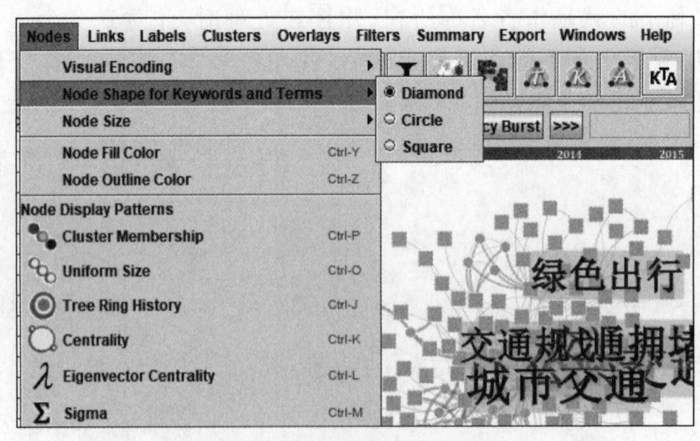

图 7-8 节点类型调整示意图

在功能区可以使用聚类操作，如图 7-9 所示，单击聚类操作按钮后，在图谱中会显示排名前 10 的关键词。使用聚类功能区第一个按钮，按照关键词进行聚类分析，还可以看到每个关键词的不同影响区域，使用不同颜色表示影响区域。

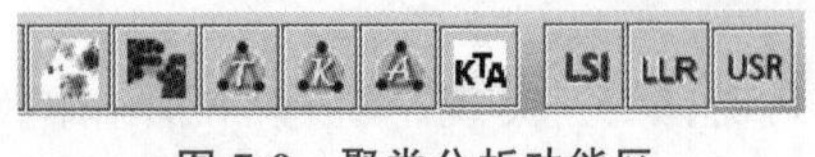

图 7-9 聚类分析功能区

需要注意的是聚类分析功能按钮左侧针对的是数据中的不同字段进行的聚类分析，例如T按钮表示使用标题进行聚类分析；K按钮表示使用关键词进行聚类分析；A按钮表示使用摘要进行聚类分析。如果所使用的数据不支持标题和摘要分析，那么单击功能按钮后，关系图谱中不会有结果。聚类分析功能按钮右侧使用的是不同聚类分析算法，应用不同算法分析得到的结果是不一样的，常用的分析算法是LLR(log likelihood ratio，对数似然比)算法。

LLR是一种相似度计算方法，LLR的优势是降低算法复杂度，减少系统性能损失，LLR的计算方法为：

$$\mathrm{LLR}=2\times(\mathrm{matrixEntropy}-\mathrm{rowEntropy}-\mathrm{columnEntropy})$$

其中，matrixEntropy为矩阵熵；rowEntropy为行熵；columnEntropy为列熵。它们的计算公式分别如下所示：

$$\mathrm{matrixEntropy}=\frac{k_{11}}{N}\log\frac{k_{11}}{N}+\frac{k_{12}}{N}\log\frac{k_{12}}{N}+\frac{k_{21}}{N}\log\frac{k_{21}}{N}+\frac{k_{22}}{N}\log\frac{k_{22}}{N} \tag{7-1}$$

$$\begin{aligned}\mathrm{cloumEntropy}=&\frac{k_{11}+k_{21}}{N}\left(\frac{k_{11}}{k_{11}+k_{21}}\log\frac{k_{11}}{k_{11}+k_{21}}+\frac{k_{21}}{k_{11}+k_{21}}\log\frac{k_{21}}{k_{11}+k_{21}}\right)\\&+\frac{k_{12}+k_{22}}{N}\left(\frac{k_{12}}{k_{12}+k_{22}}\log\frac{k_{12}}{k_{12}+k_{22}}+\frac{k_{22}}{k_{12}+k_{22}}\log\frac{k_{22}}{k_{12}+k_{22}}\right)\end{aligned} \tag{7-2}$$

$$\begin{aligned}\mathrm{rowEntropy}=&\frac{k_{11}+k_{12}}{N}\left(\frac{k_{11}}{k_{11}+k_{12}}\ln\frac{k_{11}}{k_{11}+k_{12}}+\frac{k_{12}}{k_{11}+k_{12}}\ln\frac{k_{12}}{k_{11}+k_{12}}\right)\\&+\frac{k_{21}+k_{22}}{N}\left(\frac{k_{21}}{k_{21}+k_{22}}\ln\frac{k_{21}}{k_{21}+k_{22}}+\frac{k_{22}}{k_{21}+k_{22}}\ln\frac{k_{22}}{k_{21}+k_{22}}\right)\end{aligned} \tag{7-3}$$

计算公式中k_{11}表示keyword A和keyword B共现的次数；k_{12}表示keyword A出现，keyword B未出现的次数；k_{21}表示keyword B出现，keyword A未出现的次数；k_{22}表示keyword A和keyword B都不出现的次数。

关键词聚类分析可以体现近年来交通出行热点趋势。如图7-10所示，在关系图中交通出行中关注更多的是城际交通，而城际交通中交通拥堵和交通安全是一个热点话题。每个聚类都是共现网络中的关键词，使用聚类分析时可以在左上角的输出信息中看到聚类结果的好坏。当Modularity Q(聚类模块)的值大于0.3时意味着聚类结构显著；当Silhouette S(聚类平均轮廓)的值大于0.5时意味着聚类结果是合理的；当大于0.7时意味着聚类结果是令人信服的。

在聚类分析后，可以单击Clusters菜单下的Cluster Explorer菜单，查看每个类别的情况。单击后会弹出一个窗口，在窗口上方勾选类别，下方会显示类别的具体情况，如图7-11所示。

CiteSpace中提供了时间线图谱，如图7-12所示，从中可以了解每个聚类关键词出现的年份及影响力。在Control Panel中Layout选项卡下的下拉框中选择Timeline view即可调出时间线图(如果不起作用，可通过VIsualization菜单下的Graph Views切换)，如果绘制的时间线图右侧关键词显示不出来，那么需要看看数据导入时，选择的语言是否为中文。时间线图中圆圈的大小表示关键词的频次多少；每个圆圈上方的年份表示这个关键词第一次出现在文献中，该文献对应的发表年份；连线表示这个关键词和其他包含这个关键词的论

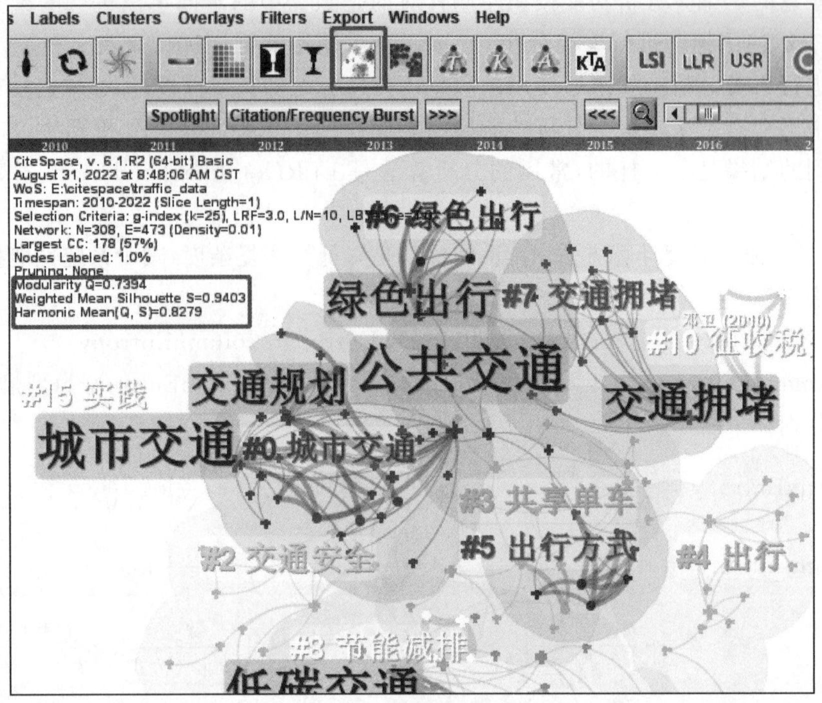

图 7-10 聚类结果分析

CiteSpace: Cluster Explorer

Clusters

	Cluster ID	Size	Silhouette	mean(Year)	Top Terms (LSI)	Top Terms (log-likelihood r...	Terms (mutual information)
✔	0	34	0.957	2014	城市交通;出行态...	城市交通 (25.56, 1.0E-4); ...	城市人口 (0.88); 新西兰 (0...
✔	1	28	0.95	2012	低碳交通;交通主...	低碳交通 (27.48, 1.0E-4); ...	边际成本 (0.38); 伦理价值 (...
	2	17	0.908	2015	交通安全;危险物...	交通安全 (15.43, 1.0E-4); ...	出行工具 (0.19); 出行方式...
	3	17	0.824	2017	共享单车;价值追...	共享单车 (14.68, 0.001); 交...	融合 (0.22); 超大城市 (0.22)...
	4	15	0.976	2015	影响因素;出行需...	出行 (15.99, 1.0E-4); 影响...	服饰 (0.17); 城市居民 (0.17)...

Citing Articles | Keywords

城市交通;出行态度;序次logit模型;容
通 (25.56, 1.0E-4); 交通规划 (13.98, 0

低碳交通;交通主体;交通体系;交通和
通 (27.48, 1.0E-4); 发展对策 (8.09, 0.0

Cited References | Keywords

Fr...	Bu...	D...	C...	Σ	Pa...	Ke...	Au...	Ye...	Title	So...	Vol	Pa...	H...	DOI	Cl...
2		2	0...	1....	0...	自...									
1		3	0...	1....	0...	服...									
1		3	0...	1....	0...	新...									
2		7	0...	1....	0...		龚...	20...	...	SO	0	0	1.5		1
1		1	0...	1....	0...	信...									
1		4	0...	1....	0...	交...									
1		3	0...	1....	0...	低...									
3		8	0...	1....	0...	交...									
2		3	0...	1....	0...	低...									
1		1	0...	1....	0...	定...									
2		7	0...	1....	0...		陈...	20...	...	SO	0	0	0.5		1
1		2	0...	1....	0...	低...									
2		3	0...	1....	0...	满...									
3		8	0...	1....	0...	发...									
1		1	0...	1....	0...	上...									
1		4	0...	1....	0...	城...									

图 7-11 聚类分析—类别情况

文的共现关系。

除了时间线图外，Layout 选项卡下的下拉框中还提供了时区图、t-SNE 图和 Barnes-Hut 图，每个图都有不同的展现形式。在此只对时区图和 Barnes-Hut 图做说明。

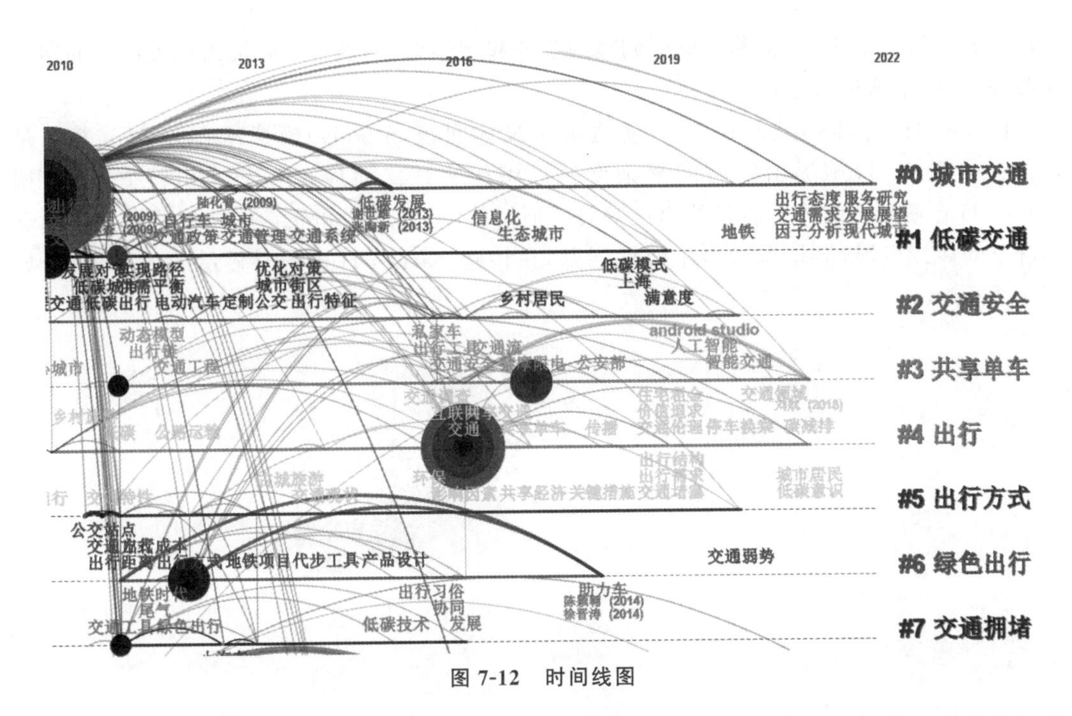

图 7-12　时间线图

时区图功能类似时间线图，如图 7-13 所示，根据年份将该年份出行的关键词集合起来形成一个时区节点集合，所以初始化时时区图的节点都是叠加的，需要调整才能查看。时区图中节点对应的关键词只会在第一次出现的年份显示，后续出现该关键词时会在第一次出现关键词的节点上增加频次，让节点的圆圈显示得更大。在进行时区图分析时，需要考虑数据的起始年份，关键词第一次出现的位置在起始年份时，有可能是受数据影响，如果这个关

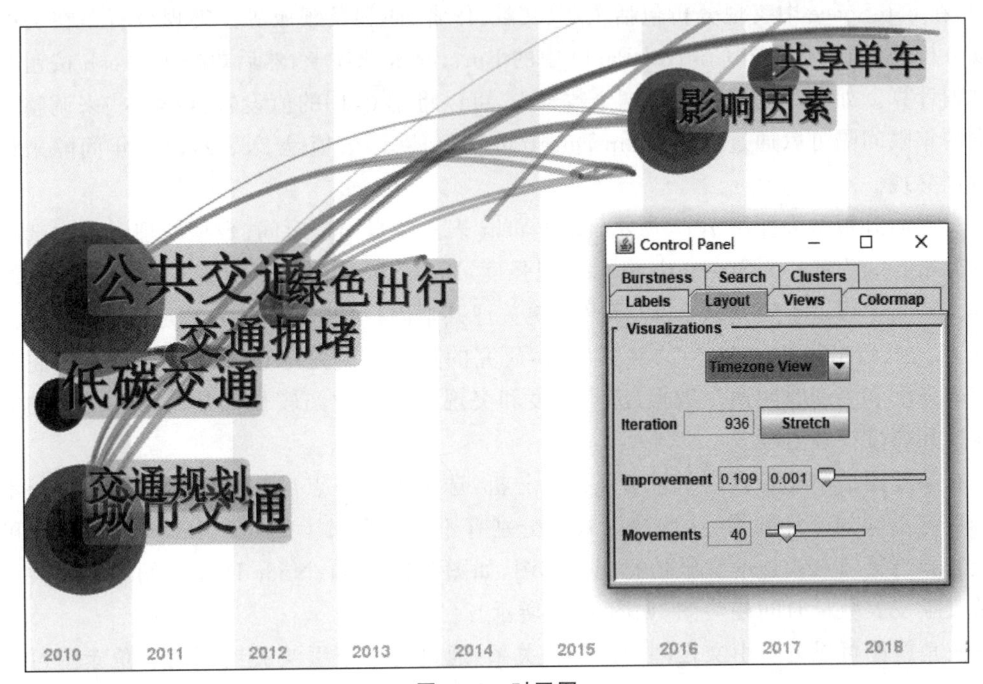

图 7-13　时区图

键词对分析研究影响很大，那么应该调整源数的起始年份，来确定最初提出该关键词的期刊文献来源，再重新进行分析。

Barnes-Hut 图使用 Barnes-Hut 算法实现 N 体问题（n-body）模拟，Barnes-Hut 算法是 J. Barnes 和 P. Hut 提出的时间复杂度树形编码算法。而应用在交通出行方面，使用 Barnes-Hut 图展示的内容就是找出已知关键词初始位置、速度和质量的共现词在经典力学情况下的后续发展，但是本章由于数据问题，在构建 Barnes-Hut 图时显示的效果较差，如图 7-14 所示。

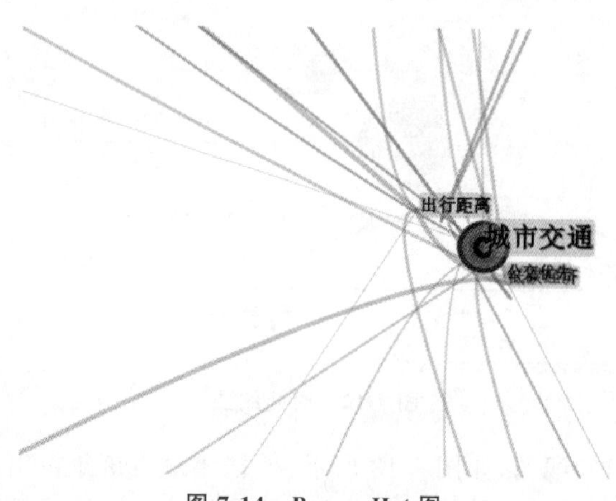

图 7-14 Barnes-Hut 图

7.3.2 突现分析

突现分析主要是研究学科领域内的新兴趋势，用于探测某一时段应用量有较大变化的情况，在 CiteSpace 中突现分析包括主题、文献、作者、期刊及领域等。突现分析是在关键词共现分析的基础上，单击 Control Panel 中的 Burstness 选项卡，然后单击 Refresh 按钮开启突现词计算。如果默认计算突现词个数较少，可以将 γ[0,1]的值设置得小一些来调整。突现词的年限间隔可以通过 Minimum Duration 调整，默认数值是 2，表示以 2 年间隔来计算关键词突现。

突现词分析结果如图 7-15 所示，图中 Year 表示节点出现时间（数据处理界面中选择的数据开始时间为起始），Strength 表示突现强度，Begin 和 End 表示突现的开始时间和结束时间。从图中可以了解到从 2017 年开始更关注共享出行，其中共享单车突现强度最高。从 2010 年的低碳出行到 2018 年的共享出行，研究的热点一直是绿色便捷出行。需要注意图中突现强度和突现时间两个数据，突现强度和突现的持续时间较长都是反映关键词的突现影响力和热度持续力度。

在共现图谱中还可以对单个节点进行分析，选中单个节点后在右键弹出层中选择不同的选项有不同的统计效果，这些统计效果分别有不同的含义。例如 Pennant Diagram 可以直接查看与某节点相连的文献信息三角旗图，如图 7-16 所示；Node Details 可以看到关键词相关文献发表数量时间趋势图，如图 7-17 所示。

三角旗图可以查看引文之间的跨学科关系，通过对某个引文关键词的三角旗图可以明显看到所有影响力引文信息，三角旗图可以让研究人员更容易跟踪文献，确定一项研究如何

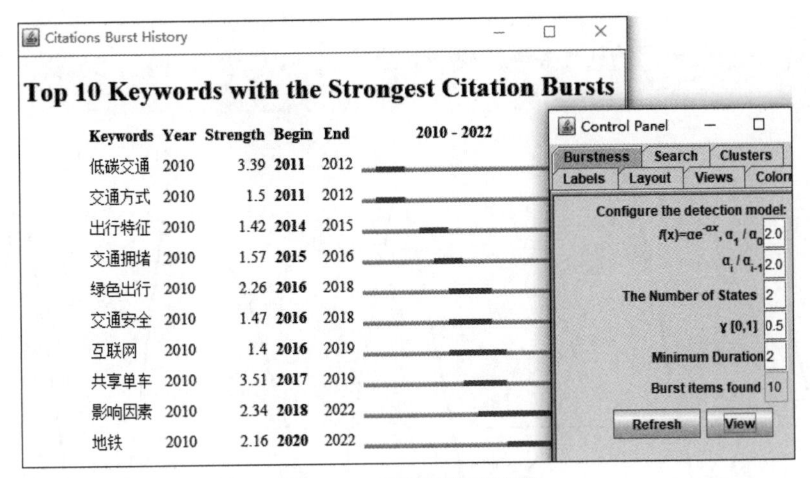

Top 10 Keywords with the Strongest Citation Bursts

Keywords	Year	Strength	Begin	End	2010 - 2022
低碳交通	2010	3.39	**2011**	2012	
交通方式	2010	1.5	**2011**	2012	
出行特征	2010	1.42	**2014**	2015	
交通拥堵	2010	1.57	**2015**	2016	
绿色出行	2010	2.26	**2016**	2018	
交通安全	2010	1.47	**2016**	2018	
互联网	2010	1.4	**2016**	2019	
共享单车	2010	3.51	**2017**	2019	
影响因素	2010	2.34	**2018**	2022	
地铁	2010	2.16	**2020**	2022	

图 7-15　突现词分析结果

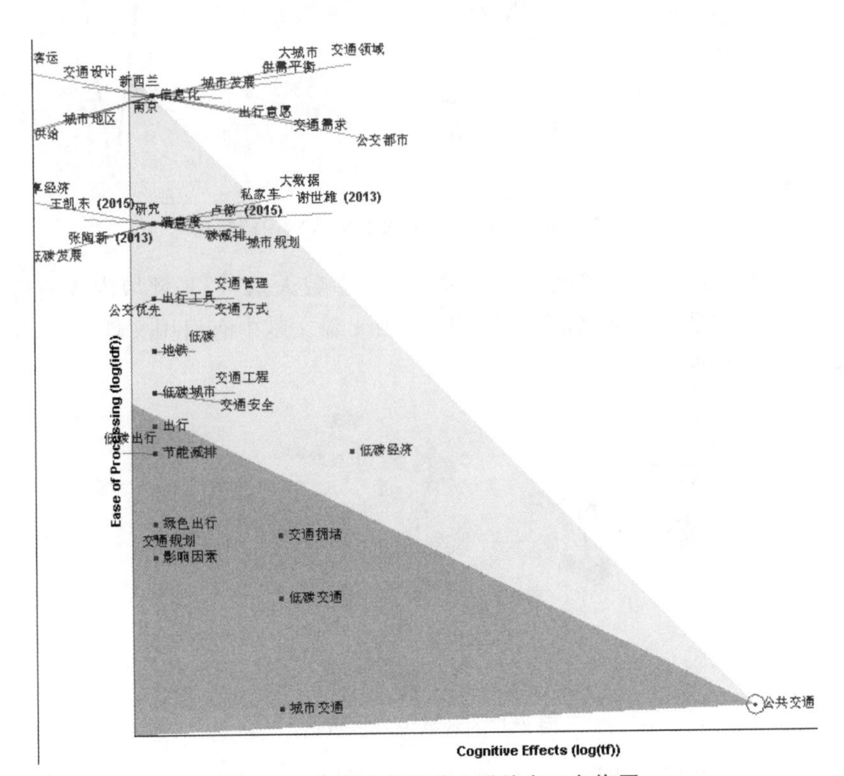

图 7-16　与节点相连的文献信息三角旗图

影响特定领域或不同领域的研究。

关键词相关文献发表数量时间趋势图主要用于跟踪关键词的发文趋势，了解学科热点。从图 7-17 可以看出，每年都有关于公共交通的文献发表，说明公共交通一直是研究重点。

7.3.3　共被引分析

在 CiteSpace 的主界面 Node Types 处选择 Cited Author，单击 GO 按钮，开始共被引分析，结果如图 7-18 所示。文献的共被引分析是查找优秀文献的最好方法，多个文献引用同

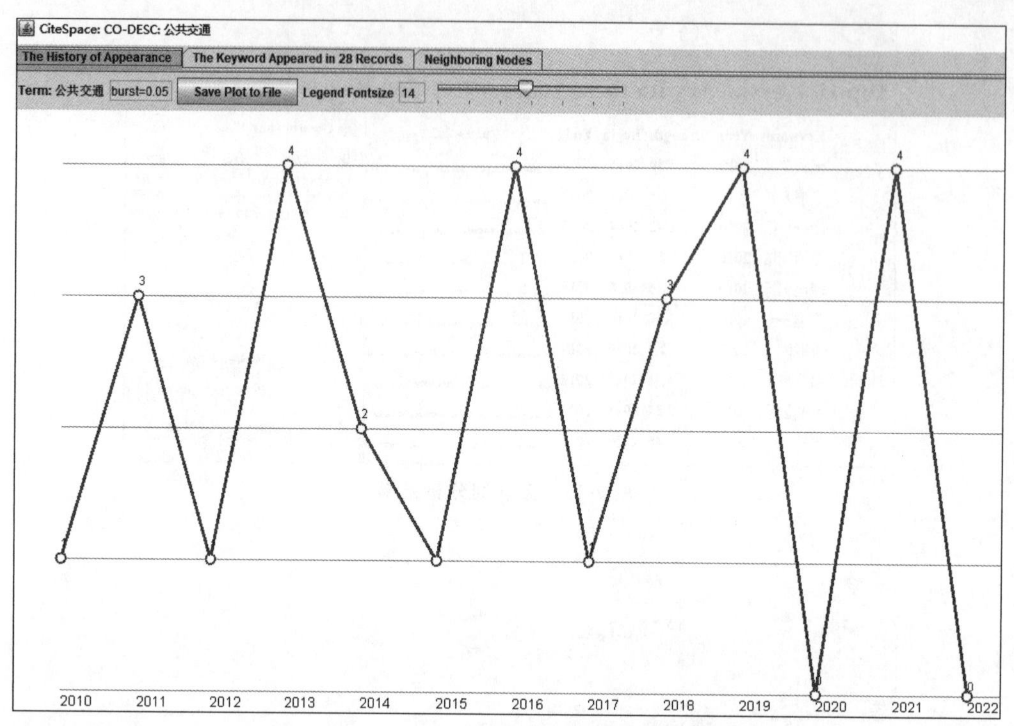

图 7-17　Node Details——发表数量时间趋势图

一篇文献，说明该文献的观点或提出的关键技术被多数人认可，是领域内较有影响力的文献。共被引分析其实是参考文献的共现分析，只要 1 篇文献中有引用文献，那么这些被引用的文献之间就存在共现关系。

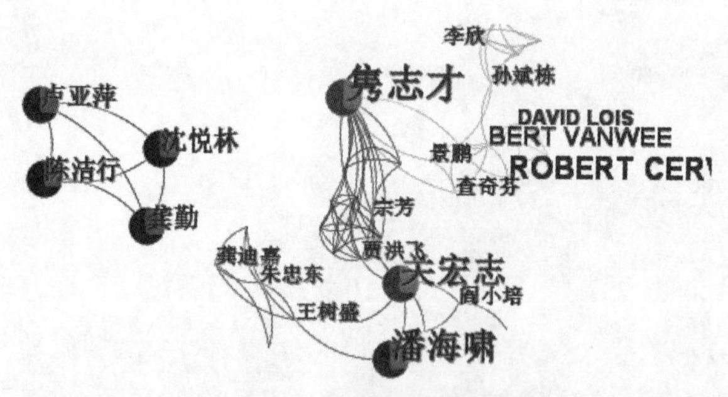

图 7-18　共被引分析结果

共被引分析不适合用来探测前沿研究，因为一篇论文从发表到被引用再到高被引需要经过较长的一段时间，这就导致无法及时发现新型前沿研究，但是把这种方法用于探究一个领域的研究主题及发展脉络是比较合适的。

7.3.4　合作网络分析

合作网络用于分析文献的作者发布的文献数量及与其他作者的合作关系，发布文献数量越多的作者节点越大，节点之间的连线表示两个作者之间存在合作关系，便于发现领域内较有影响力的学者。如果原始数据量不大，使用 CiteSpace 展示合作网络关系图谱中节点会很零散，图谱绘制不理想，那么可以考虑使用其他工具辅助分析。

由于交通出行方面的文献合作关系不多，在此展示作者和机构的合作网络关系图谱。在 CiteSpace 的主界面 Node Types 处选择 Author、Institution，单击 GO 按钮开始分析，结果如图 7-19 所示。

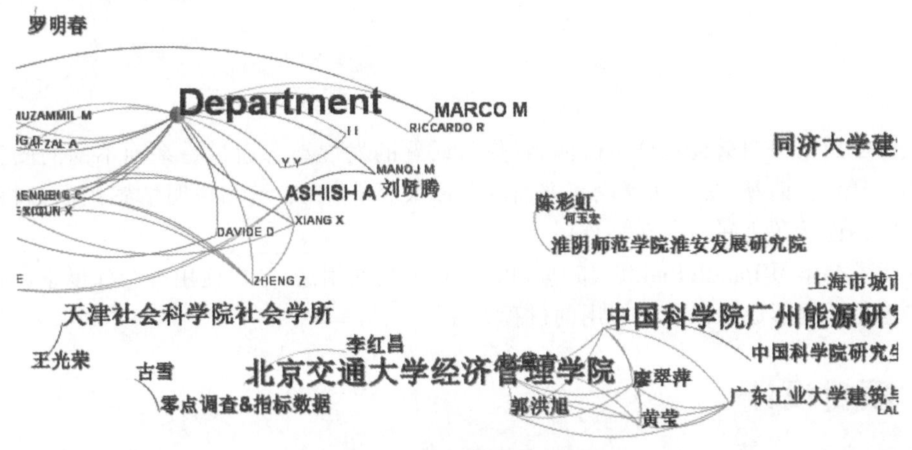

图 7-19　合作网络分析结果

通过分析可知，北京交通大学发布的文献数量最多，有合作的机构比较突出的是中国科学院和广东工业大学，有合作关系的作者比较突出的是黄莹、赵黛青、廖翠萍和郭洪旭。分析过程中可能出现 INVALID 节点问题，这是由于原始数据中作者名称处出现 Invalid 单词引起的，如果想去掉这个字符，那么需要在 7.2.3 节所述数据处理阶段按规则清理异常数据。

7.4　小结和扩展

本章学习了使用 CiteSpace 软件分析文献数据，通过分析可以快速了解学科领域内的关键技术和重要文献，为科研工作提供研究方向。同时通过本章也学习到在原始数据研究某关键信息时，通过 Python 代码采集相关数据进行补足的技术。本章只介绍了通用 CiteSpace 分析方法，CiteSpace 软件中还提供了其他的分析方法和数据计算算法，不同的算法和不同的分析方法获取到的结果并不一样，结合数据结构可以逐个实践软件的分析功能。

思考题：

(1) CiteSpace 的聚类分析中提供了不同的算法 LSI、LLR 和 USR，分析和研究它们的侧重点和区别。

(2) 相同含义的词汇如何合并进行分析？

(3) 关键词文献如何确定？

第8章

微博舆情知识图谱

本章使用知识图谱技术分析微博，将热门话题的发展动态通过一系列不同的图形进行显示，围绕用户、话题、帖子和评论4方面的关联关系，直观展示和说明情感倾向分析，深入挖掘分析舆论话题之间的内在关系。

本章主要学习PaddlePaddle和PaddleNLP工具的用法，掌握使用国产深度学习模型分析非结构化数据形成知识图谱应用的过程。

8.1 项目设计

知识图谱可用于描述微博世界中存在的各种实体和关系，并构成一张巨大的舆情语义网络图，其中实体用节点来描述，关系用边来描述。项目以"乌克兰局势"微博话题为例，通过知识图谱表示热门话题资源及其评论，从而开展微博舆情分析。

8.1.1 需求分析

自从2009年新浪推出微博内测版，微博正式进入国内网络主流。截至2022年四季度末，微博月活跃用户高达6亿左右。微博等社交媒体对事件的传播和报道，对通达社情民意和挖掘事实真相具有重大作用，是当今最热门的社交媒体之一，是网络舆情的重要诞生地和舆论场。微博舆情的良性产生和消隐，对打造风清气正的网络空间有着重要意义。

微博在一些重大事件的传播过程中充当着重大的平台和推手作用。每个用户都可以使用计算机或手机登录微博发布信息、表达观点等，从而都能以"当事人"的身份讨论事件。微博对于突发事件的传播和讨论，几乎实现了零延迟，保证了新闻的即时性，当然也容易成为谣言滋生的温床。突发事情爆发后，如果引起了迅速围观，社会影响力将随之急剧扩大。如果能够合理地利用和引导微博舆情，将有利于加速突发事件的应对和解决。

微博舆情是人们对于现实问题在网络空间的延伸和反映。人们在微博舆情传播中所表现的信息发布、浏览、分享和点赞等行为特征和规律，成为微博舆情知识图谱构建的关键实体和关系。通过对人们在微博发布的话题信息和评论进行解析，得到话题、帖子、评论和微博用户之间的关系。

构建微博舆情的主题图谱，可得到人们对于话题的舆论导向，可由此判断微博舆情是朝着正方向发展还是负方向发展，可以由此引导微博舆情朝着正能量及主旋律方向发展，实现对微博舆情中传播路径及关键节点影响力的可视化和预警分析。

8.1.2 工作流程

在微博舆情的人物主题图谱构建过程中，确定图谱的实体和关系是极其重要的。可通过数据爬虫，获取微博每个话题的用户帖子及其他用户对此的评论。仅需获取每个话题的热门帖子及热门评论即可，它们集中表达了很多微博用户的意见，并由此得到话题、用户、帖子和评论4方面的显性关系。

通过PaddleNLP工具进行实体抽取和情感分析，得到话题、帖子和评论中的实体和情感。由此组成最终的微博舆情主题图谱。通过生成的主题图谱和话题中用户对于帖子和评论的情感进行结合分析，可分析出人们在某个话题中，讨论的是否符合主旋律方向。热门帖子和热门评论展示了在微博话题中的影响力，其中体现的情感流露出对于话题的积极或悲观情绪，通过两者可大致得到人们对于此话题的意见走向。

微博舆论分析流程图如图8-1所示，由话题搜索入口出发，搜索话题中的热门帖子，然后再获取话题的基本数据并存储到图数据库中。通过话题搜索到的热门帖子列表，获取到帖子的部分基本信息和部分热门评论，然后从超链接标签提取其他用户和话题。通过"//@"拆分帖子和评论，保存拆分出来的评论和作者，等等。

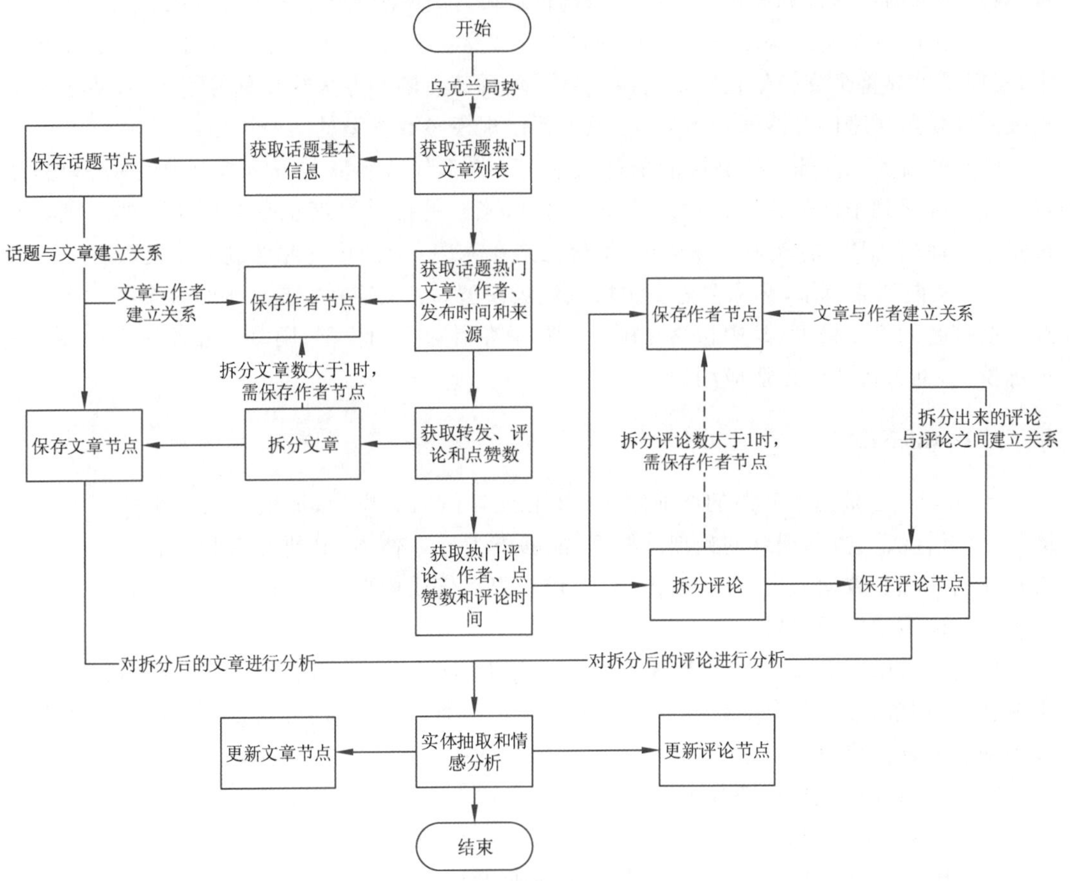

图8-1　微博舆论分析流程图

通过以上存储流程，得到基本的舆情图谱数据，再通过实体抽取得到帖子和评论中出现的"人名、地名、组织机构名和时间"，最后通过情感分析得出帖子和评论的情感偏向。

8.1.3 技术选型

本章基于 Python 3.7＋Selenium 4.1.3＋py2neo 2021.2.3 实现数据爬取和存储。

1. PaddlePaddle

飞桨(PaddlePaddle)以百度多年的深度学习技术研究和业务应用为基础，集深度学习核心框架、基础模型库、端到端开发套件、工具组件和服务平台于一体，2016 年正式开源，是全面开源开放、技术领先、功能完备的产业级深度学习平台。飞桨源于产业实践，始终致力于与产业深入融合，目前已广泛应用于工业、农业、服务业等。

飞桨的领先技术主要如下。

(1) 灵活高效的产业级深度学习框架：飞桨深度学习框架采用基于编程逻辑的组网范式，对于普通开发者而言更容易上手，符合他们的开发习惯。同时支持声明式和命令式编程，兼具开发的灵活性和高性能。网络结构自动设计，模型效果超越人类专家。

(2) 支持超大规模深度学习模型的训练：飞桨突破了超大规模深度学习模型训练技术，实现了世界首个支持千亿特征、万亿参数、数百节点的开源大规模训练平台，攻克了超大规模深度学习模型的在线学习难题，实现了万亿规模参数模型的实时更新。

(3) 多端多平台部署的高性能推理引擎：飞桨不仅兼容其他开源框架训练的模型，还可以轻松部署到不同架构的平台设备上。同时，飞桨的推理速度也是全面领先的。尤其经过跟华为麒麟 NPU 的软硬一体优化，使得飞桨在 NPU 上的推理速度进一步突破。

(4) 面向产业应用，开源覆盖多领域工业级模型库：飞桨官方支持 100 多个经过产业实践长期打磨的主流模型，其中包括在国际竞赛中夺得冠军的模型；同时开源开放 200 多个预训练模型，助力快速的产业应用。

2. PaddleNLP

PaddleNLP 是飞桨开源的产业级 NLP 工具与预训练模型，提供了依托于实际产品打磨、通过百亿级大数据训练的预训练模型，能够极大地方便 NLP 研究者和工程师快速应用进行数据处理和数据分析。PaddleNLP 提供了很多优质模型和使用示例，可以在 github 上查看各种模型示例的结果。

使用者可以用 PaddleNLP 快速实现文本分类、词法分析、相似度计算、语言模型、文本生成、阅读理解和问答、对话系统以及语义表示 8 大类任务，并且可以直接使用开源工业级预训练模型进行快速应用。

PaddleNLP 的主要优势如下。

(1) 模型全面：丰富的官方模型库，覆盖多场景任务。

(2) 技术领先：精度高、速度快，模型效果业界领先。

(3) 全流程体验：打通数据、组网、压缩、部署等全流程。

(4) 技术服务：提供完善的技术文档以及服务支持，为开发者保驾护航。

在控制台切换到虚拟环境下，执行命令“pip install paddlepaddle”安装 PaddlePaddle。在完成 PaddlePaddle 的安装操作之后，在控制台命令窗口下执行命令“pip install paddlenlp”继续安装 PaddleNLP。

8.1.4 开发准备

1. 系统开发环境

本章的软件开发及运行环境如下。

(1) 操作系统：Windows 7、Windows 10、Linux。

(2) 虚拟环境：virtualenv 或者 miniconda。

(3) Python 第三方库：PaddlePaddle、PaddleNLP、Selenium。

(4) 数据库和驱动：Neo4j+py2neo。

(5) 开发工具：PyCharm。

(6) 浏览器：Chrome 浏览器。

2. 文件夹组织结构

文件夹组织结构如下所示。

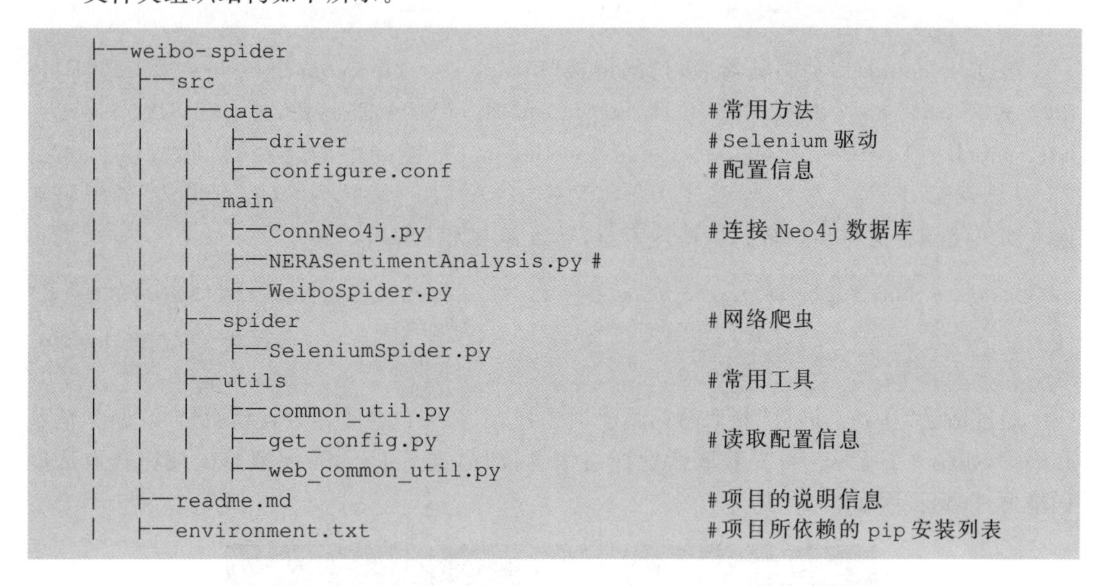

```
├─weibo-spider
│  ├─src
│  │  ├─data                                          #常用方法
│  │  │  ├─driver                                     #Selenium 驱动
│  │  │  ├─configure.conf                             #配置信息
│  │  ├─main
│  │  │  ├─ConnNeo4j.py                               #连接 Neo4j 数据库
│  │  │  ├─NERASentimentAnalysis.py #
│  │  │  ├─WeiboSpider.py
│  │  ├─spider                                        #网络爬虫
│  │  │  ├─SeleniumSpider.py
│  │  ├─utils                                         #常用工具
│  │  │  ├─common_util.py
│  │  │  ├─get_config.py                              #读取配置信息
│  │  │  ├─web_common_util.py
│  ├─readme.md                                        #项目的说明信息
│  ├─environment.txt                                  #项目所依赖的 pip 安装列表
```

8.2 数据准备和预处理

微博舆情数据主要来自于微博热门话题的数据。为了更贴近时事，本章选择当前公众关注度高的"乌克兰局势"话题作为分析的数据源，采用网络爬虫采集话题中热门帖子的转发、评论和点赞数据，并基于此建立相应的话题空间。

8.2.1 采集话题帖子

从微博话题中采集的数据主要包括：获取话题详情，话题的分类、描述、阅读次数、讨论次数和原创人数等；获取热门帖子和作者，热门帖子的发布时间、来源、转发数、评论数和点赞数；获取评论中的热门评论和作者，热门评论的发布时间和点赞数等。

在信息源的选择上，选择"乌克兰局势"作为话题数据源，采用网络爬虫的方式采集话题热门帖子的基本信息和热门帖子的热门评价的基本信息，来建立相应的话题空间。通过Selenium启动浏览器，然后留下微博账号密码，从而绕过微博登录和反爬虫机制。以下代码为Selenium通过Webdriver和Chromedriver启动浏览器。代码位置在spider\SeleniumSpider.py，关键代码如下。

```
1.  #打开浏览器配置参数
2.  options =webdriver.ChromeOptions()
3.  #设置用户数据目录
4.  options.add_argument('--user-data-dir=' +os.path.join(os.path.dirname
    (driver_path), 'data'))
5.  if driver_path:
6.      #打开浏览器服务对象
7.      service =ChromeService(driver_path)
8.      #获取 chrome driver
9.      driver =webdriver.Chrome(service=service, options=options)
10. else:
11.     #获取 chrome driver
12.     driver =webdriver.Chrome(options=options)
```

通过Selenium启动浏览器后，访问链接"https://s.weibo.com/hot? q=%23%E4%B9%8C%E5%85%8B%E5%85%B0%E5%B1%80%E5%8A%BF%23&xsort=hot&suball=1&tw=hotweibo&Refer=weibo_hot"，链接中的"%23%E4%B9%8C%E5%85%8B%E5%85%B0%E5%B1%80%E5%8A%BF%23"为"乌克兰局势"的编码转换。如果使用中文将会跳转到微博搜索页，导致爬虫无法解析。

```
1. url ='https://s.weibo.com/hot?q=%23%E4%B9%8C%E5%85%8B%E5%85%B0%E5%B1%
   80%E5%8A%BF%23&xsort=hot&suball=1&tw=hotweibo&Refer=weibo_hot'
2. self.driver.get(url)
```

通过话题"乌克兰局势"获取热门帖子话题列表，其中包含了话题详情页链接按钮、话题列表等，如图8-2所示。首先获取话题详情信息，即通过Selenium模拟单击按钮获取话题详情页，得到页面如图8-3所示。

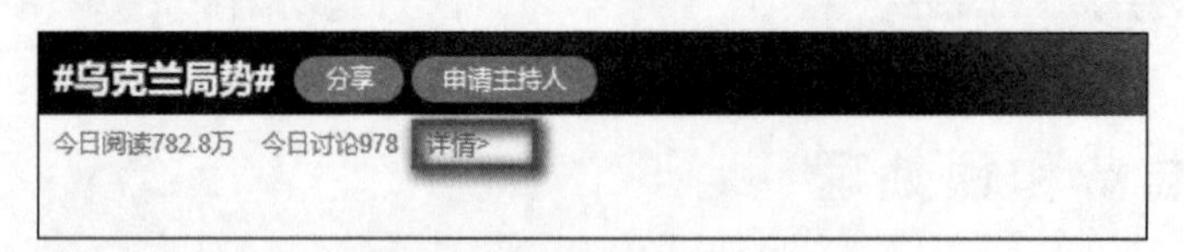

图8-2 跳转详情页按钮

8.2.2 解析关键数据

数据预处理阶段可预防出现数据混乱问题。为了简化教学起见，在本项目中未获取帖子、评论中的图片和视频，避免出现空值的情况。数据预处理操作包括去除换行、制表符和在单引号前添加反斜线等。

在8.2.1节获取到页面元素后，需要对页面进行解析，其中最重要的一点就是获取想要的关键数据，这就必须知道关键数据所在位置。通过WebDriver进行元素定位有18种方法，如表8-1所示。

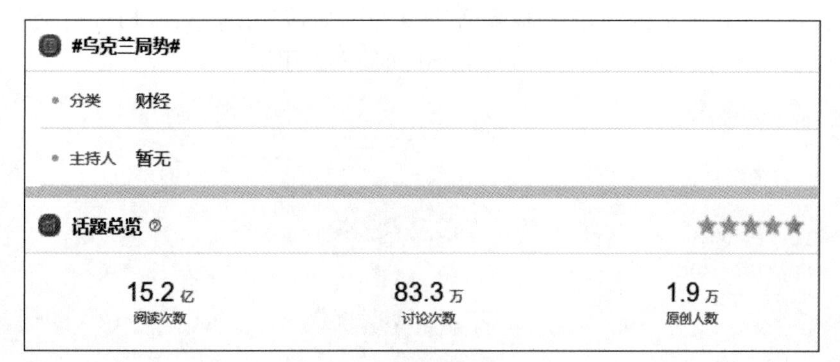

图 8-3 话题详情页

表 8-1 元素定位方法

	Method	Params	Memo	Return
1	find_element_by_id	String	通过 id 查找元素	WebElement
2	find_elements_by_id	String		List[WebElement]
3	find_element_by_xpath	String	通过 xpath 查找元素	WebElement
4	find_elements_by_xpath	String		List[WebElement]
5	find_element_by_link_text	String	通过链接文本查找元素	WebElement
6	find_elements_by_link_text	String		List[WebElement]
7	find_element_by_partial_link_text	String	通过元素的链接文本的部分匹配来查找元素	WebElement
8	find_elements_by_partial_link_text	String		List[WebElement]
9	find_element_by_name	String	通过 name 查找元素	WebElement
10	find_elements_by_name	String		List[WebElement]
11	find_element_by_tag_name	String	通过标签名查找元素	WebElement
12	find_elements_by_tag_name	String		List[WebElement]
13	find_element_by_class_name	String	通过类名查找元素	WebElement
14	find_elements_by_class_name	String		List[WebElement]
15	find_element_by_css_selector	String	通过 CSS 选择器查找元素	WebElement
16	find_elements_by_css_selector	String		List[WebElement]
17	find_element	(By,String)	查找给定 By 策略和定位器的元素	WebElement
18	find_elements	(By,String)		List[WebElement]

“find_element_ * ”开头的函数方法最后均调用了 find_element 函数，“find_elements_ * ”开头的函数方法最后均调用了 find_elements 函数，所以接下来的页面元素定位只会调用 find_element 和 find_elements 函数。两者的区别在于当页面存在多个符合条件的节点时，find_element 函数只返回第一个节点，而 find_elements 函数会返回全部节点。

在表 8-1 的 Params 列中，find_element 和 find_elements 函数多出了一种数据类型，即

By,以下代码可看出其支持的定位器策略有哪些。如使用 By.XPATH,请浏览 https://www.runoob.com/xpath/xpath-syntax.html 网址查看用法。

```
1.  class By(object):
2.    """
3.    支持的定位器策略集。
4.    """
5.    ID ="id"
6.    XPATH ="xpath"
7.    LINK_TEXT ="link text"
8.    PARTIAL_LINK_TEXT ="partial link text"
9.    NAME ="name"
10.       TAG_NAME ="tag name"
11.       CLASS_NAME ="class name"
12.       CSS_SELECTOR ="css selector"
```

Python + Selenium 通过 Webdriver 和 Chromedriver 启动浏览器后,会获得对应的 WebElement 对象。再通过前文介绍的 find_element 和 find_elements 函数对详情页进行解析。得到话题的分类、主持人、阅读次数、讨论次数和原创人数等,并保存到 Neo4j 数据库。关键代码参见 main\WeiBoSpider.py 中的 get_topic_head 方法。

```
1.  attach_key ='n'
2.  #获取话题描述
3.  topic_short =self.driver.find_element(by=By.XPATH, value='//div[@node-
   type="topicSmall"]/div[@class="msg"]/div[@class="info"]/div[@class=
   "title"]/h1[@class="short"]/a').text
4.  #话题名
5.  self.name =self.content_replace(topic_short[1:-1])
6.  primary_key ={'name': self.name}
7.  data ={attach_key +'.name': self.name}
8.  #获取话题详情页链接
9.  detail_url =self.driver.find_element(by=By.XPATH, value='//div[@node-
   type="topicSmall"]/div[@class="msg"]/div[@class="info"]/div[@class=
   "total"]/a')
10.    #模拟单击按钮
11.    detail_url.click()
12.    self.switch_next_window()                        #切换到最新的窗口
13.    time.sleep(2)                                    #睡眠 2 秒等待加载
14.    #获取话题描述元素
15.    description =self.driver.find_elements(by=By.XPATH, value='//div[@
       class="data-description"]/div/div')
16.    if len(description) ==4:
17.        classify =self.content_replace(description[1].text)
18.        #获取分类
19.        data[attach_key +'.classify'] =classify
20.        des =self.content_replace(description[3].text)
21.        #获取描述
22.        data[attach_key +'.description'] =des
23.    data_row =self.driver.find_elements(by=By.XPATH, value='//div[@class=
       "data-row"]/div[@class= "item-col"]')
```

```
24.     if len(data_row) ==3:
25.         hits =self.get_data_num(data_row[0])
26.         data[attach_key +'.hits'] =hits #阅读次数
27.         discuss_num =self.get_data_num(data_row[1])
28.         data[attach_key +'.discuss_num'] =discuss_num
29.         #讨论次数
30.         original_num =self.get_data_num(data_row[2])
31.         data[attach_key +'.original_num'] =original_num
32.         #原创人数
33.     #保存话题关系节点
34.     self.connNeo4j.create_node_by_cypher(attach_key=attach_key, node_name
        =topic_name, primary_key_dict=primary_key, data=data)
35.     self.close_page()                         #关闭当前页,会自动跳转上一个页面
36.     self.switch_window(0) #切换到初始窗口
```

话题"乌克兰局势"作为数据源,其保存的话题节点作为第一类节点。根据上方获取到的话题基本信息,开始解析热门帖子列表页,得到列表页的下一页链接按钮。为了方便教学目的,在此只爬取了热门帖子的前 5 页列表数据。

```
1.  for i in range(5):
2.      self.get_topic_div()                    #获取页面列表页数据
3.      self.scoll(rolling=True)                #滚动到最底部
4.      #下一页按钮
5.      next_button =self.driver.find_element(by=By.XPATH, value='//div[@
        class="m-page"]/div/a[@class="next"]')
6.      next_button.click()                     #下一页(此页面会在原窗口刷新数据)
7.      #睡眠 6 秒等待加载
8.      time.sleep(6)
9.  self.quit_driver()                          #关闭浏览器
```

当获取到列表页数据,并且知道如何遍历接下来的列表时,爬取任务就只剩下如何获取热门帖子和热门评论。接下来将通过 9 个步骤,分别获取热门帖子、热门帖子基本信息、评论和评论基本信息等,并对热门帖子和评论进行实体抽取和情感倾向分析。

(1) 获取帖子列表对象。

```
1.  divs =self.driver.find_elements(by=By.XPATH, value='//div[@action-type
    ="feed_list_item"]')
```

(2) 遍历列表对象,并获取帖子的内容、作者、发布时间、来源,具体代码请参考 get_topic_div 方法。

```
1.  #获取列表中每个对象的元素
2.  content =div.find_element(by=By.CLASS_NAME, value='content')
3.  #获取作者
4.  author =self.content_replace(content.find_element(by=By.XPATH, value='./
    div[@class="info"]/div/a[@class="name"]').get_attribute('nick-name'))
5.  #获取来源信息
6.  content_from =content.find_elements(by=By.XPATH, value='./p[@class=
    "from"]/a')
```

```
7.  content_time = None
8.  from_path = None
9.  if len(content_from) == 2:
10.     content_time = self.process_time(content_from[0].text)    #发布时间
11.     from_path = content_from[1].text                          #来自哪个端口
12.   #发布帖子简写
13.   doc = content.find_element(by=By.XPATH, value='./p[@node-type="feed_
      list_content"]')
14.   doc_full = None
15.   try:
16.       #获取展开按钮
17.       unfold_button = doc.find_element(by=By.XPATH, value='./a[@action-
         type="fl_unfold"]')
18.       unfold_button.click()                                   #模拟单击
19.       time.sleep(2)                                      #睡眠 2 秒等待加载
20.       #发布帖子的详细帖子
21.       doc_full = content.find_element(by=By.XPATH, value='./p[@node-type
          ="feed_list_content_full"]')
22.   except Exception as e:
23.       pass
24.   if doc_full:
25.       document = doc_full
26.   else:
27.       document = doc
```

(3) 获取帖子中出现的所有超链接，并进行解析（解析函数和解析评论使用的是同一个函数，后续会进行说明）。

```
1.  fragment_list = []
2.  if document:
3.    #获取帖子中的所有 A 标签
4.    topics = document.find_elements(by=By.XPATH, value='.//a')
5.    #剪切多重帖子为列表(剔除了图片和视频)
6.    fragment_list = self.judge_topic(topics, document.text, author)
```

(4) 获取帖子的转发、评论和点赞数，并通过 Selenium 模拟单击评论按钮加载热门评论。

```
1.  #获取转发数、评论和点赞的 div 对象
2.  div_ul_button = div.find_element(by=By.CLASS_NAME, value='card-act')
3.  #获取转发数、评论和点赞数
4.  li_list = div_ul_button.find_elements(by=By.XPATH, value='.//ul/li')
5.  num_list = []
6.  #如果正确获取对象，则解析转发数、评论和点赞数
7.  if len(li_list) == 3:
8.    num_list = self.total_and_click(li_list=li_list)
9.    #替换未正确获取的数据为 0
10.       for g in range(len(num_list)):
11.           if not num_list[g]:
12.               num_list[g] = 0
13.
```

```
14.     def total_and_click(self, li_list):
15.         """
16.         统计转发、评论和点赞数,并打开评论列表
17.         :param li_list: li 列表对象
18.         :return:
19.         """
20.         num_list =[]
21.         for i in range(len(li_list)):
22.             num =li_list[i].find_element(by=By.TAG_NAME, value='a').text
23.             num_list.append(num)
24.         self.comment_button =li_list[1].find_element(by=By.TAG_NAME, value
            ='a')
25.         self.comment_button.click()          #打开评论
26.         return num_list
```

(5) 通过获取的帖子基本数据和帖子的转发、评论和点赞数,以及解析出来的帖子数据进行存储。

```
1.  #遍历帖子列表
2.  if len(fragment_list) >0:
3.      for i in range(len(fragment_list)):
4.          if not i ==0:
5.              #如果是第一个,作者则是帖子发布者
6.              author =fragment_list[i]['author']
7.          content_text =fragment_list[i]['content']
8.          if len(content_text) ==0:
9.              continue
10.             #获取涉及的话题和用户
11.             vice_topic =fragment_list[i]['vice_topic']
12.             vice_author =fragment_list[i]['vice_author']
13.             print(content_text, author, num_list)
14.             if len(num_list) ==3 and i ==0:
15.               #保留初始帖子数据
16.               self.save_article(doc_text=content_text, author=author,
                  content_time=content_time, from_path=from_path, transmit_
                  num=num_list[0], comment_num=num_list[1], like_num=num_list
                  [2])
17.         else:
18.               #保留后续帖子数据
19.               self.save_article(doc_text=content_text, author=author,
                  content_time=content_time, from_path=from_path, transmit_
                  num=0, comment_num=0, like_num=0)
20.         #保存子帖子的关联作者和话题
21.          self.save_quote_author_and_topic(doc_text=content_text, vice_
             topic=vice_topic, vice_author=vice_author)
22.         #连接上一篇帖子
23.         if i >0:
24.             self.connNeo4j.create_relationship_by_cypher(start_attach_key=
                'n', start_node_name=article_name, start_primary_key_dict=
                {'name': fragment_list[i -1]['content']}, end_attach_key='m',
                end_node_name=article_name, end_primary_key_dict={'name':
                content_text}, relate_dict=reply_relate_dict)
```

```
25.            #提取实体和做情感分析
26.            self.get_ner_and_sentiment_analysis(text=content_text, node_name
               =article_name)
27.        #提取评论
28.        self.extract_discuss(div=div, article_text=fragment_list[0]['content'])
```

(6) 获取热门评论列表对象。

```
1.  self.scoll(pull_num=100)        #向下滚动 100,以便 Selenium 能定位到评论
2.  #获取 div 中的评论列表元素
3.  review =div.find_element(by=By.CLASS_NAME, value='m-review')
4.  repeat_view =review.find_element(by=By.XPATH, value='div[@node-type=
    "feed_list_commentList"]')
5.  #获取评论列表的元素列表
6.  repeat_list =repeat_view.find_elements(by=By.CLASS_NAME, value='card-
   review')
```

(7) 通过评论列表对象获取热门评论、作者、发布时间和点赞数等,并进行解析。

```
1.  #遍历评论列表
2.  for repeat in repeat_list:
3.      #获取子评论对象
4.      content =repeat.find_element(by=By.CLASS_NAME, value='content')
5.      #评论内容
6.      txt =content.find_element(by=By.CLASS_NAME, value='txt')
7.      #评论涉及话题
8.      topics =txt.find_elements(by=By.TAG_NAME, value='a')
9.      #评论作者
10.     author =self.content_replace(topics[0].text)
11.     #剪切多重评论为列表(剔除了图片和视频)
12.     fragment_list =self.judge_topic(topics, txt.text, author)
13.     #获取评论点赞数
14.     fun =content.find_elements(by=By.XPATH, value='.//div[@class="fun"]/
        ul/li')[2].text
15.     #获取评论时间
16.     content_time =content.find_element(by=By.XPATH, value='.//div[@class
        ="fun"]/p[@class="from"]').text
17.     if content_time:
18.         content_time =self.process_time(content_time)
```

(8) 通过获取的评论、作者、发布时间和点赞数,以及解析出来的评论数据进行存储,方式与(5)类似,不再论述。

(9) 在(3)和(7)都讲到了解析一词,都调用了 judge_topic 函数,其主要作用是分割帖子和评论。

```
1.  def judge_topic(self, topics, doc_text, author):
2.    """
3.    分割帖子或评论
4.    缺点:剔除图片和表情包
5.    说明:评论与评论之间或帖子与帖子使用“//”分割,@前缀的表示用户,值得注意的是,首
      个用户并没有使用@符定义
```

```
6.     :param topics: 话题列表
7.     :param doc_text: 帖子
8.     :param author: 作者
9.     :return:
10.        """
11.        #规范化帖子内容,并使用"//@"分割帖子
12.        doc_splits =doc_text.replace('\n', '').replace('\t', '').split('//@
       ')
13.        fragment_list =[]
14.        #遍历帖子列表
15.        for doc_split in doc_splits:
16.            #再次分割,分割出帖子和作者
17.            doc_fragment =re.split("[:: ]", doc_split, 1)
18.            if len(doc_fragment) ==1:
19.    #如 doc_fragment 长度为 1,说明是首个帖子或评论,则作者为发布用户
20.                fragment_author =author
21.                fragment_comment =self.content_replace(doc_fragment[0])
22.            elif len(doc_fragment) ==2:
23.    #如 doc_fragment 长度为 2,则列表首元素是作者,末元素是子帖子或子评论
24.                fragment_author =self.content_replace(doc_fragment[0])
25.                fragment_comment =self.content_replace(doc_fragment[1])
26.            fragment_topic_list =[]
27.            fragment_author_list =[]
28.            for topic in topics:
29.                topic_text =topic.text
30.                if topic_text in fragment_comment:
31.                    #获取关联话题列表
32.                     if topic_text.startswith("#") and topic_text.endswith
                      ("#"):
33.                         fragment_topic_list.append(self.content_replace
                            (topic_text[1:-1]))
34.                    #获取关联作者列表
35.                    if topic_text.startswith("@"):
36.                        fragment_author_list.append(self.content_replace
                           (topic_text[1:]))
37.            #封装 json,并传回
38.            fragment_dict ={'author': fragment_author, 'content': fragment_
               comment, 'vice_topic': fragment_topic_list, 'vice_author':
               fragment_author_list}
39.            fragment_list.append(fragment_dict)
40.        return fragment_list
```

解析函数的出现是为了处理以下两种情况,如图 8-4 和图 8-5 所示,分别是评论间回复和转发,评论间回复和转发都需要拆分为对应的评论和帖子,以此才能得到每个用户想表达的意思。再由拆分后的评论或帖子组成一条关系链,进而得到对应模块的图谱。

图 8-4　微博评论间回复

图 8-5　微博转发

8.2.3　情感倾向分析

通过数据爬虫获取热门话题“乌克兰局势”的热门帖子和热门评论，通过页面布局得到初始图谱关系和实体。然后进行实体抽取和情感分析，进一步得到话题、帖子和评论中的实体和情感。通过实体抽取得到帖子或评论里的实体，再通过情感分析得到帖子或评论的情感倾向，进而得到某一位微博用户对话题的情感倾向，或用户对帖子评论时的情感倾向。为了快速进行实体命名识别和情感倾向分析，需要借助工具 PaddleNLP。

paddlenlp.Taskflow 具备中文分词、词性标准、实体命名识别、依存句法分析、情感倾向分析等功能，覆盖了自然语言理解和自然语言生成两大核心应用。

实体抽取和情感倾向分析后的数据存储代码位置在 main\WeiBoSpider.py，关键代码如下。

```
1.  def get_ner_and_sentiment_analysis(self, node_name, text):
2.      """
3.      帖子和评论进行 NER 提取和情感分析,并储存到 Neo4j
4.      :param node_name: 节点名
5.      :param text: 文本(帖子或评论)
6.      :return:
7.      """
8.      attach_key = 'n'
9.      primary_key_dict = {'name': text}
10.         #进行 NER 提取
11.         ner_list = self.ner_sa.get_ner(text)
12.         #遍历提取到的实体
13.         for ner in ner_list:
14.             if len(ner) != 2:
15.                 continue
```

```
16.             ner_attach_key ='m'
17.             ner_primary_key_dict ={'name': ner[0]}
18.             ner_data_dict ={ner_attach_key +'.name': ner[0]}
19.             #保存抽取到的节点
20.              self.connNeo4j.create_node_by_cypher(attach_key=ner_attach_
                 key, data=ner_data_dict, node_name=entity_name, primary_key_
                 dict=ner_primary_key_dict)
21.             relate_dict =None
22.             #如果是 LOC,则采用"地名"这组关系
23.             if ner[1] =='LOC': relate_dict =loc_relate_dict
24.             #如果是 PER,则采用"人名"这组关系
25.             if ner[1] =='PER': relate_dict =per_relate_dict
26.             #如果是 ORG,则采用"组织机构"这组关系
27.             if ner[1] =='ORG': relate_dict =org_relate_dict
28.             #如果是 TIME,则采用"时间"这组关系
29.             if ner[1] =='TIME': relate_dict =time_relate_dict
30.             #保存节点关系
31.             self.connNeo4j.create_relationship_by_cypher(start_attach_key=
               attach_key, start_node_name=node_name, start_primary_key_dict=
               primary_key_dict, end_attach_key=ner_attach_key, end_node_name=
               entity_name, end_primary_key_dict=ner_primary_key_dict, relate_
                dict=relate_dict)
32.         #进行情感分析
33.         sa =self.ner_sa.get_sentiment_analysis(text)
34.         if sa:
35.             data_dict ={attach_key +'.sentiment_analysis_label': sa['label'],
                attach_key +'.sentiment_analysis_score': str(sa['score'])}
36.             #更新节点对应的节点属性
37.         self.connNeo4j.update_node_by_cypher(attach_key=attach_key, data=
        data_dict, node_name=node_name, primary_key_dict=primary_key_dict)
```

8.3　知识建模和存储

通过数据爬取和数据处理后,数据就可以按某种规则进行存储,形成相对简易的微博舆情图谱。在这使用的是 Neo4j 数据库,采用 py2neo 进行数据操作,包括连接数据库、打开数据和数据的增删改查等,本程序只用到了增加和修改。

创建节点和关系的函数代码位置在 main\ConnNeo4j.py,关键代码如下。

```
1.  def create_node_by_cypher(self, attach_key, node_name, primary_key_dict,
    data):
2.    """
3.    通过 cypher 创建节点
4.    :param attach_key: 副键
5.    :param node_name: 节点名
6.    :param primary_key_dict: 节点关键数据
7.    :param data: 节点其他数据
8.    :return:
9.    """
10.       #判断关键数据是否都存在
11.       if not node_name or len(primary_key_dict) ==0:
12.           return
```

```
13.        #封装 cypher 语句
14.        key_dict = '{'
15.        for key in primary_key_dict:
16.            key_dict = key_dict + key + ':\'' + str(primary_key_dict[key]) + '\','
17.        key_dict = key_dict[:-1] + '}'
18.        cypher_ = 'MERGE (' + attach_key + ':' + node_name + key_dict + ')'
19.        if len(data) > 0:
20.            key_dict = ''
21.            for key in data:
22.                key_dict = key_dict + key + '=\'' + str(data[key]) + '\','
23.            cypher_ = cypher_ + ' ON CREATE SET ' + key_dict[: -1]
24.        #运行封装好的 cypher 语句
25.        self.graph.run(cypher_)
26.
27.    def create_relationship_by_cypher(self, start_attach_key, start_node_
    name, start_primary_key_dict, end_attach_key,
28.                        end_node_name, end_primary_key_dict, relate_dict):
29.        """
30.        通过 cypher 创建关系,需提前创建开始节点和结束节点,否则创建开始节点和关键
        节点只会有关键数据
31.        :param start_attach_key: 开始节点的节点标签(Node Labels)
32.        :param start_node_name: 开始节点名
33.        :param start_primary_key_dict: 开始节点关键数据
34.        :param end_attach_key: 结束节点的节点标签(Node Labels)
35.        :param end_node_name: 结束节点名
36.        :param end_primary_key_dict: 结束节点关键数据
37.        :param relate_dict: 关系数据
38.        :return:
39.        """
40.        #遍历开始节点的关键数据,并规范化字符串
41.        start_key_dict = '{'
42.        for key in start_primary_key_dict:
43.            start_key_dict = start_key_dict + key + ':\'' + str(start_primary_
            key_dict[key]) + '\','
44.        start_key_dict = start_key_dict[:-1] + '}'
45.        #遍历结束节点的关键数据,并规范化字符串
46.        end_key_dict = '{'
47.        for key in end_primary_key_dict:
48.            end_key_dict = end_key_dict + key + ':\'' + str(end_primary_key_dict
            [key]) + '\','
49.        end_key_dict = end_key_dict[:-1] + '}'
50.        #遍历节点间关系的关键数据,并规范化字符串
51.        relate_key_dict = '{'
52.        for key in relate_dict:
53.            relate_key_dict = relate_key_dict + key + ':\'' + str(relate_dict
            [key]) + '\','
54.        relate_key_dict = relate_key_dict[:-1] + '}'
55.        #封装开始节点的 cypher 语句
56.        start_cypher = 'MERGE (' + start_attach_key + ':' + start_node_name +
       start_key_dict + ') '
57.        #封装结束节点的 cypher 语句
58.        end_cypher = 'MERGE (' + end_attach_key + ':' + end_node_name + end_key_
        dict + ') '
59.        #封装开始节点和结束节点间的关系
60.        relate_cypher = 'MERGE (' + start_attach_key + ')-[:relations' + relate_
        key_dict + ']->(' + end_attach_key + ')'
```

```
61.         #把开始节点、结束节点和关系的 cypher 语句相连
62.         cypher_ =start_cypher +end_cypher +relate_cypher
63.         #运行封装好的 cypher 语句
64.     self.graph.run(cypher_)
```

当需要在节点中添加新的属性时，代码如下。

```
1.  def update_node_by_cypher(self, attach_key, node_name, primary_key_dict,
    data): 9
2.      """
3.      通过 cypher 更新节点属性
4.      :param attach_key: 副键
5.      :param node_name: 节点名
6.      :param primary_key_dict: 节点关键数据
7.      :param data: 节点其他数据
8.      :return:
9.      """
10.         #判断关键数据是否都存在
11.         if not node_name or len(primary_key_dict) ==0:
12.             return
13.         #封装 cypher 语句
14.         key_dict ='{'
15.         for key in primary_key_dict:
16.             key_dict =key_dict +key +':\'' +str(primary_key_dict[key]) +'\','
17.         key_dict =key_dict[:-1] +'}'
18.         cypher_ ='MERGE (' +attach_key +':' +node_name +key_dict +')'
19.         if len(data) >0:
20.             key_dict =''
21.             for key in data:
22.                 key_dict =key_dict +key +'=\'' +str(data[key]) +'\','
23.             cypher_ =cypher_ +' SET ' +key_dict[: -1]
24.         #运行封装好的 cypher 语句
25.         self.graph.run(cypher_)
```

由于微博用户和帖子数据的动态变化，可以在 Neo4j 中恢复本章附带的数据，以便重现后文分析。步骤如下。

(1) 切换到 Neo4j 的安装目录，执行命令“neo4j stop”，关闭 neo4j 服务。

(2) 执行“neo4j-admin”命令，将指定文件中的数据恢复到 Neo4j 数据库中。

```
1.  neo4j-admin load --from=/home/neo4j/backup/20220825.dump --database=
    graph_weibo.db --force
```

注意：本章中 Neo4j 的数据库为 graph_weibo.db。

若需加载书中随带的数据文件(data/weibo_202207.dump)，应先修改 Neo4j 配置文件的 dbms.active_database 的值，再重新启动 Neo4j 服务，如图 8-6 所示。

```
# The name of the database to mount
#dbms.active_database=graph.db
dbms.active_database=graph_weibo.db
```

图 8-6　修改 Neo4j 配置项

8.4 图谱可视化和知识应用

8.4.1 图谱可视化

图谱数据保存在 Neo4j 数据库中，存储了节点、关系和它们的属性数据。图谱具备 Article、Author、Comment、Entity 和 Topic 5 种节点，如图 8-7 所示。共包含 classify、comment_num、content_time、description、discuss_num、from_path、hits、like_num、name、original_num、sentiment_analysis_label、sentiment_analysis_score、transmit_num 13 种属性，如图 8-8 所示。

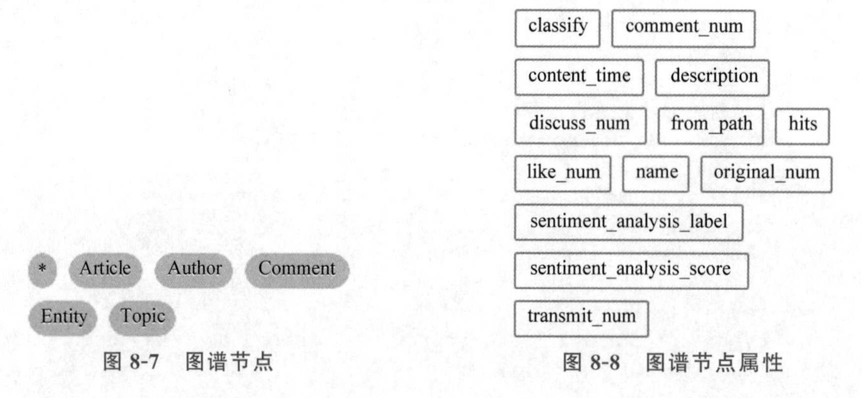

图 8-7 图谱节点

图 8-8 图谱节点属性

在本次数据获取中，出现了 45 个话题、91 篇帖子、750 位用户、737 个评论和 508 个实体对象，分别如图 8-9～图 8-13 所示。

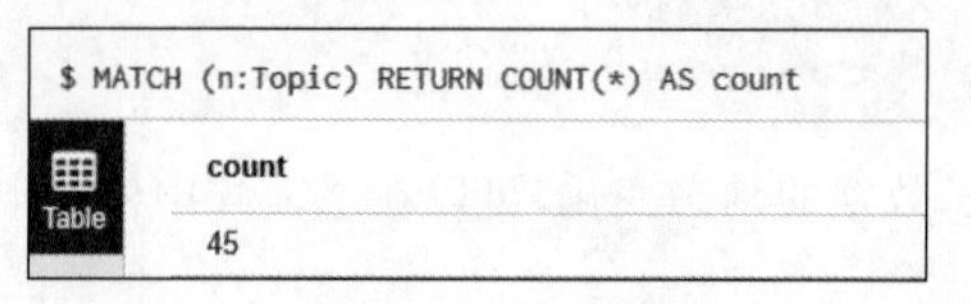

图 8-9 话题数量

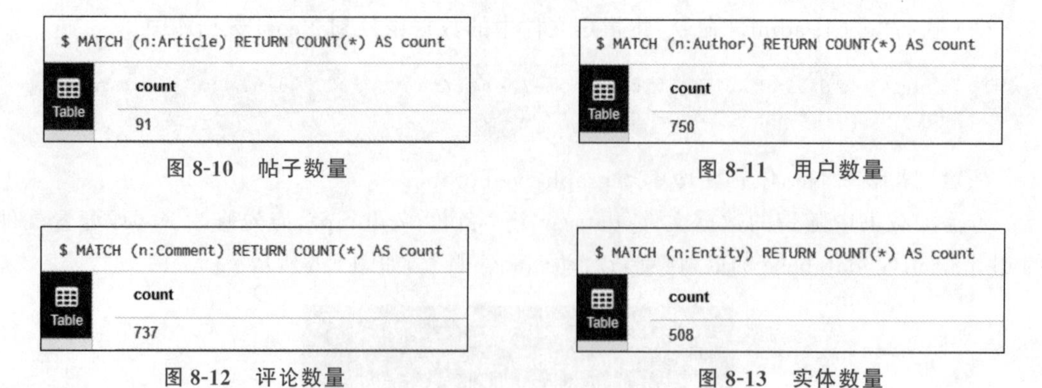

图 8-10 帖子数量

图 8-11 用户数量

图 8-12 评论数量

图 8-13 实体数量

其中，属性 sentiment_analysis_label 和 sentiment_analysis_score 是帖子实体和评论实体所特有的，两个标签的含义分别是情感倾向分析标签和置信度，标签只有 positive(积极)

和 negative(消极)两种。

在图 8-14 中,以话题"乌克兰局势"为出发点,查看与之关联的 25 个实体对象。在图 8-15 中,可以看出评论与评论之间存在的关联关系。

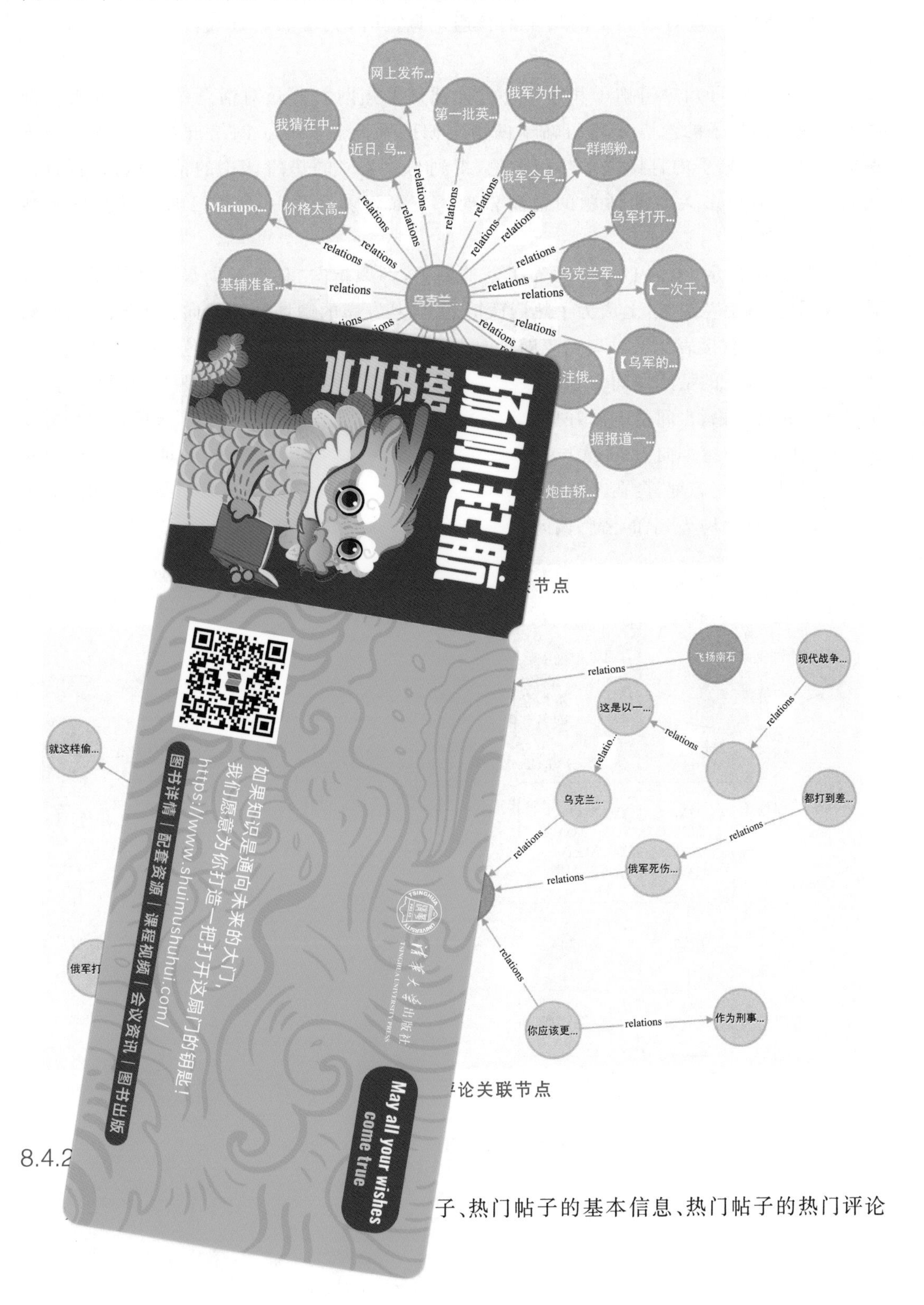

节点

评论关联节点

8.4.2

子、热门帖子的基本信息、热门帖子的热门评论和热门评论的基本信息组成。话题的基本信息体现了话题的热度；话题中的热门帖子是网络群众对话题的普遍论点，热门帖子的转发、评论和点赞数体现了网络群众对此话题论点的讨论热度，热门帖子也比其他非热门帖子在体现话题论调上更具权威性；热门帖子中的热门评论体现出网络群众对话题中的帖子的普遍论调，其因大量的点赞数被系统定义为热门评论。

由上述分析可知热门帖子和热门评论分别是聚焦网络群众对话题的论点，和聚焦网络群众对热门帖子的论点。热门帖子的情感偏向则聚焦表现了网络群众对话题的情感偏向，再由热门帖子的直接关系热门评论，得到与之关联的热门评论的情感偏向，再直接或间接地知道更多人对此话题的情感偏向。下面将就其中一条热门帖子进行展示性分析。

如图 8-16 所示，角色 UserA 发布了新的微博，话题指向“乌克兰局势”和“俄罗斯”，其微博在话题“乌克兰局势”上成为了热门微博之一，其发布的微博情感偏向为 negative，指数达到了 0.7788，直接表达了对乌克兰局势的不看好。角色 UserB 就对角色 UserA 的热门微博发表评论，评论的情感偏向为 positive，偏向指数达到了 0.7878，其就话题“乌克兰局势”间接发表了积极评论，也间接不看好乌克兰局势。角色 UserC 就对角色 UserA 的热门微博发表评论，评论的情感偏向为 negative，偏向指数达到了 0.5524，偏向中立，说明有部分角色对乌克兰局势持中立态度，会在此话题中提出一些理性的中立发言。其直接或间接的语义表达在话题“乌克兰局势”上的情感偏向如图 8-17 所示。

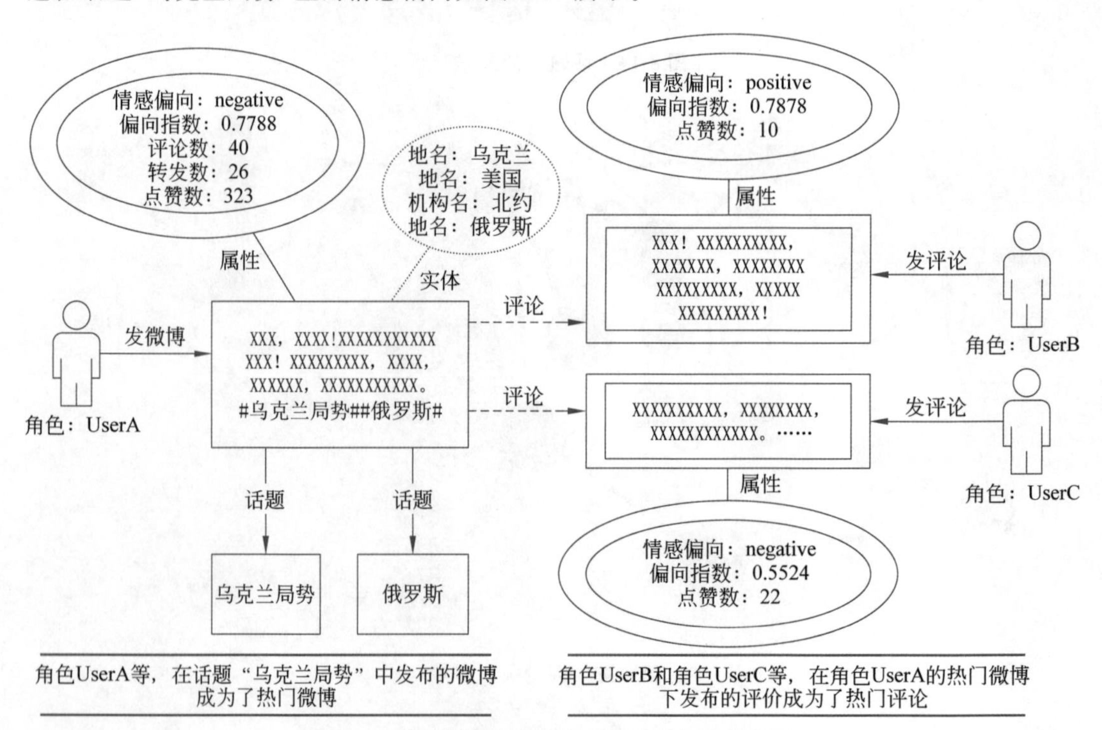

图 8-16 热门帖子与热门评论之间的显隐性关系

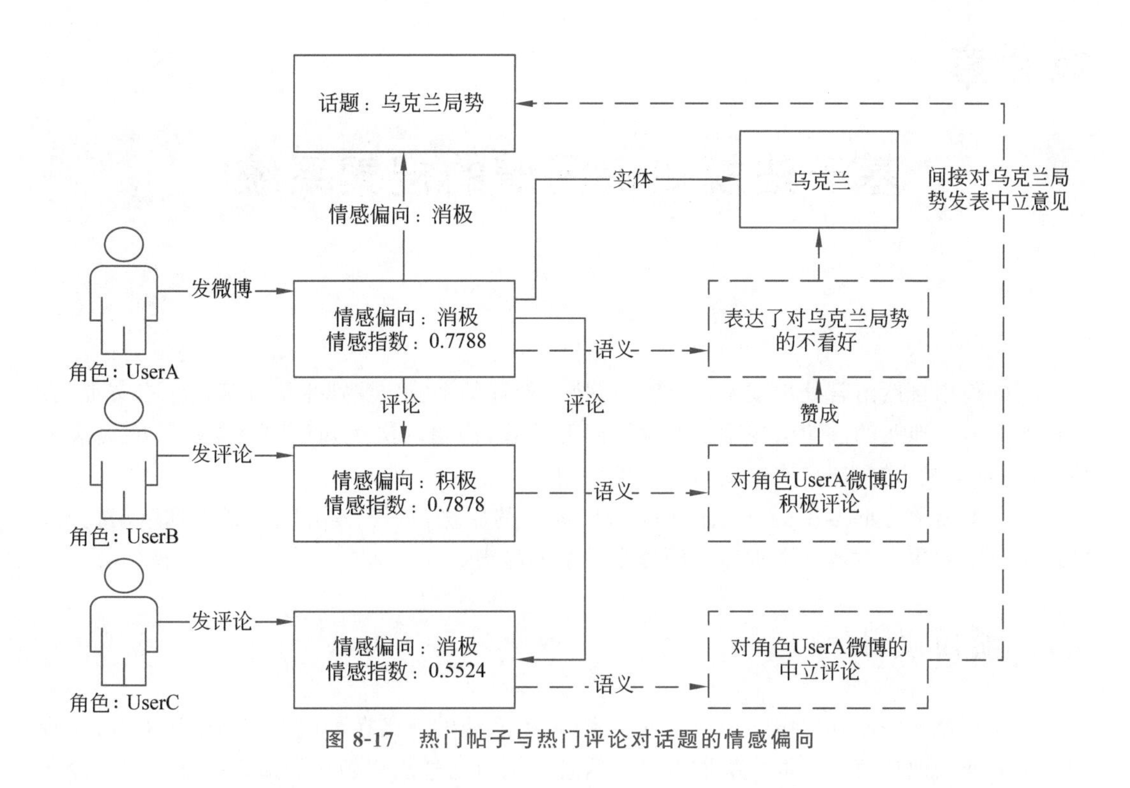

图 8-17　热门帖子与热门评论对话题的情感偏向

8.5　小结和扩展

本章以微博热点话题为背景，研究了特定话题的情感倾向分析问题，基于热门话题提供了情感走向分析。图谱构建最重要的两步分别是数据获取和数据处理，其中数据处理至关重要，获取到的数据多寡、好坏决定了图谱的上限，而数据处理决定了图谱的下限。只有同时获取到数量多且质量好的数据，并且处理好数据，才能构建好一个图谱。所以微博舆情图谱的构建大部分时候是在进行数据获取和处理。

思考题：

(1) 由于微博中包含的非规范文本，如标点符号、表情符号等，有兴趣的读者可以尝试采用更合适的情感词抽取的算法。

(2) 微博话题的选择方面，本章只选择了微博中的一个热点话题作为研究对象，但微博话题间往往具有关联关系。下一步可考虑话题与话题之间存在的关系以及每个话题的情感倾向。

(3) 情感值计算方面，本章采用 PaddleNLP 提供的工具计算情感值。读者可考虑微博文本的情感强度计算问题。

第9章

基于法规知识图谱的搜索系统

本章利用自然语言处理技术、深度学习技术处理某个特定法律术语或某段法规文本，快速得到文本中涉及的法律法规术语及术语间的关系，构建的法规知识图谱支持智能类法规检索、法律法规问答、法律实体图谱刻画等应用。

本章主要学习 Elasticsearch、Django 和 D3.js 的用法，巩固 PaddleNLP 工具运用技术，掌握从非结构化文本数据中构建智能搜索系统的能力。

9.1 项目设计

作为当今互联网环境中普遍使用的技术，搜索系统的意义在于使工作和生活提效，主要用于快速准确地从海量数据中提取需要的信息。项目通过法规领域的知识图谱来构建搜索系统，对法规文本中的要点给出快速响应，从而提高办案时答疑解惑的工作效率。

9.1.1 需求分析

司法领域是社会生活中的重要行业之一。法律法规知识体系是多种逻辑的结合，非常复杂且专业度要求非常高。好在人们日常生活中遇到的法律法规问题大多能够从中国裁判文书网上找到类似的案例，还有部分法律网站提供了律师咨询服务可以得到较为专业的解答。然而在网上答疑解惑的司法领域专业人士实在不多，许多问题虽然能通过网站提出，但实时性比较差，通常需要等待解答的时间很长，效率不高。

法律从业人员查询法律法规和案例时，一般使用通用搜索引擎或专业法律平台查找所需法规条文。但是现有平台在查询法规与案例时，经常遇到查询时间长、结果准确率不够等问题，知识的搜索效率较低。除此之外，法官们在对案件的判定过程中需要不断反复查找相关法律领域知识，结合类似案例裁判结果，才能公平公正地给出案件最终的裁判结果。

本项目的目标是构建简单的法律法规知识图谱，并在此基础上实现智能搜索功能。该系统的设计方案为利用 Neo4j 图数据库，采用属性图的数据模型，建立以“法规”为单位、“主题词”为主要内容的图数据库，并在图数据库上利用 Cypher 进行声明式查询。建立 Web 端搜索引擎前台页面，主要面向互联网实现颗粒度更小的信息检索和信息展示。

针对法规数据的获取以及搜索系统框架的研究，基于 Django 框架的法规搜索系统在功能上分为两部分，分别是数据收集及处理和数据可视化。其中，数据收集及处理划分为 3 个模块，数据可视化分为 3 个模块。系统功能模块如图 9-1 所示。

本章通过网络爬虫采集法律法规权威网站上的法律知识，使用 lxml 和 XPath 的语法来解析并获取网页数据。lxml 是 Python 的第三方库，能够对 HTML 元素进行精准定位取

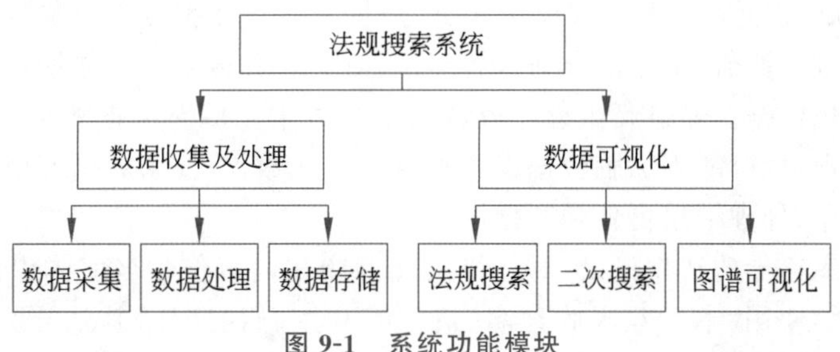

图 9-1　系统功能模块

值，通常用于解析并提取网页数据。XPath 是一种在 HTML/XML 文档中查找信息的语言，可以遍历 HTML 或 XML 的元素和属性。通过 Python 第三方库 requests 来得到网页信息，使用 lxml 定位工具将网页解析成 HTML 数据，接着使用 XPath 从 HTML 数据中将所需数据提取出来。数据经过清洗后，整理成特定格式的知识条目，保存到数据库中。

9.1.2　工作流程

本章的实现主要分成两个模块：一是数据采集及处理模块；二是法规可视化模块。下面依次介绍两个模块的工作流程。

1. 数据采集及处理模块

数据采集及处理模块的工作流程如图 9-2 所示。

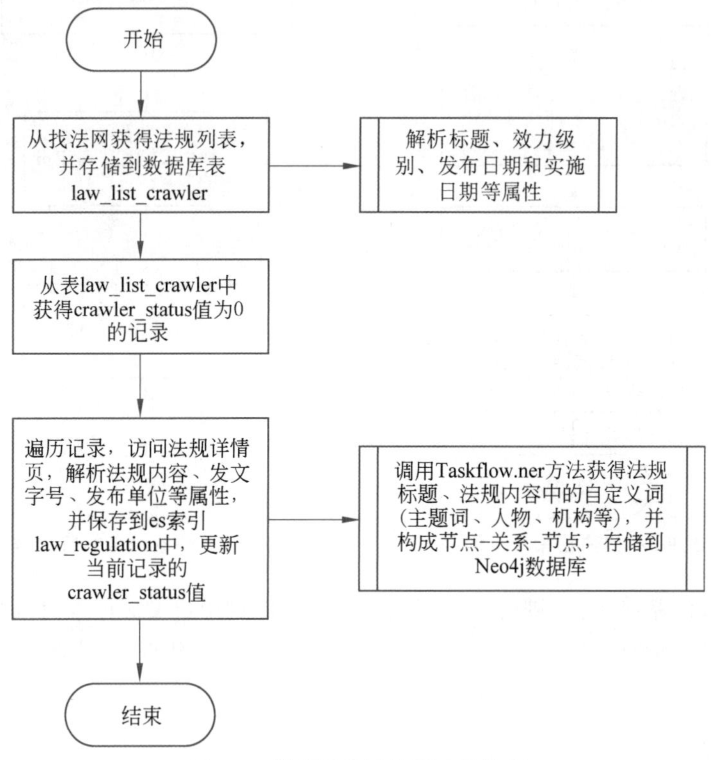

图 9-2　数据采集及处理工作流程

从图 9-2 可知,数据采集及处理模块涉及"数据采集—数据处理—数据存储"3 个阶段。首先对数据来源进行调研,根据需求筛选各类法律网站,并分解用户数据要求。本章主要从"找法网"获得法规数据。通过爬虫程序或者人工采集来完成对数据的采集,并对其进行统一清洗和数据整理,尽可能剔除脏数据以及重复的无效数据,要求数据遵循一定规约从而方便对数据加以使用,处理结果更新到数据库。

再遍历数据库存储的法规记录,对法律法规标题和内容作命名实体识别。为了构建简单的关系以便教学使用,本章只吸收地名、机构名和主题词实体,其他分类实体一律略过。最后将获得的实体保存到 Neo4j 图数据库中,并生成指向性关系。

2. 数据可视化模块

用户搜索法规流程和搜索服务执行过程分别如图 9-3 和图 9-4 所示,分别从用户和业务服务两个角度进行说明。

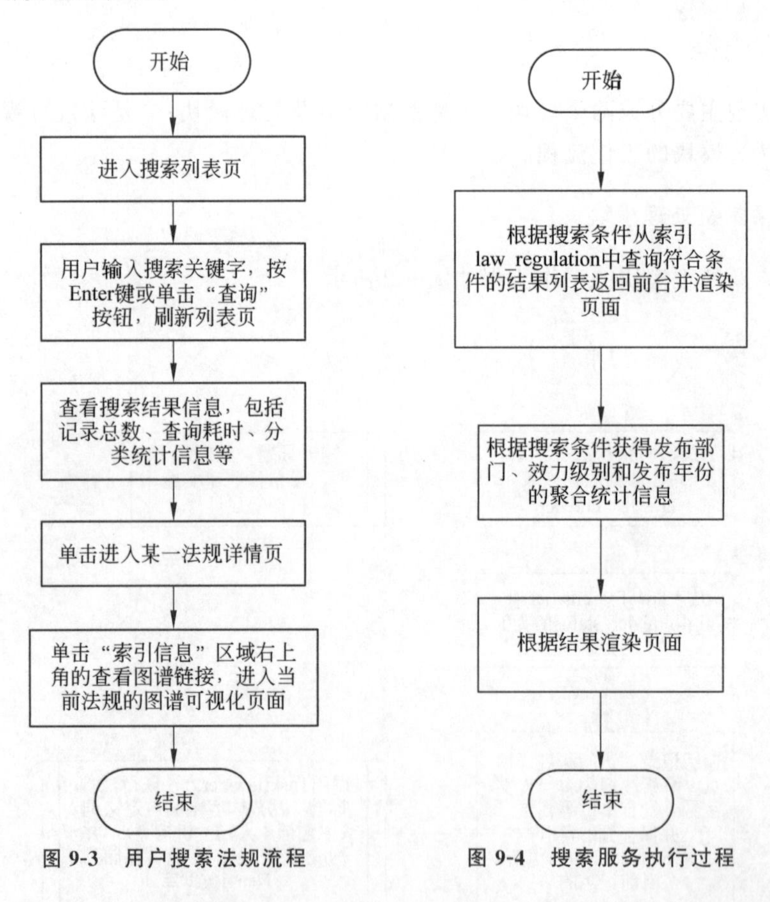

图 9-3 用户搜索法规流程

图 9-4 搜索服务执行过程

根据设计好的系统结构,进行 Web 前端开发,采用对用户友好的信息展现方式,准备展示搜索引擎的结果信息。然后进行前后端联调,对系统进行测试,使得用户可以快速定位到与此法规相关的信息,更好地找到所需要的信息。

9.1.3 技术选型

在系统开发过程中,选用 Django 3.2 框架开发后端 API 为前端提供数据支持;利用网络爬虫从找法网上实现法规数据的获取，选择 Elasticsearch 作为搜索引擎框架，采用 Neo4j 图数据库来存储数据，使用 PaddleNLP 工具对法规内容实现机构名（ORG）、地名（LOC）、时间（TIME）、主题词等实体的抽取。

1. Elasticsearch

Elasticsearch 是基于 Lucene 构建的分布式全文检索和分析引擎，具备高性能、高可扩展、实时性等优点。Elasticsearch 对 Lucene 进行了封装，屏蔽了其复杂性，开发者使用简单 RESTful API 就可以操作全文检索。它设计用于云计算中，能够达到近实时搜索，稳定、可靠、快速、安装使用方便。

Elasticsearch 既是一个全文搜索服务器，也可以作为 NoSQL 数据库存储任意格式的文档和数据，同时可以做大数据的分析。Elasticsearch 具有如下特点。

（1）全文搜索引擎，Elasticsearch 是海量数据的实时超大规模搜索引擎，可以用来进行全文搜索、地理信息搜索。

（2）文档存储和查询，可以类似 NoSQL 数据库那样存储任意格式的文档，并能根据条件查询文档。

（3）大数据分析，能准确实时地进行大数据分析，数据量从 TB 到 PB，记录条数可达数亿条甚至更高量级，响应时间表现优秀。

（4）提供 REST API 来简化调用操作，因此可以使用任何语言开发。同时也提供 Java API、Spring Boot 对 RESTful API 进行封装，简化了开发。

（5）常常配合传统数据库一起使用，Elasticsearch 用来专门负责大数据的查询、搜索、统计分析等。

2. Django

Django 是一个免费开源的 Web 框架，采用 MVC 设计模型，可以方便、快捷地创建高品质、易维护、数据库驱动的应用程序。Django 已发展十余年，具有广泛的实践案例，还提供完善的在线文档以便更容易地找到问题的解决方案。Django 有着灵活的数据库访问组件、健全的后台管理系统，自带许多功能强大的第三方插件，使得 Django 具有较强的可扩展性，有助于迅速开发出一个功能齐全的 Web 站点。

本章实战中，涉及 Django 与 MySQL 和 Neo4j 交互，Django 开放 API 接口等知识点。Django 版本和 Python 版本有约束关系，对应本章使用的 Python 3.7 版本，选择的 Django 版本为 3.2，其他版本对应信息可到 Django 官网查看，安装流程如下：

```
1.  #-i 参数表示使用清华大学的镜像源
2.  pip install django==3.2 -i https://pypi.tuna.tsinghua.edu.cn/simple
```

3. D3.js

D3（Data-Driven Documents）顾名思义可以知道是一个被数据驱动的文档，简而言之就是一个基于数据来操作文档的 JavaScript 库，可以帮助用户使用 HTML、CSS、SVG 以及 Canvas 来展示图谱数据。D3 遵循现有的 Web 标准，可以不需要其他任何框架独立运行在现代浏览器中，它结合强大的可视化组件来驱动 DOM 操作。D3 的开销极小，支持大型数据集和交互动画的动态行为。

JavaScript 文件的扩展名通常为 js，故 D3 也常使用 D3.js 称呼。D3 提供了各种简单易用的函数，大大简化了 JavaScript 操作数据的难度。尤其是在数据可视化方面，D3 已经将生成可视化的复杂步骤精简到了几个简单的函数，只需要输入几个简单的数据，就能够转换为各种绚丽的图形。

力导向图非常适合于渲染关系型关系图。在实践过程中，用 D3.js 力导向图来对图数据库的数据关系进行分析，其节点和关系线直观地体现出图数据库的数据关系，并且还可以关联相对应的图数据库语句完成拓展查询。

9.1.4 开发准备

1. 系统开发环境

本章的软件开发及运行环境如下。

(1) 操作系统：Windows 7、Windows 10、Linux。

(2) 虚拟环境：virtualenv 或者 miniconda。

(3) 数据库和驱动：MySQL＋mysql-connector＋sqlalchemy、Elasticsearch＋elasticsearch-dsl、Neo4j＋neo4j-driver。

(4) 开发工具：PyCharm。

(5) 开发框架：Django＋jQuery。

(6) 浏览器：Chrome 浏览器。

2. 文件夹组织结构

本章采用 Django Web 框架进行开发。在本项目中，使用包和模块的方式组织程序。文件夹组织结构如下所示。

```
├─law_graph
│   ├─law_graph
│   │   ├─crawler                   #网络爬虫
│   │   ├─data                      #数据处理,包括主题词字典
│   │   │   ├─handler               #数据处理文件,包括命名实体识别服务
│   │   ├─db                        #数据库连接工具,包括 Neo4j 和 Elasticsearch
│   │   ├─entity                    #实体映射文件
│   │   ├─config.py                 #读取配置文件
│   │   ├─config.ini                #配置文件
│   │   ├─requirements.txt          #依赖包文件
│   │   ├─settings.py               #本 Django 项目的设置/配置
│   │   ├─urls.py                   #项目的 URL 声明
│   ├─graph                         #项目前端代码
│   │   ├──models.py                #定义数据模型,与 MySQL 交互
│   │   ├─views.py                  #视图配置
│   │   ├─urls.py                   #graph 应用路由配置
│   │   ├─static                    #静态资源文件
│   │   ├─templates                 #存放 HTML 模板
```

```
|   |   |   ├─index.html           #主页面
|   ├─manage.py                    #一个实用的命令行工具,主要与 Django 项目进行交互
|   ├─readme.md                    #项目的说明信息
|   ├─requirements.txt             #项目所依赖的 pip 安装列表
```

Django 框架中的 manage.py 提供了众多管理命令接口,方便执行数据库迁移和静态资源收集等工作。本项目中使用的主要命令如下。

```
1.  python manage.py makemigrations          #生成数据库迁移脚本
2.  python manage migrate
                    #根据 makemigrations 命令生成的脚本,创建或修改数据库表结构
3.  python manage.py runserver               #运行开发服务器
4.  Python manage.py startapp XXX            #创建一个 app
```

同时,也可以使用命令创建 Django 项目和应用,如下所示。

```
1.  django-admin startproject XXX #创建一个 Django 项目
```

在本章中,执行命令“django-admin startproject law_graph”创建 Django 项目 law_graph,切换到 manage.py 所在的目录下,执行命令“python manage.py startapp graph”创建 graph app,在项目的 settings.py 文件中注册该 app,如下所示。

```
1.  INSTALLED_APPS =[
2.    'graph.apps.GraphConfig',
3.     ...
4.  ]
```

9.2 数据准备和预处理

通过比较国家法律法规数据库、找法网、北大法宝等网站内容和其构造方式,项目选择从找法网上采集法律法规信息。本章采用网络爬虫将初始链接集合放入待采集队列,通过访问链接获得网页内容。

9.2.1 获取法规列表

设定检索条件,并通过指定当前分页数(page)来遍历采集数据。根据内容封装成 LawItem 对象,并通过 sqlalchemy.orm 存储到 MySQL 数据库表中。代码位置在 law_graph\crawler\law_list.py,关键代码如下。

```
1.  def crawler_law_list(self):
2.    headers ={
3.        'Accept': 'text/html,application/xhtml+xml,application/xml;q=0.9,
          image/avif,image/webp,image/apng, */*;q=0.8,application/signed-
         exchange;v=b3;q=0.9',
4.        'Connection': 'keep-alive',
5.        'Host': 'china.findlaw.cn',
6.        'User-Agent': 'Mozilla/5.0 (Windows NT 10.0; Win64; x64) AppleWebKit/
          537.36 (KHTML, like Gecko) Chrome/98.0.4758.102 Safari/537.36'
```

```
7.      }
8.      for page in range(1, 150):
9.        url =f'https://china.findlaw.cn/fagui/list/?keyword=&effid=0' \
10.           f'&areaid=0&m_exc_type=1&pub_time1=&pub_time2=&exc_time1=&exc_
              time2=&from=0&page={page}'
11.             response =requests.get(url=url, headers=headers)
12.             html =etree.HTML(response.text)
13.             li_arr =html.xpath('//ul[@class="newTxt_list"]/li')
14.             if len(li_arr) ==0:
15.                 break
16.             laws =[]
17.             for li in li_arr:
18.                 name =str(li.xpath('p[@class="tl"]/a/text()')[0])
19.                 url =str(li.xpath('p[@class="tl"]/a/@href')[0])
20.                 now =datetime.now()
21.                 desc =li.xpath('p[@class="desc"]/span[@class="nr"]/text()')
22.                 efficacy =desc[0].split(": ")[1] #效力级别
23.                 publish_time =desc[1].split(": ")[1] #颁布日期
24.                 execute_time =desc[2].split(": ")[1] #执行日期
25.                 tmp =LawItem(url=url, name=name, gmt_create=now, gmt_update
                    =now, crawler_status=0, efficacy_hierarchy=efficacy, gmt_
                    publish=publish_time, gmt_execute=execute_time)
26.                 laws.append(tmp)
27.                 print(tmp.to_dict())
28.             for obj in laws:
29.                 try:
30.                     self.session.add(obj)
31.                 except Exception as e:
32.                     print(e)
33.                     continue
34.             self.session.commit()
35.             #为了避免对源网站造成干扰,每次请求后休息 5 秒
36.             time.sleep(5)
```

在代码执行过程中,可以利用数据库客户端 Navicat Premium 工具查看数据库表 law_list_crawler 的记录,如图 9-5 所示。

9.2.2 获得法律内容详情

根据 crawler_status 表示的状态(0—尚未开始,1—正在采集,2—采集失败,3—采集完成),从数据库表 law_list_crawler 中获得 crawler_status 为 0 的记录(每次取 10 条)。

```
1.  data =self.session.query(LawItem).filter(LawItem.crawler_status ==0).
    offset(0).limit(10).all()
```

遍历每条记录,调用法规内容采集方法访问指定 URL 网页,存储法规内容到 Elasticsearch 指定索引中。

```
1.  law_regulation =crawler_findlaw_detail(tmp.url, tmp)
```

crawler_findlaw_detail 主要负责解析法规详情页面的元素。利用 xpath 逐个解析法规属性节点并生成 LawRegulation 对象,最后保存到 Elasticsearch 指定的索引中。代码位置

id	url	name	efficacy_hierarchy	gmt_publish	gmt_execute	crawler_status	gmt_create	gmt_update
1	http://china.findlaw.cn/fagui/p_1/406217.html	陕西省人口与计划生育条例	地方性法规	2022-05-25	2022-05-25	3	2022-06-07 17:12:47	2022-06-07 17:1
2	http://china.findlaw.cn/fagui/p_1/406149.html	公开募集证券投资基金管理人	行政法规	2022-05-20	2022-06-20	3	2022-06-07 17:12:47	2022-06-07 17:1
3	http://china.findlaw.cn/fagui/p_1/406216.html	娱乐场所管理办法	行政法规	2022-05-13	2022-05-13	3	2022-06-07 17:12:47	2022-06-07 17:1
4	http://china.findlaw.cn/fagui/p_1/406135.html	最高人民法院 最高人民检察	司法解释	2022-05-11	2022-05-15	3	2022-06-07 17:12:47	2022-06-07 17:1
5	http://china.findlaw.cn/fagui/p_1/406233.html	鞍山市大气污染防治条例	地方性法规	2022-04-29	2022-04-29	3	2022-06-07 17:12:47	2022-06-07 17:1
6	http://china.findlaw.cn/fagui/p_1/406136.html	生态环境损害赔偿管理规定	行政法规	2022-04-26	2022-04-26	3	2022-06-07 17:12:47	2022-06-07 17:1
7	http://china.findlaw.cn/fagui/p_1/406236.html	辽宁省城镇燃气管理条例	地方性法规	2022-04-21	2022-04-21	3	2022-06-07 17:12:47	2022-06-07 17:1
8	http://china.findlaw.cn/fagui/p_1/406235.html	辽宁省消费者权益保护条例	地方性法规	2022-04-21	2022-04-21	3	2022-06-07 17:12:47	2022-06-07 17:1
9	http://china.findlaw.cn/fagui/p_1/406239.html	辽宁省水污染防治条例	地方性法规	2022-04-21	2022-04-21	3	2022-06-07 17:12:47	2022-06-07 17:1
10	http://china.findlaw.cn/fagui/p_1/406234.html	辽宁省环境保护条例	地方性法规	2022-04-21	2022-04-21	3	2022-06-07 17:12:47	2022-06-07 17:1
11	http://china.findlaw.cn/fagui/p_1/406219.html	辽宁省食品安全条例	地方性法规	2022-04-21	2022-04-21	3	2022-06-07 17:13:25	2022-06-07 17:1
12	http://china.findlaw.cn/fagui/p_1/406238.html	辽宁省大气污染防治条例	地方性法规	2022-04-21	2022-04-21	3	2022-06-07 17:13:25	2022-06-07 17:1
13	http://china.findlaw.cn/fagui/p_1/406076.html	中华人民共和国职业教育法	法律	2022-04-20	2022-05-01	3	2022-06-07 17:13:25	2022-06-07 17:1
14	http://china.findlaw.cn/fagui/p_1/406215.html	创建示范活动管理办法（试行	行政法规	2022-04-20	2022-04-20	3	2022-06-07 17:13:25	2022-06-07 17:1
15	http://china.findlaw.cn/fagui/p_1/406130.html	云南省楚雄彝族自治州彝医药	地方性法规	2022-04-18	2022-04-18	3	2022-06-07 17:13:25	2022-06-07 17:1
16	http://china.findlaw.cn/fagui/p_1/406096.html	宁夏回族自治区优化营商环境	地方性法规	2022-04-18	2022-06-01	3	2022-06-07 17:13:25	2022-06-07 17:1
17	http://china.findlaw.cn/fagui/p_1/406156.html	宁夏回族自治区中小企业促进	地方性法规	2022-04-18	2022-06-01	3	2022-06-07 17:13:25	2022-06-07 17:1
18	http://china.findlaw.cn/fagui/p_1/406131.html	昆明市物业管理条例	地方性法规	2022-04-14	2022-06-01	3	2022-06-07 17:13:25	2022-06-07 17:1
19	http://china.findlaw.cn/fagui/p_1/406109.html	金昌市城市市容和环境卫生管	地方性法规	2022-04-12	2022-05-01	3	2022-06-07 17:13:25	2022-06-07 17:1
20	http://china.findlaw.cn/fagui/p_1/406122.html	保定市城市园林绿化条例	地方性法规	2022-04-08	2022-06-01	3	2022-06-07 17:13:25	2022-06-07 17:1
21	http://china.findlaw.cn/fagui/p_1/406157.html	中山市文明行为促进条例	地方性法规	2022-04-06	2022-05-01	3	2022-06-07 17:13:26	2022-06-07 17:1

图 9-5 表 law_list_crawler 记录

在 law_graph\crawler\get_save_detail.py 中，关键代码如下。

```
1.  def crawler_findlaw_detail(url, lawItem):
2.    """
3.    根据 URL 获得文档内容，并存储到 es 文档中
4.    :param url:
5.    :return:
6.    """
7.    headers ={
8.        'Accept': 'text/html,application/xhtml+xml,application/xml;q=0.9,
        image/avif,image/webp,image/apng,*/*;q=0.8,application/signed-
        exchange;v=b3;q=0.9',
9.        'Connection': 'keep-alive',
10.           'Host': 'china.findlaw.cn',
11.              'User-Agent': 'Mozilla/5.0 (Windows NT 10.0; Win64; x64)
              AppleWebKit/537.36 (KHTML, like Gecko) Chrome/98.0.4758.102
              Safari/537.36'
12.       }
13.       response =requests.get(url=url, headers=headers)
14.       html =etree.HTML(response.text)
15.       article_main =html.xpath('//div[@class="article_main"]')[0]
16.       law =LawRegulation()
17.       #标题
18.       title =article_main.xpath('h1[@class="title"]/text()')
19.       law.title =title[0]
20.       try:
21.           #属性
22.           law.execute_time =lawItem.gmt_execute
23.           law.published_time =lawItem.gmt_publish
24.           law.efficacy =lawItem.efficacy_hierarchy
25.           intro =article_main.xpath('div[@class="intro clearfix"]/p')
26.           for item in intro:
27.               tmp =item.xpath('text()')[0]
28.               vals =tmp.split(': ')
29.               key =str(vals[0])
```

```
30.                 value =str(vals[1])
31.                 if len(value.strip()) ==0:
32.                     continue
33.                 if key =='发布部门':
34.                     law.publish_dept =value
35.                 elif key =='发文字号':
36.                     law.dispatch_number =value
37.                 elif key =='效力级别':
38.                     law.efficacy =value
39.                 elif key =='发布日期':
40.                     law.published_time =value
41.                 elif key =='时效性':
41.                     law.timeliness =value
43.                 elif key =='实施日期':
44.                     law.execute_time =value
45.                 else:
46.                     continue
47.         except Exception as e:
48.             print(e)
49.
50.         content =article_main.xpath('div[@id="article"]')[0]
51.         law.content =content.xpath('string(.)').strip()
52.         law.save()
53.         return law
```

取得采集结果，更新当前记录的 crawler_status 标识；在 Neo4j 数据库中新增法规、效力级别节点和关系。

```
1.  #修改 crawler_status 的状态值  (1-正在采集,2-采集失败,3-采集完成)
2.  tmp.crawler_status =3
3.  self.session.commit()
4.  self.neo4j.add_nodes(tmp.name, tmp.efficacy_hierarchy,
5.      date.strftime(tmp.gmt_publish, "%Y-%m-%d"),
6.      date.strftime(tmp.gmt_execute, "%Y-%m-%d"))
```

9.2.3 法规实体抽取

由于法律法规的行文特性，本章采用飞桨平台提供的自然语言处理核心开发库 PaddleNLP 来实现实体抽取功能。在此使用 PaddleNLP 提供的一键预测功能：Taskflow API。通过 paddlenlp.Taskflow 调用命名实体识别功能，解析出组织机构、时间、地点等实体信息。

根据法律法规的特点，结合法规分类特征，自定义词典来定制化命名实体识别结果。词典文件每一行表示一个自定义 item，可以由一个 term 或者多个 term 组成，term 后面可以添加自定义标签，格式为 item/tag，如果不添加自定义标签，则使用模型默认标签。

词典文件 theme_word_dict.txt 示例如下。

```
1.  生态环境保护/THEME
2.  农业行政/THEME
3.  计划生育/THEME
```

```
4.  通用航空/THEME
5.  文化建设/THEME
6.  正当防卫/THEME
7.  酒驾/THEME
```

装载自定义词典及输出结果示例。

```
1.  from paddlenlp import Taskflow
2.
3.  ner =Taskflow("ner", mode="fast", user_dict="theme_word_dict.txt")
4.  value =ner("陕西省人口与计划生育条例")
5.  print(value)
```

结果：

```
1.  [('陕西省', 'LOC'), ('人口', 'n'), ('与', 'c'), ('计划生育', 'THEME'), ('条例',
    'n')]
```

完善自定义词典文件内容后，利用 Taskflow.ner 对法规标题和法规正文内容进行命名实体识别功能。由于时间和作者的能力有限，本章直接从北大法宝网获得主题词信息并保存到文本文件 theme_word_dict.txt 中。TaskflowNer 文件的代码如下，主要实现将法规标题和内容调用 Taskflow.ner，并使用自定义词典 theme_word_dict.txt 进行实体命名识别。代码位置在 law_graph\data\handler\taskflow_ner.py 中，关键代码如下。

```
1.  from paddlenlp import Taskflow
2.
3.  class TaskflowNer:
4.    def __init__(self, str):
5.        self.content =str
6.
7.    def ner(self):
8.        """
9.        调用 Taskflow.ner 实现命名实体识别功能
10.           :return:
11.           """
12.           file_path =os.path.join(os.path.dirname(__file__), "../theme_
            word_dict.txt")
13.           ner =Taskflow('ner', mode='fast', entity_only=True, user_dict=
          file_path)
14.           result =ner(self.content)
15.           return result
```

在此调用 TaskflowNer 提供的 ner 方法对法规标题和内容进行解析，获得主题词(THEME)、地点(LOC)、组织机构(GOV)等短语，确定法规、短语和关系并存储到 Neo4j 数据库。以法规标题为例，关键代码如下。

```
1.  #对法规标题进行实体识别
2.  taskflow_ner =TaskflowNer(tmp.name)
3.  result =taskflow_ner.ner()
```

```
4.  keyword_set =set()              #过滤
5.  for item in result:
6.    sign =str(item[1])            #关系名称
7.    keyword =str(item[0]).strip()
8.    if sign.isupper():
9.        if str(item[0]) in keyword_set:
10.           continue
11.         self.neo4j.add_theme_word_relation(tmp.name, keyword, sign)
12.         print(keyword, sign)
13.         keyword_set.add(keyword)
```

9.3 知识建模和存储

由于数据存储过程在前面已提到,此处不再赘述。本节专讲知识建模。

9.3.1 法规采集记录

从找法网上定位到法规列表页,分析每项法规的构成要素并存储到数据库表中。在本章中,使用 MySQL 数据库来存储相关数据,数据库名为 findlaw,共包含 1 张表。

在数据库中创建数据库表 law_list_crawler,用于存储待爬取的法规链接和相关属性。表结构如表 9-1 所示。

表 9-1 法规采集记录表(law_list_crawler)

字 段	类 型	长 度	字 段 说 明	备 注
id	int	11		主键
url	varchar	255	链接地址	非空
name	varchar	500	法规名称	
efficacy_hierarchy	varchar	100	效力级别	
gmt_publish	date	0	发布日期	
gmt_execute	date	0	实施日期	
crawler_status	tinyint	2	采集状态:0—未开始,1—正在采集,2—采集失败,3—采集成功	
gmt_create	datetime	0	创建时间	
gmt_update	datetime	0	更新时间	

根据法规列表的元素特点,构造法律法规类(LawItem),属性包括 id、法律法规名称、法规链接地址、效力级别、发布日期、实施日期等。代码位置在 law_graph\entity\fagui.py 中,关键代码如下。

```
1.  #创建对象的基类
2.  Base =declarative_base()
3.
4.  class LawItem(Base):
```

```
5.         __tablename__ ='law_list_crawler'
6.
7.         #表的结构
8.         id =Column(Integer, primary_key=True, autoincrement=True)
9.         #访问地址
10.        url =Column(String(255), nullable=False)
11.        #法律法规名称
12.        name =Column(String(255))
13.        #发布日期
14.        gmt_publish =Column(Date)
15.        #实施日期
16.        gmt_execute =Column(Date)
17.        #效力级别
18.        efficacy_hierarchy =Column(String(100))
19.        #采集状态(0-未开始,1-正在采集,2-采集失败,3-采集成功)
20.        crawler_status =Column(Integer)
21.        #记录创建时间
22.        gmt_create =Column(DateTime)
23.        #记录更新时间
24.        gmt_update =Column(DateTime)
25.
26.        def to_dict(self):
27.            return {c.name: getattr(self, c.name, None) for c in self.__table__.columns}
28.
29.        Base.to_dict =to_dict
```

9.3.2 法规详情信息

法规内容数据保存在 Elasticsearch 的 law_regulation 索引中,索引由 elasticsearch_dsl 配置生成,映射文件如下所示。

```
{
    "law_regulation": {
        "aliases": {},
        "mappings": {
            "properties": {
                "content": {
                    "type": "text",
                    "analyzer": "ik_max_word"
                },
                "created_time": {
                    "type": "date"
                },
                "dispatch_number": {
                    "type": "text"
                },
                "efficacy": {
                    "type": "keyword"
                },
                "execute_time": {
```

```
                    "type": "date"
                },
                "id": {
                    "type": "integer"
                },
                "publish_dept": {
                    "type": "keyword"
                },
                "published_time": {
                    "type": "date"
                },
                "tags": {
                    "type": "keyword"
                },
                "timeliness": {
                    "type": "keyword"
                },
                "title": {
                    "type": "text",
                    "analyzer": "ik_max_word",
                    "search_analyzer": "ik_smart"
                },
                "url": {"type": "text"}
            }
        },
        "settings": {
            "index": {
                "creation_date": "1660722596135",
                "number_of_shards": "2",
                "number_of_replicas": "1",
                "uuid": "XacIWAHEQyqNrK4D8K0D3A",
                "version": {
                    "created": "7030299"
                },
                "provided_name": "law_regulation"
            }
        }
    }
}
```

Document 文档数据模型在 law_graph\entity\my_document.py 中，关键代码如下。

```
1.  from elasticsearch_dsl import Document, Date, Integer, Keyword, Text
2.  from elasticsearch_dsl.connections import connections
3.
4.  es =connections.create_connection(hosts=['172.20.48.207'])
5.  #此处 IP 地址替换成实际服务器地址
6.
7.  class LawRegulation(Document):
```

```
8.     """
9.     法律法规文档
10.        """
11.        id = Integer()
12.        #标题
13.        title = Text(analyzer='ik_max_word', search_analyzer="ik_smart")
14.        #链接网址
15.        url = Text()
16.        #效力级别
17.        efficacy = Keyword()
18.        #发布部门
19.        publish_dept = Keyword()
20.        #发文字号
21.        dispatch_number = Text()
22.        #时效性
23.        timeliness = Keyword()
24.        #法规内容
25.        content = Text(analyzer='ik_max_word')
26.        #法规标签
27.        tags = Keyword()
28.        #创建时间
29.        created_time = Date()
30.        #发布日期
31.        published_time = Date()
32.        #实施日期
33.        execute_time = Date()
34.
35.        class Index:
36.            name = 'law_regulation'
37.            settings = {
38.                "number_of_shards": 2,
39.            }
40.
41.        def save(self, * * kwargs):
42.            return super(LawRegulation, self).save( * * kwargs)
43.
44.    def init():
45.        """
46.        创建索引
47.        :return:
48.        """
49.        LawRegulation.init()
```

可以执行 LawRegulation.init() 以便于在指定的 Elasticsearch 中创建索引 law_regulation。

9.3.3　法规关系数据

使用 Neo4j 存储法规节点和关系数据。在本项目中共划分 3 类节点，分别是法规节点、效力级别节点和主题词节点。法规节点和效力级别节点之间的关系定义为 Efficacy_on，和主题词节点间的关系定义为 THEME。另外，通过实体抽取过程得到的地点（LOC）、机构（ORG）、时间（TIME）等实体，其与法规节点间的关系直接以其实体类型命名。

在此使用 Neo4j 模块添加法规节点。

```
1.    def add_nodes(self, name, efficacy, publishTime, executeTime):
2.        """
3.        添加法规节点
4.        :param name: 法规名
5.        :param efficacy: 效力级别
6.        :param publishTime: 发布日期
7.        :param executeTime: 执行日期
8.        :return:
9.        """
10.           with self._driver.session() as session:
11.               #创建法规节点
12.               session.write_transaction(self._create_law_item, name,
              efficacy, publishTime, executeTime)
13.               #创建效力级别节点
14.               session.write_transaction(self._create_efficacy, efficacy)
15.               #创建法规节点与效力级别间的关系
16.               session.write_transaction(self._create_relation, name,
              efficacy)
```

从上面的代码中可以看出，依次调用_create_law_item、_create_efficacy 和 _create_relation 方法来实现法规数据的存储。其中，_create_law_item 方法执行 Cypher 语句创建法规节点。

```
1.    @staticmethod
2.    def _create_law_item(tx, name, efficacy, publishTime, executeTime):
3.        tx.run(
4.            "CREATE ( a:LawItem) SET a.name=$name, \
5.            a.efficacy=$efficacy, \
6.            a.publish_time=$publishTime, \
7.            a.execute_time=$executeTime",
8.            name=name, efficacy=efficacy, publishTime=publishTime, executeTime
          =executeTime)
```

_create_efficacy 方法执行 Cypher 语句创建效力级别节点。

```
1.    @staticmethod
2.    def _create_efficacy(tx, value):
3.        """
4.        创建效力级别节点
5.        :param tx:
6.        :param value:
7.        :return:
8.        """
9.        tx.run("MERGE (a:Efficacy { name:$value }) \
10.           ON CREATE SET a.created =timestamp() \
11.           RETURN a.name,a.create", value=value)
12.
```

_create_relation 方法执行 Cypher 语句创建法规节点与效力级别节点间的关系。

```
1.    @staticmethod
2.    def _create_relation(tx, law_name, efficacy):
3.        """
4.        创建法规节点与效力级别节点间的关系
5.        :param tx:
6.        :param law_name: 法规节点名称
7.        :param efficacy: 效力级别节点名称
8.        :return:
9.        """
10.              tx.run("MATCH (law:LawItem {name: $law_name} ),(eff:Efficacy
                 {name:$efficacy}) \
11.                  MERGE (law)-[r:Efficacy_on]->(eff)", law_name=law_name,
                     efficacy=efficacy)
```

主题词节点及其关系的创建,可查看代码文件内容,文件位置为 law_graph\db\neo4j_connect.py。

9.4　图谱可视化和知识应用

在经过基本的知识表示与建模、数据抓取与数据清洗、知识获取和知识存储等过程之后,需要利用可视化的方式来将法律领域的知识内容以及知识之间的关系展现出来。

9.4.1　可视化实现过程

前端用户通过在页面中输入关键词来获取想要查找的内容。此处的关键词可以看作两种情况:一种是法律法规标题中出现的词语,即查询法规节点内容是否包含该词语;另一种是某个主题词,用于查询与该主题词关联的法规节点。系统将返回的 JSON 格式的结果数据交给前端进行数据可视化,最后将查询结果展示出来。

本章提供一种更偏向于结构化的方式来管理海量的法律数据,通过搜索引擎更大可能地满足查询需求。用户在进行信息查询时,可以实现对某一信息的路径进行探索查询,通过信息查询功能来实现对某一法律法规的相关信息进行查找。

在数据存储阶段已经将与法规相关的内容、节点和关系信息分别存储到 Elasticsearch 索引和 Neo4j 数据库中,接下来,只需要创建一个可视化程序展示,实现如下 API 即可。

(1) 从索引 law_regulation 中获得法规列表信息。

```
1.  def search(self, keyword, curr_page, filter_column, filter_val):
2.        page_size =10
3.        body ={
4.            "query": {
5.                "bool": {
6.                     "must": []
7.                }
8.            },
9.            "from": (curr_page -1) * page_size,
10.               "size": page_size,
```

```
11.                 "highlight": {
12.                     "pre_tags": ["<span class='hig'>"]
13.                     ,
14.                     "post_tags": ["</span>"]
15.                     ,
16.                     "fields": {
17.                         "title": {},
18.                         "publish_dept": {},
19.                         "efficacy": {}
20.                     }
21.                 }
22.             }
23.
24.             if len(keyword.strip()) >0:
25.                 body["query"]["bool"]["must"].append(
26.                     {
27.                         "match": {
28.                             "title": keyword
29.                         }
30.                     })
31.
32.             if len(filter_column) >0:
33.                 body["query"]['bool']['must'].append({
34.                     "match": {
35.                         filter_column: filter_val
36.                     }})
37.
38.             print(body)
39.
40.             response =self.es.search(index=self.index_name, body=body)
41.             result ={"total": response['hits']['total']['value'], "took":
                response['took'] / 1000, 'keyword': keyword,
42.                     "page": curr_page}
43.
44.             #获得数据
45.             records =[]
46.             for hit_dict in response['hits']['hits']:
47.             source =hit_dict['_source']
48.             source['id'] =hit_dict['_id']
49.             hit_dict['_source']['content'] =''
50.             records.append(hit_dict['_source'])
51.             #处理高亮字段
52.             if "highlight" in hit_dict and "title" in hit_dict["highlight"]:
53.                 hit_dict['_source']["hightitle"] = "".join(hit_dict
                    ["highlight"]["title"])
54.             else:
55.                 hit_dict['_source']["hightitle"] = "".join(hit_dict["_
                    source"]["title"])
56.             if "highlight" in hit_dict and "publish_dept" in hit_dict
                ["highlight"]:
```

```
57.                 hit_dict['_source']["publish_dept"] = "".join(hit_dict
                    ["highlight"]["publish_dept"])
58.             if "highlight" in hit_dict and "efficacy" in hit_dict
                ["highlight"]:
59.                 hit_dict['_source']["efficacy"] = "".join(hit_dict
                    ["highlight"]["efficacy"])
60.         result['records'] =records
61.         return result
```

（2）从索引 law_regulation 中获得指定法规详情信息。

```
1.  def get(self, id):
2.      record =self.es.get(index=self.index_name, id=id).get("_source")
3.      return record
```

（3）根据效力级别、发布部门和发布年份聚合统计。

```
1.  def agg_publish_dept(self, keyword):
2.      """
3.      按发布部门聚合,取前 10 位
4.      :param keyword:
5.      :return:
6.      """
7.      body ={
8.          "size": 0,
9.          "aggs": {
10.             "publish_dept": {
11.                 "terms": {
12.                     "size": 10, "field": "publish_dept"
13.                 }
14.             }
15.         }
16.     }
17.     if len(keyword.strip()) >0:
18.         body["query"] ={
19.             "match": {
20.                 "title": keyword
21.             }
22.         }
23.     reps =self.es.search(index=self.index_name, size=0, body=body)
24.     return reps['aggregations']['publish_dept']['buckets']
25.
26. def aggs_efficacy_list(self, keyword):
27.     """
28.     按效力级别聚合,取前 10 位
29.     :param keyword:
30.     :return:
31.     """
32.     body ={
33.         "size": 0,
34.         "aggs": {
```

```
35.                 "efficacy": {
36.                     "terms": {
37.                         "size": 10, "field": "efficacy"
38.                     }
39.                 }
40.             }
41.         }
42.         if len(keyword.strip()) >0:
43.             body["query"] ={
44.                 "match": {
45.                     "title": keyword
46.                 }
47.             }
48.         reps =self.es.search(index=self.index_name, size=0, body=body)
49.         return reps['aggregations']['efficacy']['buckets']
50.
51.     def aggs_publish_time_list(self, keyword):
52.         """
53.         按发布日期的年份分组
54.         :param keyword:
55.         :return:
56.         """
57.         body ={
58.             "size": 0,
59.             "aggs": {
60.                 "byyear": {
61.                     "date_histogram": {
62.                         "field": "published_time",
63.                         "interval": "year"
64.                     }
65.                 }
66.             }
67.         }
68.         if len(keyword.strip()) >0:
69.             body["query"] ={
70.                 "match": {
71.                     "title": keyword
72.                 }
73.             }
74.         reps =self.es.search(index=self.index_name, size=0, body=body)
75.         records =reps['aggregations']['byyear']['buckets']
76.         for item in records:
77.             item['key'] =str(item['key_as_string'])[0:4]
78.           return records
```

(4) 根据法规标题从 Neo4j 中获得相关节点信息,并可视化显示。

```
1.  def show_node(request):
2.    title =request.GET.get("title")
```

```
3.     if title is None:
4.         title =""
5.     driver =GraphDatabase.driver("bolt://localhost:7687", auth=("neo4j",
       "password"))
6.     with driver.session() as session:
7.         sql ="MATCH p=(c:LawItem {name:'" +title +"'})-[r]->(d) return nodes
           (p) as ns ,relationships(p) as ps limit 25"
8.         results =session.run(sql)
9.         links =[]
10.            for record in results:
11.                for p in record['ps']:
12.                    source_label =target_label =''
13.                    for label in p.start_node.labels:
14.                        source_label =label
15.                        break
16.                    for label in p.end_node.labels:
17.                        target_label =label
18.                        break
19.                    tmp_link = {"source_name": p.start_node.get("name"),
                       "source_label": source_label,
20.                        "target_name": p.end_node.get("name"), "target_
                           label": target_label, "type": p.type}
21.                    links.append(tmp_link)
22.     return JsonResponse({"links": links})
```

（5）根据节点名称从 Neo4j 数据库中获得相关信息。

```
1.  def show_children(request):
2.      name =request.GET.get("name")
3.      if name is None:
4.          name =""
5.      driver =GraphDatabase.driver("bolt://localhost:7687", auth=("neo4j",
        "password"))
6.      with driver.session() as session:
7.          sql ="MATCH p=(c)-[r]-(d {name:'" +name +"'}) return nodes(p) as ns ,
            relationships(p) as ps limit 25"
8.      results =session.run(sql)
9.      links =[]
10.         for record in results:
11.             for p in record['ps']:
12.                 source_label =target_label =''
13.                 for label in p.start_node.labels:
14.                     source_label =label
15.                     break
16.                 for label in p.end_node.labels:
17.                     target_label =label
18.                     break
19.                 tmp_link ={"source_name": p.start_node.get("name"), "source_
                    label": source_label,
```

```
20.                             "target_name": p.end_node.get("name"), "target_
                                label": target_label, "type": p.type}
21.             links.append(tmp_link)
22.     return JsonResponse({"links": json.dumps(links)})
```

详情可参见代码文件,文件位置为 law_graph\db\es_connect.py 和 graph\views.py。

9.4.2 法规数据图谱展示

在本节中进行信息查询的方式主要为图查询。用户可以根据自己的需求选择某个节点,并展开与该节点关联的节点,从而去探索自己想要的信息。在浏览器中输入 Neo4j 的 URL 地址,如 http://localhost:7474,查看导入的法规节点、主题词节点及其关系,如图 9-6 所示。

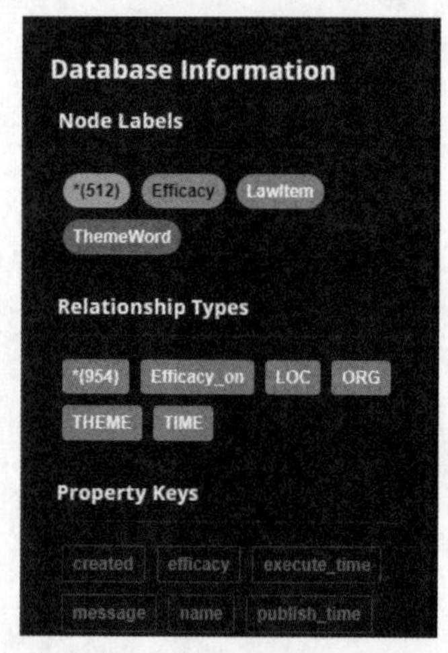

图 9-6 Neo4j 节点及关系信息

在 Neo4j 浏览器中输入 Cypher 语句,单击“运行”按钮,查看任意节点关系图,如:

```
MATCH p=()->() RETURN p LIMIT 25
```

查询效果如图 9-7 所示。

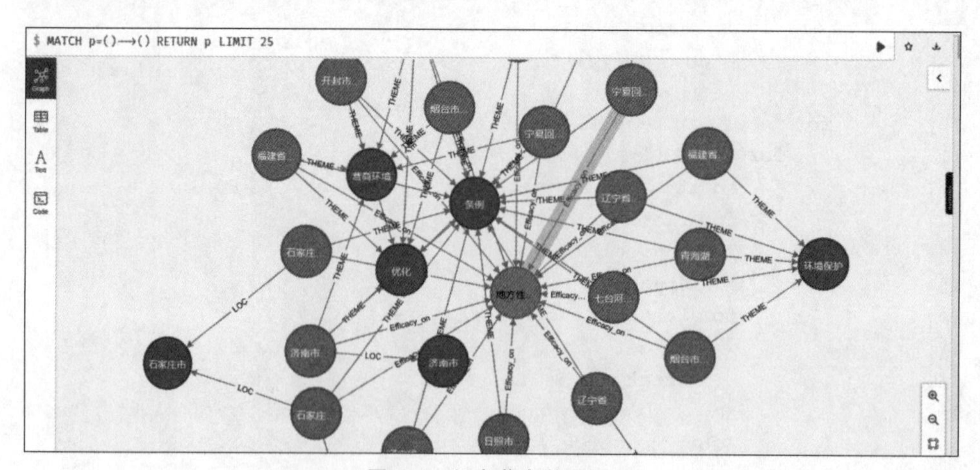

图 9-7 任意节点关系图

根据效力级别信息查找节点及其关系，在 Neo4j 浏览器中输入 Cypher 语句，单击执行后，效果如图 9-8 所示。

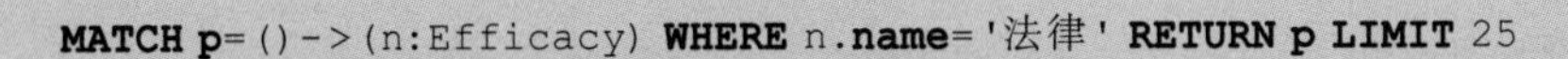

```
MATCH p=()->(n:Efficacy) WHERE n.name='法律' RETURN p LIMIT 25
```

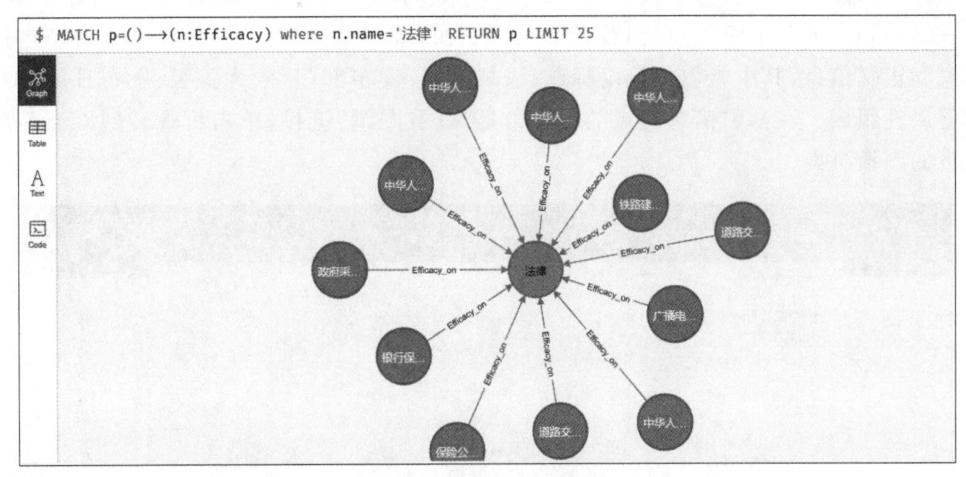

图 9-8　效力级别关系图

9.4.3　法律法规 Web 搜索

本节通过 Web 前端的法规搜索界面，展示了法规信息查询、法规详情和法规关系等运用场景。信息检索系统会提供关于事物的分类、属性和关系的描述，也能够更加规范地将高质量数据表达出来。

1. 法规信息查询

法规信息查询主要提供法规搜索界面展示，用户可以通过输入关键词来搜索目标法规，并对搜索结果的效力级别、发布部门和发布年份进行二次搜索。界面如图 9-9 所示。

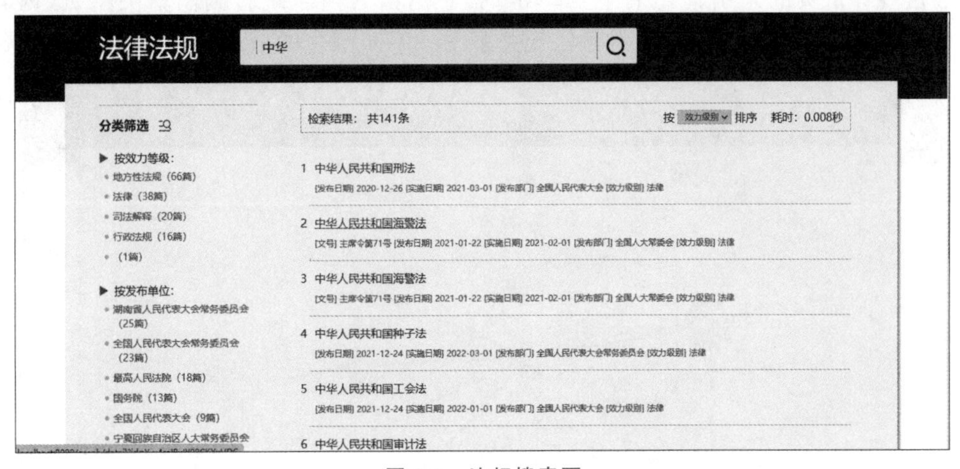

图 9-9　法规搜索页

输入查询关键字后单击“搜索”按钮，将会刷新结果列表。搜索后系统将在页面上显示检索结果总数和耗时时间，支持关键词高亮显示。如果需要对结果进行二次筛查，可以在左侧分类筛选区域单击相应的统计项即可刷新结果列表。可在页面底部通过分页控件进行翻页。

2. 法规详情

在结果列表上单击法规，页面跳转到其详情页，如图 9-10 所示。法规详情信息包括索引信息和正文信息，其中索引信息由标题、法规文号、发布部门、效力等级、发布日期和实施日期等属性组成。在索引信息区域的右上角是“查看图谱”链接，单击可跳转到以当前法规为基准的图谱页面。

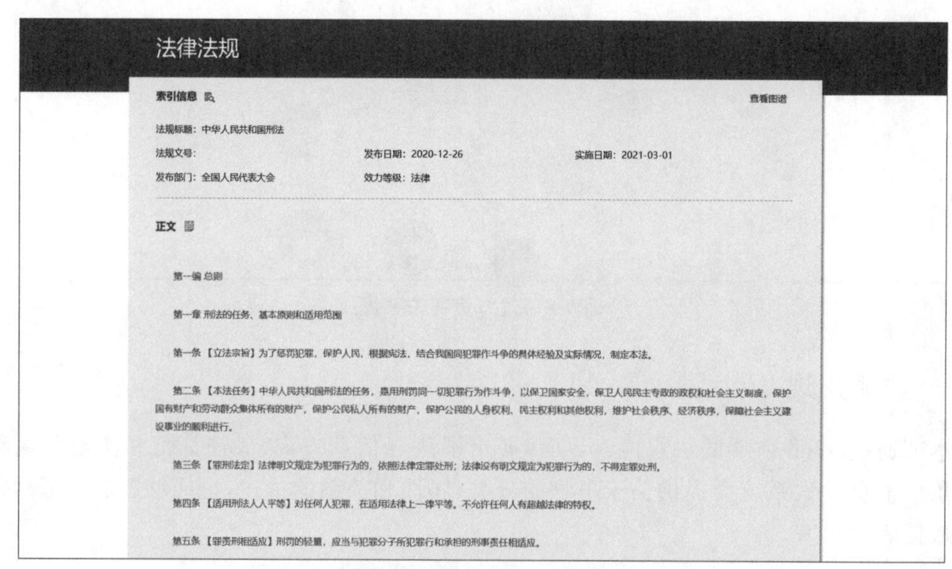

图 9-10 法规条文详情页

3. 法规关系

在法规详情页的索引信息右上角单击“查看图谱”链接，跳转到图谱关系页，内容如图 9-11 所示。本页面采用 D3.js 构建法规关系图。不同颜色的节点代表不同的节点类型，

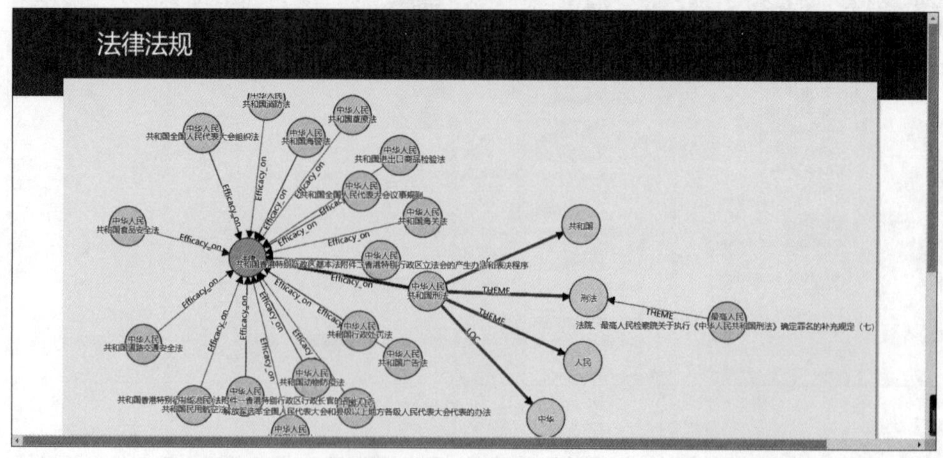

图 9-11 法规关系图

比如蓝色指效力级别节点，红色指法规节点，粉紫色指主题词节点等。双击某节点可以显示与其相关联的其他节点。为了节省网络资源且为了用户看得清，对符合条件的结果作了数量限制。

9.5　小结和扩展

本章对法律法规搜索系统实现过程进行了描述。在实现过程中，首先对系统的每个模块展开详细的分析，然后设计每个模块的主要功能，描述了各个模块的实现方式。在本章中，采用网络爬虫或人工采集的方式获取数据，使用飞桨的 PaddleNLP，并构建自定义词典对法律法规条文内容作命名实体识别，抽取实体和关系数据存储到 Neo4j 图数据库，利用 Elasticsearch 存储法律法规全文内容，采用 Django 框架开发前端展示系统，利用可视化组件 D3.js 实现关系数据的表达效果。

思考题：

（1）简单的法规知识图谱的应用场景比较单一，可以考虑将法规和案例结合起来，进行功能延伸。

（2）在本章里网络爬虫的运行是串行的，试着在此基础上加入线程池进行优化。

（3）本章采用从法规着手渲染图谱，请进一步开发图谱搜索功能。

第 10 章

基于裁判文书的司法知识图谱

本章通过裁判文书构建司法知识图谱为实战案例，涉及数据预处理、序列标注、特征提取、命名实体识别和实体关系抽取等自然语言处理领域的关键知识点，实现司法领域知识图谱的构建以及可视化展示。

本章主要熟悉深度学习框架 TensorFlow 的用法，巩固 Django 等开发技术，掌握从非结构化文本数据中提取领域知识图谱的方法。

10.1 项目设计

面对海量的裁判文书，项目运用 Django、TensorFlow、Neo4j 和 MySQL 等关键技术，对裁判文书中知识要点、内在联系进行分析和描绘，从而将丰富的司法知识相互连接起来提供准确有效的服务，为法务工作者提供优质的司法资源。

10.1.1 需求分析

司法行业面临的主要问题就是案多人少，同时有大量的案例数据以及大量的法律法规无法有效利用起来。所以虽然看起来司法人工智能以数据为中心，但实际上是以知识为中心，构建司法知识图谱是人工智能司法应用的基础和先决性问题。

裁判文书是司法领域中极具价值的信息资源之一，蕴含了丰富的司法知识，其中记录了案件中涉案人的姓名、出生年月、住址、职业、涉案身份等。通过对裁判文书进行分析，司法工作者能够清楚掌握案件的全过程以及涉案人在案件中扮演的角色。如图 10-1 所示，司法知识图谱将法律领域中的实体、属性和关系进行体系化梳理，并建立逻辑关联，进行数据挖掘和辅助决策，洞察知识领域动态发展规律。基于司法知识图谱可实现司法业务场景的智能应用，有利于缓解“案多人少”“同案不同判”等现实难题。

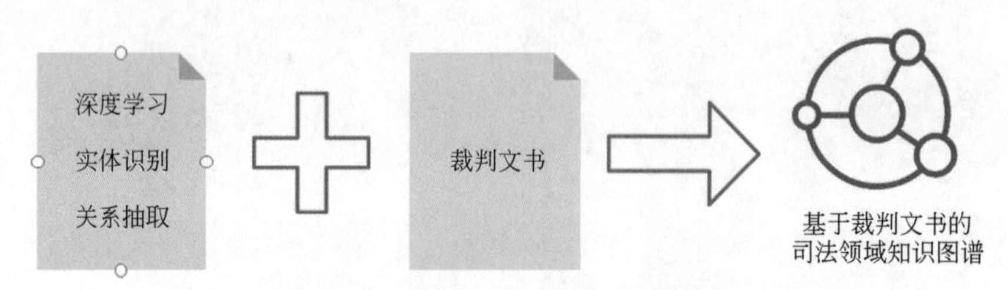

图 10-1　构建基于裁判文书的知识图谱

目前，司法知识图谱已广泛运用于法律知识检索和推送、文书自动生成、类似案件推送、裁判结果预测、知识智能问答、数据可视化等方面，为司法人员办案提供高效参考和科学依据，全新定义司法数据应用和司法智能化，凝练司法智慧，服务法治建设。

项目将以裁判文书作为实验数据，基于深度学习技术，从裁判文书中提取出涉案人基本信息和案件基本信息，并以此为基础构建出知识图谱，为后续的司法信息搜索引擎、智能司法问答、AI 法官等方面的应用奠定基础。以实际的业务需求为载体讲述知识图谱构建过程中的关键技术点，也有助于举一反三到其他垂直领域从零搭建知识图谱。

10.1.2　工作流程

本章主要研究抽取司法领域裁判文书中的非结构化信息，将转换后的三元组数据存储于图数据库中，通过 Neo4j 图数据库，实现图谱数据的展示和查询。从项目研发进程来看，从零搭建一个司法领域知识图谱首先要解决的是对司法领域的数据集进行标注，其次需要训练一个司法领域的词向量，然后再将标注好的数据和词向量结合，进行信息抽取模块的知识建模，最后再解决三元组存储以及同名实体去重问题。

在接下来的内容中，也将围绕如何基于裁判文书原始数据进行数据标注、数据集划分、词向量训练、模型搭建以及评估等实战展开，总体框架如图 10-2 所示。从框架设计可以看到，在实体识别、关系抽取模块研发完成后，会将模型部署至服务器，为该功能模块开放 API，最终对知识图谱的访问则是通过 Neo4j 自带的 7474 端口。

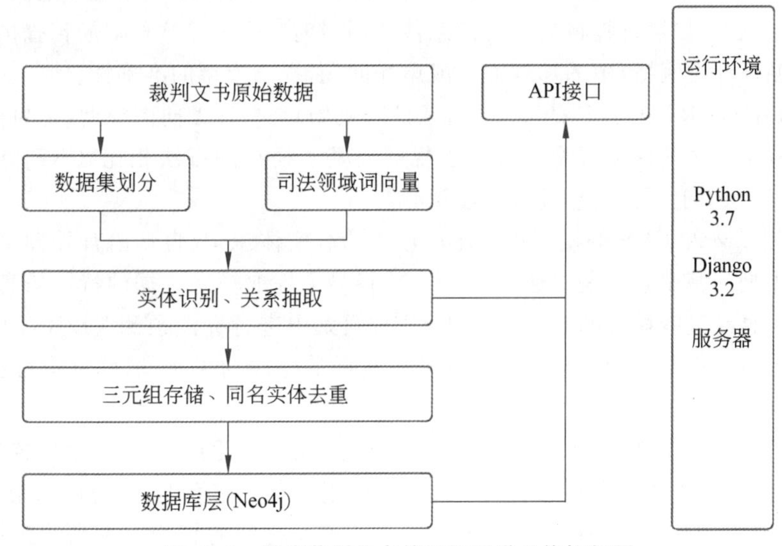

图 10-2　基于裁判文书的知识图谱总体框架图

10.1.3　技术选型

研发过程使用到的基础环境有 JDK 1.8、Python 3.7、PyCharm、Neo4j-community-3.5.5，上述环境安装流程不再赘述；使用到的 Python 库为 Jieba、TensorFlow 2.1，使用的 Web 框架为 Django 3.2。学习本章前，需要事先了解 Python、TensorFlow 以及 Django 等前置知识。

1. TensorFlow

TensorFlow 是谷歌公司开源的深度学习框架，在图形分类、音频处理、推荐系统和自然语言处理等场景下有丰富的应用，由 TensorFlow 研发的模型有强大的跨平台能力，能在 CPU、GPU 以及移动设备上运行。

TensorFlow 框架有着成熟的生态圈，社区学习资源丰富，并且已经积累了许多可落地的解决方案，因此 TensorFlow 被广泛运用于工业生产中。TensorFlow 在 2.0 版本升级时，清除了不推荐使用和重复的 API，简化了模型研发流程。相较于 1.x 版本，2.x 版本的 TensorFlow 可以用更加简约的代码完成相同的工作，因此本章中选择的是 TensorFlow 2.1b 版本。

在本章实战中，模型搭建环境使用了 TensorFlow 框架，其安装流程如下。

```
1.   #-i 参数表示使用清华大学的镜像源
2.   pip install tensorflow==2.1 -i https://pypi.tuna.tsinghua.edu.cn/simple
```

2. BiLSTM＋CRF 模型

双向长短时记忆网络(Bidirectional Long Short-Term Memory，BiLSTM)是一种具有记忆功能的神经网络。它不仅可以通过前向传播过程将当前的输入信息传递到后面的时间步，还可以通过后向传播过程将后面的信息传递回当前时间步。这种双向传播的方式，可以克服 RNN(循环神经网络)中的梯度消失或爆炸问题，提高模型的准确性。

而 Conditional Random Fields(CRF，条件随机场)是一种无向图模型，是目前自然语言处理领域中常用的序列标注模型。与基于规则或基于模板的方法相比，CRF 更加灵活、可扩展，能更好地利用上下文信息进行标注预测。

融合 BiLSTM 和 CRF 的模型被广泛应用于命名实体识别、自然语言处理、问答系统等领域。这种模型的基本思想是先通过 BiLSTM 模型来提取输入数据的特征信息，然后将提取出的特征信息经过线性层的映射后输入 CRF 模型中进行标注预测。BiLSTM 模型可以保留较长的上下文信息，而 CRF 模型可以利用全局的标注约束条件，弥补局部标注预测的不足，提高标注准确性。

在 BiLSTM＋CRF 模型中，输入序列首先通过 BiLSTM 网络得到每个位置的隐含状态信息，然后将每个位置的隐含状态通过线性映射映射到标注集合上，再使用基于全局约束的 CRF 模型对标注序列进行预测。CRF 模型中利用隐状态间的转移概率来约束标注序列的合法性，这样可以保证输出的标注序列满足一些约束条件，如标注序列存在特定的边界、相邻两个标记之间有规定关系等。这一过程可以用概率图模型的前向传播算法实现。

总之，BiLSTM＋CRF 模型是一种强大的序列标注模型，它能够有效地利用双向传播以及全局约束条件，提高标注预测的准确性。因此，在自然语言处理、机器翻译、语音识别等领域中，这种模型具有广泛的应用前景。

10.1.4　开发准备

1. 系统开发环境

本章实战项目的研发是在 Windows 10 64 位的环境下进行的，具体的硬件配置如下：Intel i7-12700 处理器、16GB 内存、512GB 固态硬盘、RTX3050 显卡。

本系统的软件开发及运行环境如下。

(1) 操作系统：Windows 10。

(2) 依赖环境：JDK 1.8、Python 3.7。

(3) 数据库和驱动：MySQL＋pymysql、Neo4j＋py2neo。

(4) 开发工具：PyCharm。

(5) 开发框架：Django。

(6) 浏览器：Chrome 浏览器。

2. 文件夹组织结构

文件夹组织结构如下所示。

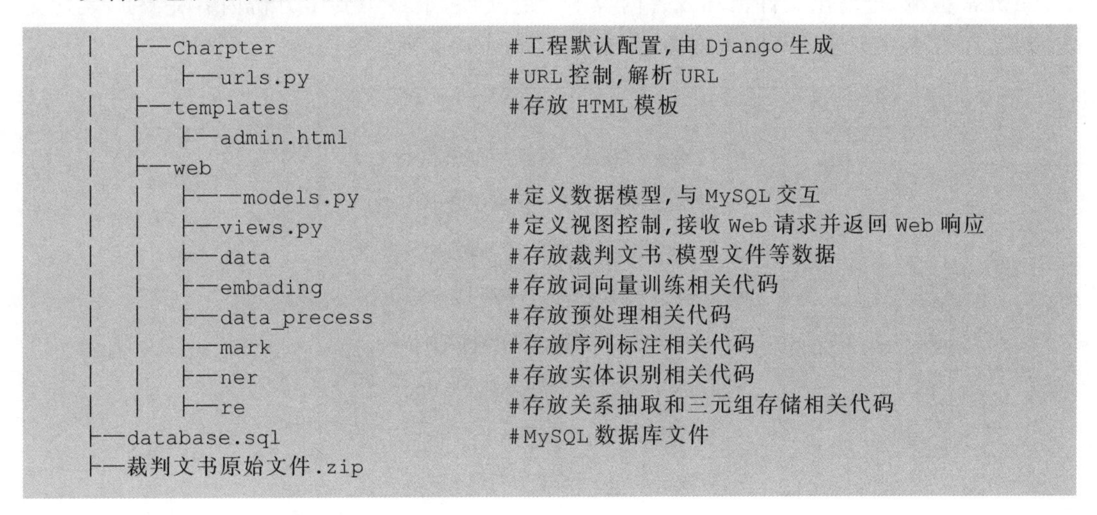

```
|    ├─Charpter                          #工程默认配置,由 Django 生成
|    |    ├─urls.py                      #URL 控制,解析 URL
|    ├─templates                         #存放 HTML 模板
|    |    ├─admin.html
|    ├─web
|    |    ├──models.py                   #定义数据模型,与 MySQL 交互
|    |    ├─views.py                     #定义视图控制,接收 Web 请求并返回 Web 响应
|    |    ├─data                         #存放裁判文书、模型文件等数据
|    |    ├─embading                     #存放词向量训练相关代码
|    |    ├─data_precess                 #存放预处理相关代码
|    |    ├─mark                         #存放序列标注相关代码
|    |    ├─ner                          #存放实体识别相关代码
|    |    ├─re                           #存放关系抽取和三元组存储相关代码
├─database.sql                           #MySQL 数据库文件
├─裁判文书原始文件.zip
```

10.2　数据准备和预处理

10.2.1　数据获取

数据获取是搭建知识图谱的第一步，在开发过程中，数据来源大致分为以下 4 种：公开数据、授权数据、第三方数据、历史积累的业务数据，其中，公开数据和授权数据可以通过直接下载或者网络爬虫的方式获取数据，第三方数据则是通过接口调用的方式获取数据，历史积累的业务数据则通过企业内部的数据调用接口获取数据，如图 10-3 所示。

实践表明，在获取数据时，不仅要考虑数据的获取方式，还需要对数据的可用性、安全性、实效性以及获取数据的成本进行考量。如针对新闻数据进行分析建模时，需要着重考虑实效性方面；通过爬虫的方式获取数据时，还需要考虑数据知识产权保护相关的问题。

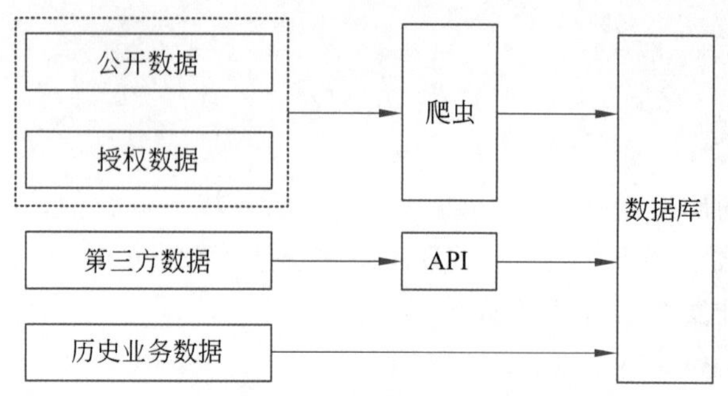

图 10-3　数据获取方式

本章的实战属于垂直领域的知识图谱搭建，目前没有公开并且训练效果比较好的数据集，所以一共需要获取两类数据：第一类是裁判文书数据，标注后用于后续训练时的语料；第二类是司法领域的字典数据，可用于分词、命名实体识别等环节。

10.2.2　获取裁判文书数据

裁判文书数据可以从中国裁判文书网批量下载，在读取裁判文书的程序中，通过 try-cache 异常检测，过滤出文件损坏或者内容不全的文件，最终得到 1 万份内容完整的裁判文书数据，作为本章实战环节的数据源，数据情况如图 10-4 所示。

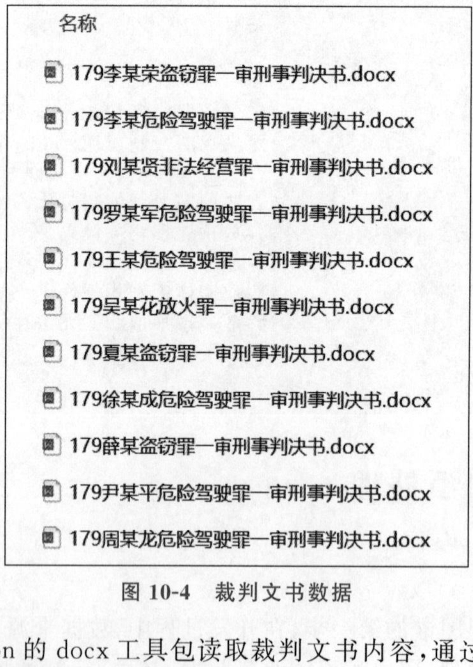

名称

179李某荣盗窃罪一审刑事判决书.docx
179李某危险驾驶罪一审刑事判决书.docx
179刘某贤非法经营罪一审刑事判决书.docx
179罗某军危险驾驶罪一审刑事判决书.docx
179王某危险驾驶罪一审刑事判决书.docx
179吴某花放火罪一审刑事判决书.docx
179夏某盗窃罪一审刑事判决书.docx
179徐某成危险驾驶罪一审刑事判决书.docx
179薛某盗窃罪一审刑事判决书.docx
179尹某平危险驾驶罪一审刑事判决书.docx
179周某龙危险驾驶罪一审刑事判决书.docx

图 10-4　裁判文书数据

本次实战中用 Python 的 docx 工具包读取裁判文书内容，通过异常捕获机制以及文书内容的长度判断裁判文书的完整性，关键代码如下。

```
1.   '''
2.   1.读取裁判文书数据
3.   2.剔除损坏或者信息不全的文件
4.   '''
5.   def extractDoc():
```

```
6.      #裁判文书存放目录
7.      dir_name =r'xxxxxx'
8.      #记录有异常的文件名到 exception.txt
9.      exception_txt =open('exception.txt', 'w', encoding="UTF-8")
10.         file_list =os.listdir(dir_name)
11.         for name in file_list:
12.             try:
13.                 dir =r'' +dir_name +os.path.sep+name
14.                 doc =docx.Document(dir)
15.                 content =''
16.                 doc_size =0
17.                 #按段落读取 docx
18.                 for i in doc.paragraphs:
19.                     print(i.text)
20.             #异常检测记录损坏的文件
21.             except Exception as ex:
22.                 exception_txt.write(name +'----' +str(ex))
23.         exception_txt.close()
```

执行流程如图 10-5 所示。

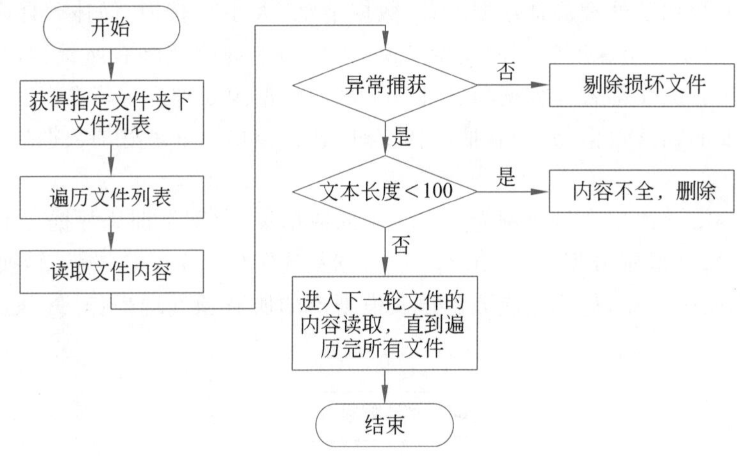

图 10-5 docx 文件数据清洗

10.2.3 获取关键字典数据

用于序列标注的字典则需要综合考虑 NER 的业务情况，比如需要识别出公诉机关、审判机关、涉案人、审判人员、罪名等信息，就需要构建相对应的字典进行标注。可以从百科网站获取公开的数据，如“全国人民法院名录”“刑法罪名大全”，也可以借助正则表达式从裁判文书中提取涉案人名单、罪名等信息作为字典。以一个罪名字典的数据为例，其处理流程如图 10-6 所示。

本章中采取正则提取的方式，从裁判文书中提取了涉案人属性字典、权利机关字典（人民法院＋检察院）、罪名字典，每个字典项占一行，多个字典项之间用换行隔开。

提取并处理字典是一个循序渐进的过程，即便是裁判文书这种行文比较规范的数据，提取到的数据也不能达到直接应用的标准，如内容中存在冒号、括号、空格、制表符等情况。面

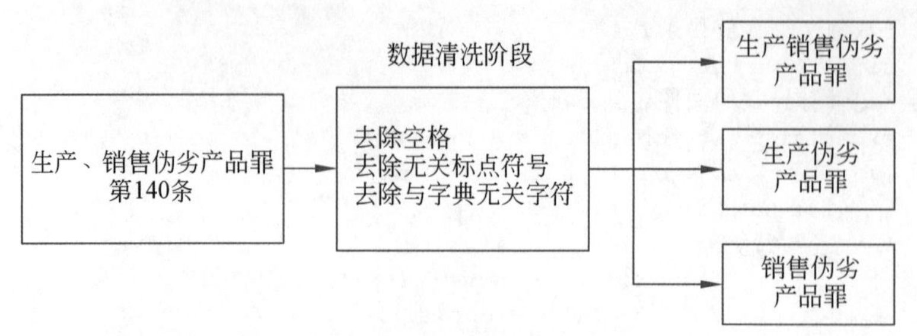

图 10-6 数据清洗示例流程

对这样的情况,一方面需要优化字典提取算法,另一方面也可以将字典导入数据库,配合数据库的 select 和 update 操作,提升数据处理效果。

在完成数据的准备之后,接下来介绍数据的预处理。数据预处理是数据分析建模的第一步,该步骤发生在数据获取后、信息抽取前,数据预处理是特征工程中最重要的部分。实践表明,数据的数量和质量与模型复杂度成负相关。数据集越大,数据质量越好,模型的复杂度越低;相反,较少的数据集和较差的数据质量,如果要达到相同的建模效果,模型的复杂度更高;甚至,数据和质量差到一定程度时,就无法建立起真正反映数据关系的模型。

传统意义的数据预处理包括数据准备、数据清洗、大小写转换、简体繁体转换以及中文分词等环节,但对于一个深度学习的模型来说,数据预处理的范围有所延伸,可以把投递数据前对数据的所有操作都看作数据预处理。本章的数据预处理部分将会以实战的方式逐步构建出模型需要的训练数据,到信息抽取环节时,就直接将预处理好的数据投递给模型进行训练。

序列标注环节会产生 3 份比例为 8∶1∶1 的数据集,分别是训练数据集 train.txt、测试数据集 test.txt 以及验证数据集 dev.txt;3 份数据集还需经过 BIOES 编码转换、构建标签索引、构建汉字索引等操作,最终完成数据送入模型前的所有预处理操作,处理流程如图 10-7 所示。

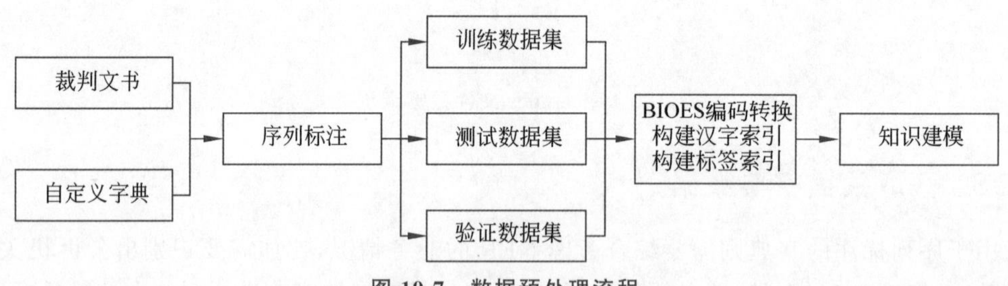

图 10-7 数据预处理流程

10.2.4 序列标注

在对裁判文书数据进行下一步处理之前,还需要给句子中的实体打上标注。句子被称为序列,标注后的句子就是下一步投递给深度学习模型的语料。主流的标注方法有 BIO 和 BIOES 两种,图 10-8 是两种标注方法的对比。

上述方法中,X 表示实体,可以自定义,如机构实体通常定义为 ORG,地名实体定义为 LOC,图 10-9 是两种标注方法的示例。

BIO 和 BIOES

B-X	表示X实体的开头	B-X	表示X实体的开头
I-X	表示X实体的中间部分	I-X	表示X实体的中间部分
O	非实体部分	O	非实体部分
		E-X	表示实体X的结尾部分
		S	单独一个字构成实体

图 10-8　BIO 和 BIOES 方法对比

标注体系	国	防	科	技	大	学	位	于	长	沙	市
BIOES	B-ORG	I-ORG	I-ORG	I-ORG	I-ORG	E-ORG	0	0	B-LOC	I-LOC	E-LOC
BIO	B-ORG	I-ORG	I-ORG	I-ORG	I-ORG	I-ORG	0	0	B-LOC	I-LOC	I-LOC

图 10-9　BIO 和 BIOES 的标注示例

由于序列标注需要人工参与和人工校对，所以本章中选择先用 BIO 标注法对裁判文书数据进行标注。待所有数据标注完成后，再由程序转为更加精准的 BIOES 标注。

序列标注步骤中，会加载 3000 份完整的裁判文书，按 8∶1∶1 的比例划分出 3 个数据集，针对于每一份裁判文书，按段落读取裁判文书内容，利用 Jieba 分词以及自定义词典，对需要标注的内容进行标注，标注的实体包括人名、日期、地点、民族、文化水平、案号、案件类型、公诉机关、审判机关、罪名以及处罚，标注结果按＜字 标签＞的形式存储，标注流程如图 10-10 所示。

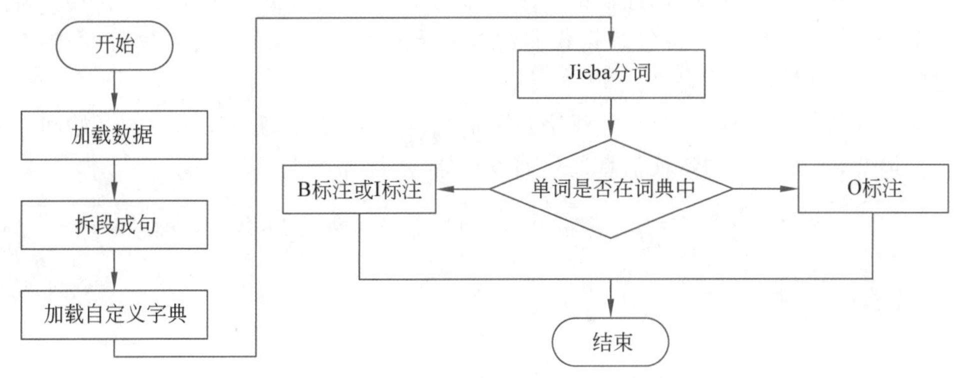

图 10-10　标注流程

序列标注的代码在 sequence_label.py 中，关键代码如下。

```
1.  for sentence in doc.doc_content.split('。'):
2.    if len(sentence)>0:
3.        seged =pseg.cut(sentence.replace(' ', ''))
4.        for word, tag in seged:
5.            #忽略停词,最后打上 o 标签
6.            if tag =='stop':
7.                pass
8.            if tag in tags:
9.                for i in range(len(word)):
10.                   if i ==0:
```

```
11.                         #起始点以 B 开头
12.                         mark_result.write(word[i] +' ' +'B-' +tag +'\n')
13.                     else:
14.                         #后面的都以 I 开头
15.                         mark_result.write(word[i] +' ' +'I-' +tag +'\n')
16.             elif tag in loc_tag:
17.                 for i in range(len(word)):
18.                     if i ==0:
19.                         #起始点以 B 开头
20.                          mark_result.write(word[i] +' ' +'B-loc' +'\n')
21.                     else:
22.                         #后面的都以 I 开头
23.                         mark_result.write(word[i] +' ' +'I-loc' +'\n')
24.             else:
25.                 for i in range(len(word)):
26.                     mark_result.write(word[i] +' O\n')
27.         mark_result.write('。O' +'\r')
28.         mark_result.write('\r')
```

数据标注成功后，还需要人工进行核对，修改标注不准确的地方。只有准确的数据集，才能提高模型训练的效果。

10.2.5 特征提取

在上节中通过序列标注，已经输出了＜字 标签＞格式的数据。在数据被送入命名实体识别模型前，还需要将＜字 标签＞格式的数据集转换为符合模型输入的数据，主要工作有BIO编码转换为BIOES编码、句子特征提取。

特征提取的信息包括句子内容、汉字索引信息、标签索引信息以及标签的开始和结束位置信息。最终，每个句子的特征信息通过列表存储，示例如下。

```
1. ['广', '东', '省', '深', '圳', '市', '南', '山', '区', '人', '民', '法', '院', '。']
2. [573, 224, 146, 701, 759, 61, 204, 315, 127, 4, 31, 29, 33, 3]
3. [1, 2, 2, 2, 2, 2, 2, 2, 2, 2, 2, 2, 3, 0]
4. [8, 1, 1, 1, 1, 1, 1, 1, 1, 1, 1, 1, 9, 0]
```

数据转换的代码在data_loader.py中，关键代码如下。

```
1.  #更新编码
2.  def update_tag_scheme(sentences):
3.      for i, s in tqdm(enumerate(sentences)):
4.          biotags =[w[-1] for w in s]
5.          utils.check_bio(biotags)
6.          bioestags =utils.bio2bioes(biotags)
7.          for word, new_tag in zip(s, bioestags):
8.              word[-1] =new_tag
9.  #构建汉字索引
10.   def word_mapping(sentences):
11.       word_list =[[x[0] for x in s] for s in sentences]
12.       dico =utils.create_dico(word_list)
13.       dico['<PAD>'] =10000001
```

```
14.         dico['<UNK>'] =10000000
15.         word_to_id, id_to_word =utils.create_mapping(dico)
16.         return dico, word_to_id, id_to_word
17.     #构建标签索引
18.     def tag_mapping(sentences):
19.         tag_list =[[x[1] for x in s] for s in sentences]
20.         dico =utils.create_dico(tag_list)
21.         tag_to_id, id_to_tag =utils.create_mapping(dico)
22.         return dico, tag_to_id, id_to_tag
```

10.3 知识建模和存储

知识建模环节主要围绕信息抽取展开，其关键问题是如何从异构数据源中自动抽取信息得到候选知识单元。本章面对的裁判文书数据属于非结构化数据，一般需要借助于自然语言处理等技术来提取出结构化信息，这正是信息抽取的难点所在。在接下来的几节中，将会重点介绍基于裁判文书的实体识别和关系抽取。

10.3.1 基于 BiLSTM+CRF 模型的命名实体识别

命名实体识别是自然语言处理领域的关键技术之一，目标是从一段非结构化文本中识别出具有特定意义的实体，主要包括人名、地名、机构名、专有名词等，进而支持下游任务。对于本章中的实战项目，主要识别出人名、日期、民族、文化水平、案号、审判机关、公诉机关、罪名以及处罚等实体。

本章中搭建的模型为 BiLSTM＋CRF 模型，通过双向 LSTM 的设计，有效解决长程依赖问题和梯度消失问题，充分利用上下文信息并获得更优的结果。在 LSTM 模型的输出层接入 CRF 模型，可避免不符合序列排序要求的实体片段生成。

1. 模型搭建

模型搭建的代码主要在 model.py 文件中。tf.keras 框架提供了序列化、函数式以及子类化等 3 种模型构建方式，本章中采用的是子类化的方式构建模型，运用面向对象思想，将模型本身构造为 MyModel 类，将模型所需的配置文件构造为 Config 类，关键代码如下。

```
1.   class MyModel(Model):
2.     #构造函数负责创建不同的层
3.     def __init__(self, config):
4.         super(MyModel, self).__init__()
5.         self.transition_params =None
6.         self.embedding =layers.Embedding(config.n_vocab, config.embsize)
7.          self.biLSTM =layers.Bidirectional(layers.LSTM(config.hidden_size,
         return_sequences=True))
8.         #tags_num 为标签数量，初始化为 0，加载完数据后会重新赋值
9.         self.dense =Dense(config.tags_num)
10.
11.              self.transition_params =tf.Variable(tf.random.uniform(shape=
             (config.tags_num, config.tags_num)),
```

```
12.                     trainable=False)
13.             self.dropout =layers.Dropout(config.dropout)
14.
15.         #call 方法负责计算
16.         def call(self, text, labels=None, training=None):
17.             x =tf.math.not_equal(text, 0)
18.             x =tf.cast(x, dtype=tf.int32)
19.             text_lens =tf.math.reduce_sum(x, axis=-1)
20.             #-1 change 0
21.             inputs =self.embedding(text)
22.             inputs =self.dropout(inputs, training)
23.             inputs =self.biLSTM(inputs)
24.             logits =self.dense(inputs)
25.             if labels is not None:
26.                 label_sequences = tf.convert_to_tensor(labels, dtype=tf.
                    int32)
27.                 log_likelihood, self.transition_params =tf_ad.text.crf_log_
                    likelihood(logits, label_sequences, text_lens)
28.                 self.transition_params =tf.Variable(self.transition_params,
                    trainable=False)
29.                 return logits, text_lens, log_likelihood
30.             else:
31.                 return logits, text_lens
```

2. 模型训练

模型训练的代码主要在 train.py 中。在模型训练环节,主要任务是配置好模型运行的相关参数,并按批次加载数据进行训练。本节中,256 个句子作为一个批次,每 30 个批次采集一次模型评估指标,结束本轮训练后会自动进行下一轮训练,直到评估指标达到模型要求,关键代码如下。

```
1.   for epoch in range(config.num_epochs):
2.     train_step =0
3.     for _, (text_batch, labels_batch) in enumerate(train_dataset):
4.         train_step =train_step +1
5.         loss, logits, text_lens =train_one_step(text_batch, labels_batch)
6.
7.         if train_step %30 ==0:
8.             accuracy =get_acc_one_step(logits, text_lens, labels_batch)
9.             accuracy1 =('%.4f' %accuracy)
10.            loss1 =('%.4f' %loss)
11.            if accuracy >best_acc:
12.                best_acc =accuracy
13.                ckpt_manager.save()
```

3. 模型评估

模型评估是指对于一种具体方法输出的最终模型,使用一些指标和方法来评价它的泛化能力,这一步骤通常在模型训练和模型选择之后,正式部署模型之前。根据采集到的模型评估指标信息,调整模型参数,提升模型效果,同时也可以防止模型过拟合。

本节中采用的评估指标是损失值 loss 和准确率 accuracy，训练过程中每一个批次包含 256 个句子，每隔 30 个批次采集一次 loss 和 accuracy，当采集到的准确率连续 10 次不再提升，即可停止训练。第一轮和第二轮训练中，一共采集了 10 次评估指标，loss 的变化情况如图 10-11 所示。

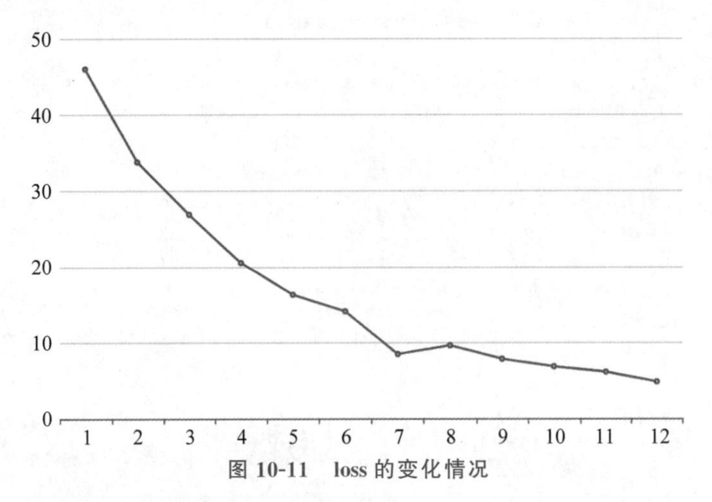

图 10-11 loss 的变化情况

准确率 accuracy 的变化情况如图 10-12 所示。

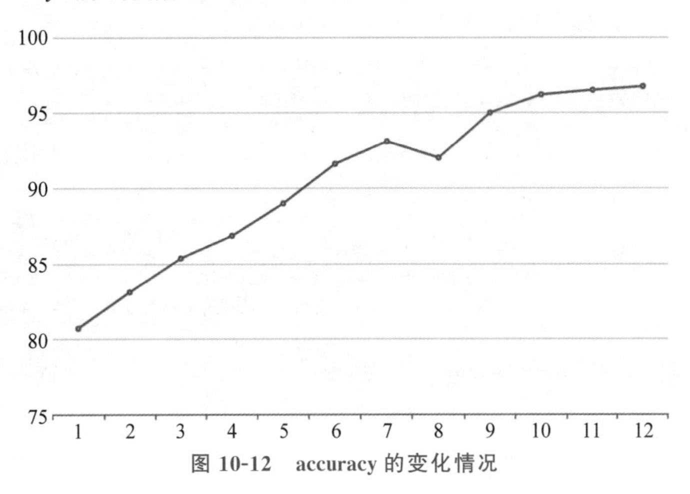

图 10-12 accuracy 的变化情况

从上述评估指标中可以看到，随着训练的进行，loss 在不断减小，准确率在不断提升，符合模型的训练方向。当进行到第十轮训练时，loss 值降低到 0.97，准确率提升到 98%，并且之后的训练中，准确率不再提升，此时停止训练，保存模型。

4. 模型部署

模型部署阶段的主要任务目标是为模型开放 API 端口，实现模型调用以及复用。实现该功能的关键思路是将模型预测部分的代码封装为方法，该方法接收一段文本，并将命名实体识别的结果以 JSON 的格式返回；最后为该方法配置相应的 Django 路由。项目启动后，就可以通过 API 调用模型，关键代码如下。

```
1.  #predict.py,封装方法
2.  def predict(sentence):
3.    dataset = tf.keras.preprocessing.sequence.pad_sequences([[word_to_id.
    get(char, 0) for char in sentence]],
4.                          padding='post')
5.    logits, text_lens =model.predict(dataset)
6.    paths =[]
7.    for logit, text_len in zip(logits, text_lens):
8.        viterbi_path, _ =tf_ad.text.viterbi_decode(logit[:text_len], model.
        transition_params)
9.        paths.append(viterbi_path)
10.       id2tag =[]
11.       id2tag =[id_to_tag[id] for id in paths[0]]
12.       entities_result =utils.format_result(list(sentence), id2tag)
13.       result =json.dumps(entities_result, indent=4, ensure_ascii=False)
14.       return result
15.
16.   #views.py,配置路由
17.   def predict(request):
18.       sentence =request.GET.get("sentence")
19.       result =ner_predict(sentence)
20.       return HttpResponse(result)
```

在 postman 中调用该 API,效果如图 10-13 所示。

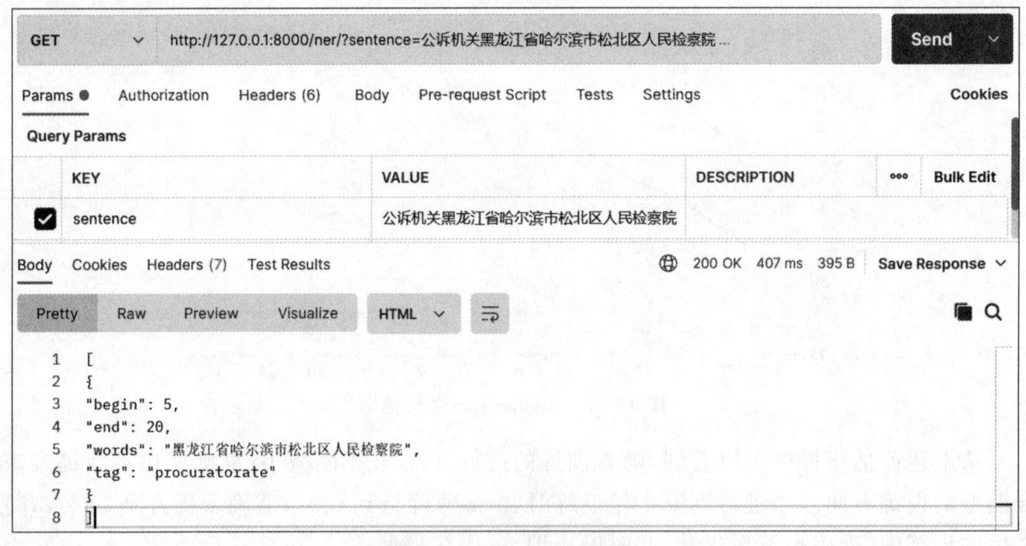

图 10-13 API 调用效果

10.3.2 实体关系抽取

实体关系抽取是信息抽取的重要组成部分,与命名实体识别密不可分。实体关系抽取的主要任务是从需要处理的裁判文书文本中抽取全部的实体对之间的语法联系或者语义联系,以便下一步构建信息检索和知识图谱。

关系抽取的模型比较多,如基于 CNN 的关系抽取、基于 BiLSTM 的关系抽取,其抽取

过程与命名实体识别类似，也会经历数据预处理、模型搭建、模型训练、模型部署等过程，最终输出经过筛选的三元组。

对于裁判文书而言，三元组中的关系比较明确，通过 10.3.1 节中识别的实体就可以直接构建。由每个裁判文书的案号代表一个案件，则案件与被告人之间为被告关系，可以组成＜案件，被告关系，被告人＞三元组；权利机关和案件之间可以构成＜权利机关，审判，案件＞三元组；被告人和量刑可以构成＜被告人，量刑，罪名＞三元组，关键代码如下。

```
1.  for doc in doc_list:
2.    court = case_type = case_id = procuratorate = person = nation = birthday =
      diploma = crim = judgment= ''
3.    for sentence in doc.doc_content.split('。'):
4.        if len(sentence.strip())>0:
5.            res_list = ast.literal_eval(predict(sentence))
6.            if len(res_list)>0:
7.                for i in res_list:
8.                    if court == '' and i['tag'] == 'court':
9.                        court = i['words']
10.                   if case_type == '' and i['tag'] == 'case_type':
11.                       case_type = i['words']
12.                   if i['tag'] == 'case_id':
13.                       case_id = i['words']
14.                   if procuratorate == '' and i['tag'] == 'procuratorate':
15.                       procuratorate = i['words']
16.                   if '被告人' in sentence and person == '' and i['tag'] ==
                      'person':
17.                       person = i['words']
18.                   if '被告人' in sentence and i['tag'] == 'nation':
19.                       nation = i['words']
20.                   if '被告人' in sentence and birthday == '' and i['tag'] ==
                      'date':
21.                       birthday = i['words']
22.                   if '被告人' in sentence and i['tag'] == 'diploma':
23.                       diploma = i['words']
24.                   if '判决如下' in sentence and i['tag'] == 'crim':
25.                       crim = i['words']
26.                   if '判决如下' in sentence and i['tag'] == 'judgment':
27.                       judgment = judgment + ' ' + i['words']
```

10.4 图谱可视化和知识应用

图谱绘制的主要工作，是将实体关系抽取得到的三元组存储至图数据库。本章用到的图数据库是 Neo4j，接下来会重点介绍如何将构建好的三元组数据存储至 Neo4j 数据库，并完成同名实体去重，最后通过 Neo4j 的 Web 端实现对裁判文书知识图谱的可视化展示。

10.4.1 绘制知识图谱

将三元组数据存储至 Neo4j 数据库，本节中使用的工具为 Py2neo，可以直接使用 pip 安装。以＜案号，审判机关，XX 法院＞三元组为例，数据入库的关键代码如下。

```
1.  #头实体
2.  head =Node("regoin", name='黑 0109 刑初 313 号')
3.  #尾实体
4.  tail =Node("regoin", name='黑龙江省哈尔滨市松北区人民法院')
5.  #实体关系
6.  entity =Relationship(head,"审判机关", tail)
7.  #创建实例
8.  graph.create(entity)
```

由于"案号"实体会在同一篇裁判文书图谱中出现多次,所以在数据入库的过程中需要完成同名实体的去重工作。其原理是通过 NodeMatcher 查询实体是否存在,如果实体存在,则不必重复创建实体。以<案号,审判机关,XX 法院>三元组为例,同名实体去重的关键代码如下。

```
1.  if case_id !='':
2.    case_id_node =Node("case_id", name=case_id)
3.    if court !='':
4.        matcher =NodeMatcher(graph)
5.        nodelist =list(matcher.match('court', name=court))
6.        if len(nodelist) >0:
7.            entity =Relationship(case_id_node, "属于", nodelist[0])
8.            graph.create(entity)
9.        else:
10.           court_node =Node('court',name=court)
11.           entity =Relationship(case_id_node, "审判机关", court_node)
12.           graph.create(entity)
```

根据上述方法,依次将如下三元组存储至 Neo4j,即可完成裁判文书知识图谱的创建。

(1) <案号,审判机关,XX 法院>。

(2) <案号,公诉机关,XX 检察院>。

(3) <案号,案件类型,刑事/民事/行政/经济案件>。

(4) <案号,涉案人,XX 某>。

(5) <涉案人,出生日期,XX 日期>。

(6) <涉案人,民族,民族>。

(7) <涉案人,文化水平,文化水平>。

(8) <涉案人,罪名,罪名>。

(9) <涉案人,判决,判决>。

10.4.2 知识图谱展示

完成全部数据的批量入库操作后,便能够使用 Cypher 语句对生成的裁判文书知识图谱进行操作以及可视化展示。通过 http://127.0.0.1:7474 访问 Neo4j 的 Web 端,在控制台中输入查询语句"MATCH (n) RETURN n LIMIT 25",即可查看裁判文书知识图谱,效果如图 10-14 所示。

10.4.3 知识图谱应用

通过对裁判文书关键信息进行提取,绘制成知识图谱,以图形的方式展现案件的逻辑关

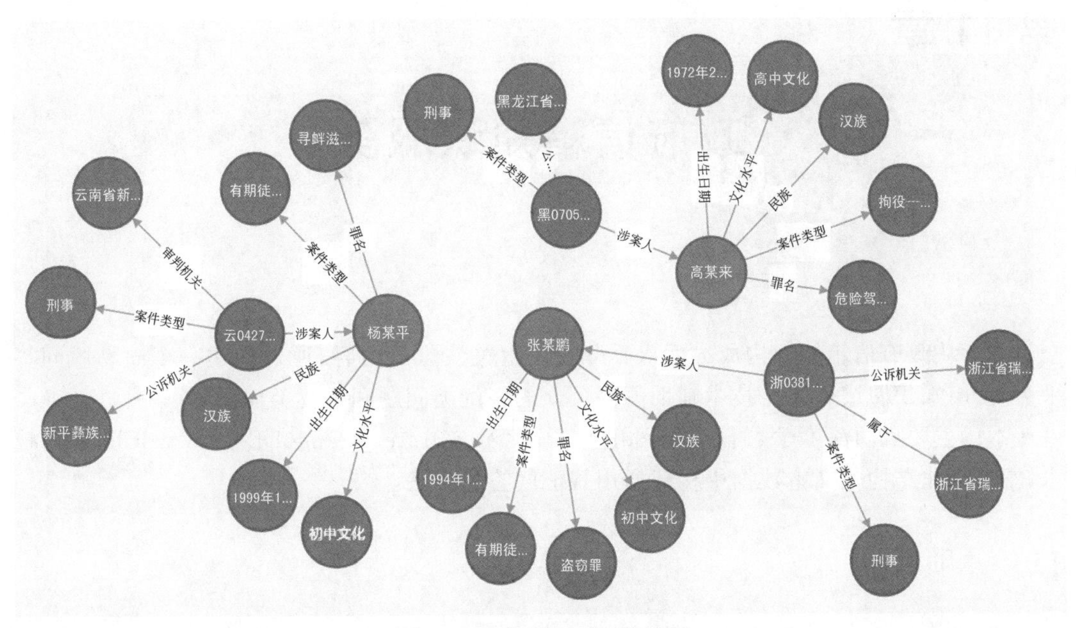

图 10-14　裁判文书图谱效果

系，直观地表示案件的关键内容。司法工作者可以根据知识图谱，快速地在线检索相关法务内容，提高司法工作的质量和效率。

随着裁判文书知识图谱的不断完善，图谱本身也将作为一批高质量的资源，为后续司法领域和深度学习的结合奠定基础，发展案件统计、另案类推、量刑建议等业务。

基于知识图谱统计不同类型案件的分布信息，对于多发频发的案件提供信息预警，为上层决策者提供干预措施的着力点；基于构建的知识图谱开展另案类推相关的工作，为办案人员提供相似情节和相似判决的案件作为当前案件的裁量参考；基于知识图谱中记录的案件关键信息，将案由以及最终的判决作为输入，在量刑预测方面进行建模，从而打造出量刑建议、AI 法官等上层业务。

10.5　小结和扩展

本章针对非结构化的裁判文书数据，介绍了如何使用 NLP 技术完成数据标注、命名实体识别、实体关系抽取以及知识图谱构建等任务，过程中讲述了 Jieba 分词、BIOES 标注法、Django、BiLSTM+CRF 模型等知识点。在选择实体识别模型时，选用的是使用量较多的模型，需要注意的是模型训练结果至少要在 95%以上才能到达应用标准。本章只着重于介绍建立知识图谱的过程，在该知识图谱的具体应用上涉及较少，请自行扩展。

思考题：

1. 对比从百科公开的“全国人民法院名录”“刑法罪名大全”等词典，与正则表达式提取的词典结果对数据集的影响。

2. 基于知识图谱查询多发频发的案件。

3. 命名实体识别模型是否可以进一步优化？具体怎么做？

第 11 章

政府信箱知识服务

本章从政府信箱知识构成方面入手分析民生关注焦点内容，通过构建一个简易版问答平台，使用知识图谱可视化技术辅助解决公众的咨询类问题和重复类问题。

本章主要巩固深度学习框架 PaddleNLP，学习 SQLite、ArangoDB 和 WordCloud 等技术，掌握从非结构化文本数据中构建通用智能问答的方法。

11.1 项目设计

政府信箱在电子政务建设和应用以来，受理了很多公众诉求，而研究政府信箱的知识构成可作为构建知识图谱的一个必要过程。项目针对以上数据通过大数据分析和挖掘技术，构建一个属于信箱领域通用的知识图谱。项目使用 Python 爬虫采集政府信箱信息，使用 PaddleNLP 进行知识抽取，使用 ArangoDB 存储和查询图数据，使用 WordCloud 绘制图云，最后使用 Python 搭建一个智能问答平台。

11.1.1 需求分析

政府信箱数据由公众与政府互动产生，政府信箱应用信息化技术后，可以利用相关算法分析政府信箱数据，帮助研究公众日常生活焦点问题，并能在一定程度上反映政府处理事件的效率和能力。从公众角度出发，信箱反映的问题是关乎自身利益的，如果得到及时有效的解决，那么会增加公众对政府的信任度，提升人民群众的幸福感、安全感和认同感，政府信箱在信息化应用以来也切实解决了很多民生问题，然而公众反映的问题存在很多重复的情况，这些通常是不了解事件的解决方法、不了解事件是否解决、不了解事件是否反馈导致的。

政府信箱信息由人民群众在相关政府网站平台写信发送到指定单位，该单位工作人员收到信件后，联系发信人确认问题并给出解决方案，在这一过程中产生的信息有：事件描述信息、时间信息、处理单位和解决方案信息。政府信箱的信息通常由结构化和非结构化两部分组成，结构化数据如处理单位和信件时间，非结构化数据如事件描述信息和解决方案信息。

各省市收集的政府信箱数据反映的问题是不同的，因为不同地区公众对事件的关注度不一样。而对于关注度高的事件，通常存在重复提问现象。政府在平台中对重复的问题进行逐个回答时也会耗费很多时间。研究和分析信箱数据构成，形成知识图谱，可以辅助政府工作人员处理事件的进度。

政府信箱数据由一部分结构化数据和一部分非结构化数据构成。数据中反映的事件也五花八门，有咨询的，有建议的，也有投诉的内容；行业涉及广泛，有交通的，有社区邻里纠纷的,有企事业单位的,等等。这里主要分析研究非结构化数据中描述的事件及解决方案,通过实践的方式简单构建一个基于信箱数据的、为聚类分析和问答系统所用的知识图谱。

11.1.2　工作流程

在 Web 项目中构建一个可视化的知识图谱需要经过收集数据集、数据预处理、实体抽取、关系抽取、构建三元组、存储到图数据库、可视化展示等阶段。具体构建流程如图 11-1 所示,其中数据准备阶段是构建知识图谱的基础,数据处理阶段是构建知识图谱的重心,可视化阶段是成果展示的关键。

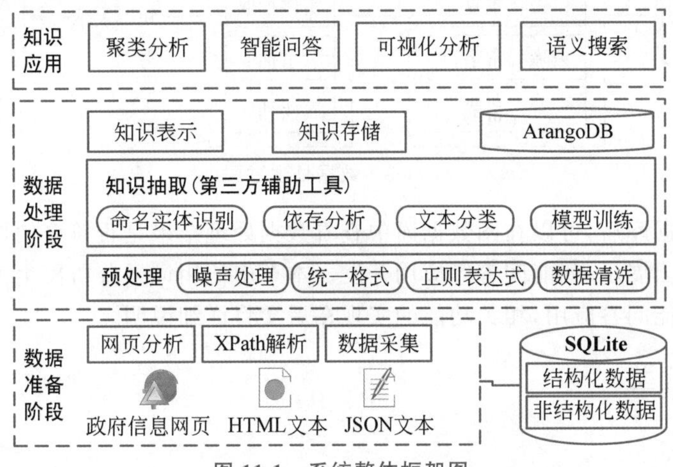

图 11-1　系统整体框架图

数据是构建知识图谱的基础,从数据获取到存储过程中需要先设计好数据流程图,依据数据流程图编写相关步骤代码。数据集构建过程主要分为数据收集过程和数据处理过程,其中数据收集过程将政府网站信箱数据收集存储到关系数据库中,数据处理过程则将收集而来的数据经过清洗、实体识别等过程处理成三元组存储到图数据库。

政府信箱数据收集工作如图 11-2 所示。从政府网站开始,首先分析信箱数据信息构成,分析政府网站数据请求方式。在获取到源网站数据后,根据数据构成规则解析数据。在这一过程中最重要的是分析数据请求方式和解析数据方法。分析数据请求方式实际上是分析客户端和服务器通过浏览器发送的数据流是怎么处理和展示的。深层次的技术先不要求掌握,在数据收集工作中只需要了解怎么查看网站获取数据的实际链接,掌握网页返回数据的格式所使用的解析方法即可。由于政府网站公开展示的信箱数据量不大,可使用 SQLite 小型数据库存储原始数据。

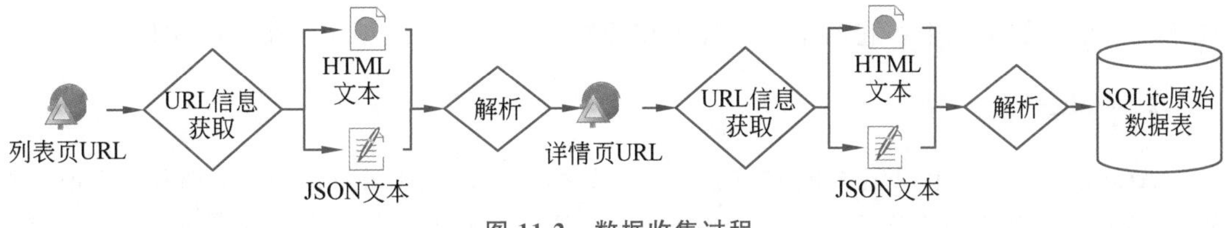

图 11-2　数据收集过程

数据收集完毕后,需要经过处理存储到图数据库才能进行后续操作,所以数据处理是构建知识图谱的重点过程，如图 11-3 所示。政府信箱数据处理过程与一般的知识图谱构建过程一致，区别于其他知识图谱数据处理过程的是知识表示，即存储到图数据库中的三元组结构。需要注意对民生关注点进行分析和智能问答之前，需要对公众提出的问题进行知识抽取，主要是提取问题中涉及的实体数和主题方面。在数据处理完毕后，将数据存储到 ArangoDB 图数据库中。

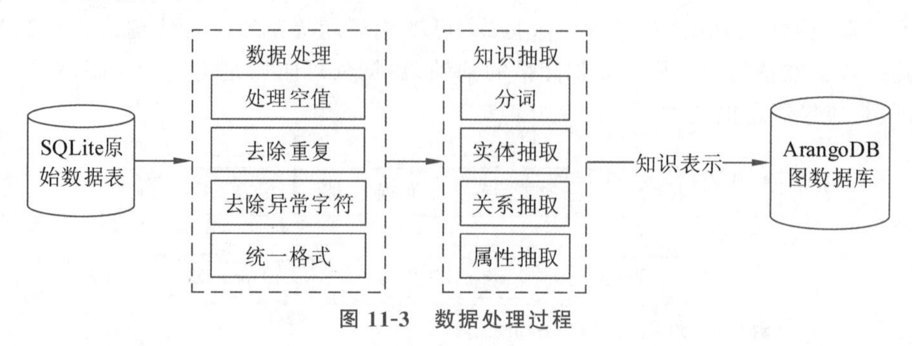

图 11-3 数据处理过程

存储到图数据库后，可以在图数据库中查看数据处理结果是否符合使用标准，之后可以使用数据进行词云展示、智能问答等应用开发。本章中使用词云分析民生关注点；使用输入输出形式展示智能问答应用，相关功能的实现在后文将详细说明。

11.1.3 技术选型

1. SQLite

SQLite 是一款常用的小型关系数据库，数据库整体是一个扩展名为 db 或 sqlite3 的文件，一个文件中可以同时存在多张数据表，数据结构通常只支持 integer、real、text 和 blob。SQLite 数据库常用于单应用程序(桌面应用程序和 App 手机程序等)。SQLite 使用方法类似 MySQL 和 SQL Server 数据库，支持常用的 select、insert、update、delete 等 SQL 语句操作。

它的设计目标是嵌入式的，而且已经在很多嵌入式产品中使用。它占用资源非常低，在嵌入式设备中，可能只需要几百 KB 的内存就够了。它能够支持 Windows/Linux/UNIX 等主流的操作系统，同时能够跟很多程序语言相结合，比如 Tcl、C#、PHP、Java 等，还有 ODBC 接口，

SQLite 引擎不是一个程序与之通信的独立进程，而是连接到程序中成为它的一个主要部分。所以主要的通信协议是在编程语言内直接通过 API 调用。这在消耗总量、延迟时间和整体简单性上有积极的作用。整个数据库(定义、表、索引和数据本身)都在宿主主机上存储于一个单一的文件中。它简单地设计为在开始一个事务时就锁定整个数据文件。

2. ArangoDB

ArangoDB 是一个原生多模型数据库，可以存储 graph 图、document 文档和“键-值”对数据，ArangoDB 支持多数据库共存，在项目研发阶段可能需要使用不同的数据库存储不同实验结果，这种支持多数据库存储的图数据库是非常适合的。

它兼有“键-值”对、graph 图和 document 文档数据模型，提供了涵盖 3 种数据模型的统

一的数据库查询语言,并允许在单个查询中混合使用 3 种模型。可以基于其本地集成多模型特性搭建高性能程序,并且这三种数据模型均支持水平扩展。

ArangoDB 采用适用于所有数据模型的统一内核和统一数据库查询语言,因此支持在单次查询过程中混合使用多种模型。ArangoDB 在执行查询过程时,无须在不同数据模型间相互"切换",也不需要执行数据传输过程,从而在速度和性能方面都具有极大优势。因此,适用于高性能领域需求。

ArangoDB 具有的特点主要有:①使用方便,类 SQL 或 JavaScript 扩展构建高性能应用程序;②支持 ACID 事务;③支持集群;④高吞吐量;⑤支持复制和分片等。ArangoDB 的安装和配置参考官网说明。

3. WordCloud

词云(Word Cloud)又称文字云,是文本数据的视觉表示,由词汇组成类似云的彩色图形,用于展示大量文本数据。每个词的重要性以字体大小或颜色显示。词云主要用来做文本内容关键词出现的频率分析,适合文本内容挖掘的可视化。词云中出现频率较高的词会以较大的形式呈现出来,出现频率较低的词会以较小的形式呈现,词云的本质是点图,是在相应坐标点绘制具有特定样式的文字的结果。

WordCloud 是 Python 绘制词云的一个开源库,使用 WordCloud 可以很方便地将单词统计数据以词云的方式展示,并且可以自定义词云的形状、尺寸和颜色。WordCloud 默认生成的词云图片是方形的,可以使用图片来指定生成的词云形状,例如下面实战中根据河南地图图片生成地图形状的词云。

WordCloud 的 API 总体来说并不多,且需要进行的配置并不复杂,适合新手上手。安装 WordCloud 可以使用 Python 自带的 pip 工具来进行。由于 WordCloud 依赖于 NumPy 包、Pillow 包和 Matplotlib 包,所以要先装好上述这 3 个包然后再装 WordCloud 包。

11.1.4　开发准备

1. 系统开发环境

本系统的软件开发及运行环境如下。

(1) 操作系统:Windows 10。

(2) 依赖环境:Python 3.7 及以上。

(3) 数据库和驱动:SQLite、ArangoDB+pyArango。

(4) 开发工具:PyCharm。

(5) 开发框架:Django。

(6) 浏览器:Chrome 浏览器。

2. 文件夹组织结构

文件夹组织结构如下所示。

```
|—django_test
|   |—letter_web
```

```
|   |   |—letter_web                    #由 Django 生成的 Web 框架
|   |   |—manage.py                     #控制 Django 程序启动
|   |   |—run.bat                       #在 Windows 下直接双击启动 Django 程序
|   |   |—static                        #存放 HTML 页面所需的静态资源
|   |   |—templates                     #存放 HTML 页面
|   |   |   |—answer.html               #智能问答页面
|   |—readme.md                         #项目的说明信息
|   |—requirements.txt                  #项目所依赖的 pip 安装列表
|—letter_project
|   |—cloud_generate.py                 #词云生成
|   |—data
|   |   |—letter_data
|   |   |   |—dict_txt.txt
|   |   |   |—test.txt
|   |   |   |—test_list.txt
|   |   |   |—train.txt
|   |   |   |—train_list.txt
|   |   |—source
|   |—data_generate.py                  #方法 1 构成 spo 关系图谱存储到 arangodb 中
|   |—data_generate2.py                 #方法 2 构成 spo 关系图谱存储到 arangodb 中
|   |—data_generate3.py                 #命名实体识别结果存储到图数据库中
|   |—generate_graph_yicun.py           #依存句法分析结果存储到图数据库中
|   |—infer_model                       #文本分类模型
|   |—mytool.py                         #工具类
|   |—paddle_classify_util.py           #PaddleNLP 文本分类
|   |—paddle_text_classify              #PaddleNLP 文本分类训练
|   |   |—deal_data.py                  #处理训练数据并生成数据字典
|   |   |—generate_letter_tran_data.py     #生成训练数据
|   |   |—generate_model.py             #开始模型训练
|   |   |—model_run_test.py             #进行模型测试
|   |   |—说明.md                       #模型训练说明信息
|   |—readme.md                         #项目的说明信息
|   |—requirements.txt                  #项目所依赖的 pip 安装列表
|   |—source
|   |   |—henan.jpg                     #生成词云的形状图片
|   |   |—yahei_ziti.ttf                #生成词云设置时使用到字体文件
|   |—spo_extract
|   |   |—baidu_svo_extract.py          #paddleNLP 依存句法分析
|   |—test                              #测试文件
|—letter_spider                         #数据采集程序
|   |—crawl_henan_{xx}.py               #河南数据采集程序
|   |—db.sqlite3                        #数据库文件
|   |—requirements.txt                  #项目所依赖的 pip 安装列表
|   |—SpiderMan.py                      #天津数据采集程序
|   |—SqliteTool.py                     #Sqlite 数据库操作工具类
|   |—Utils.py                          #工具类
|   |—说明.md                           #项目的说明信息
```

11.2 数据准备和预处理

政府信箱数据获取需要经过源网站分析、URL 信息获取、信息预处理、关系数据库表存储 4 个步骤。

11.2.1　源网站分析

政府信箱数据的获取首先需要登录政府网站，国内的政府网站通常由地名加 gov.cn 构成，政府信箱数据通常在“政民互动”菜单。政民互动页面中查看公开的信件回复页面数据构成和数据请求地址，在此可以使用浏览器提供的“开发者工具”帮助分析数据构成和数据的实际请求地址，如图 11-4 所示。

图 11-4　政府信箱网站请求分析 — 网页请求示例

使用 Python 原生 requests 库获取网页信息，requests 模拟 HTTP 请求获取页面内容，这些内容通常由 HTML 标签构成，可能也有 JSON 数据，这时就需要分析网页获取数据的实际请求地址。使用浏览器提供的“开发者工具”分析页面中展示的数据对应的实际地址，只有网站在使用 AJAX 获取数据时，才会出现获取数据的链接与当前网页的链接不一致情况，如图 11-5 所示。

11.2.2　URL 信息获取

拿到真实数据地址后，进入代码实现环节。在用程序发送 HTTP 请求前需要注意避免频繁请求，造成源网站负担同时避免被拉入网站黑名单。requests 可以直接使用 get 或者 post 获取链接信息，具体代码如下。

```
1.   import requests
2.   from urllib import parse
3.   from requests.packages.urllib3.exceptions import InsecureRequestWarning
4.   requests.packages.urllib3.disable_warnings(InsecureRequestWarning)
5.   headers ={"User-Agent": "Mozilla/5.0 (Windows NT 10.0; Win64; x64; rv:97.0)
     Gecko/20100101 Firefox/97.0"}
6.   def download(url,method_type=1):
7.       s =parse.quote(url, safe=string.printable)
```

```
8.      requests.adapters.DEFAULT_RETRIES =5          #增加重连次数
9.      sq =requests.session()
10.       sq.keep_alive =False                        #关闭多余连接
11.       if method_type ==1:
12.           req =sq.get(url=s, headers=headers,verify=False)
13.       else:
14.           req =sq.post(url=s, headers=headers, verify=False)
15.       req.encoding ='utf-8'
16.       if req.status_code ==200:
17.           return req.text
```

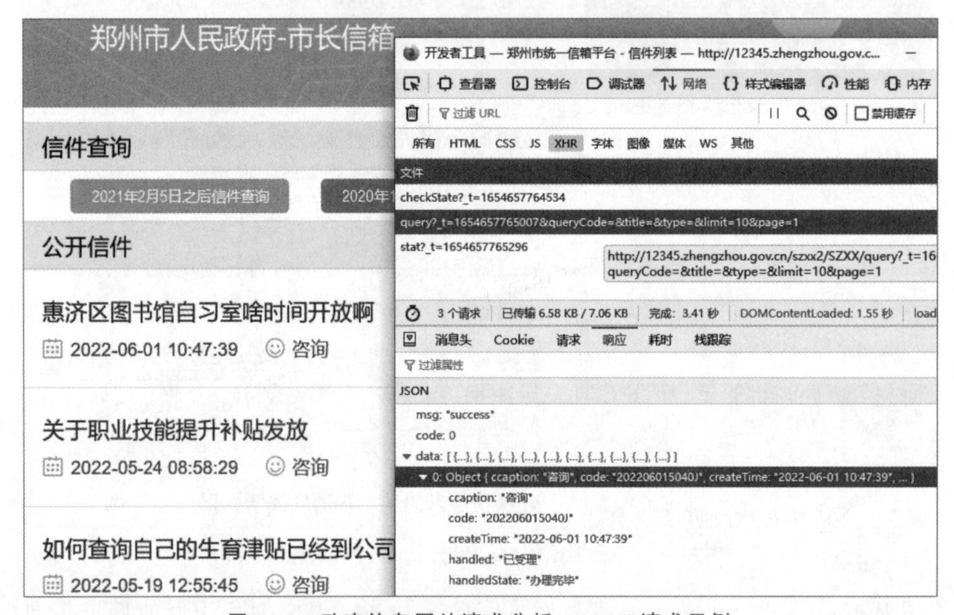

图 11-5 政府信息网站请求分析—AJAX 请求示例

11.2.3 信息预处理

获取到链接信息后，需要解析信息并存储到数据库中。根据分析可知，链接返回的信息由 HTML 和 JSON 文本构成，针对不同的构成有不同的解析方式。解析 HTML 文本可以使用 BeautifulSoup、lxml、HTMLParaer 等库，这里讲解利用 lxml 库的 etree 包解析 HTML 文本内容，主要使用 XPath 表达式提取文本。

XPath 表达式是 XML 路径语言，根据所要获取的数据所在节点路径，使用斜线“/”分隔每层路径，使用 HTML 的属性标签定位具体节点，使用 text()、@属性名等方式获取具体节点内容，通过这些方法来达到解析 HTML 的目标。在使用 XPath 时需要先使用 etree.HTML(html_content)将 HTML 文本内容转换为_Element 对象，然后使用 page.xpath("XPath 表达式")方法实现提取文本目标。以平顶山政府网站为例，具体提取代码如下所示。

```
1.  list_html =download("https://www.pds.gov.cn/channels/1027.html")
2.  page =etree.HTML(list_html)
```

```
3.  alist =page.xpath("//div[@id='Content']/div/div[@class='channel-list']/
    ul/li/a/@href")                #获取详情页链接集合
4.  for item in alist:
5.      #拼接完整的详情页链接
6.      detail_url_str ="https://www.pds.gov.cn{href}".format(href=item)
7.      detail_page =etree.HTML(html_Content)
8.      #获取详情页 HTML 文本
9.      detail_page_html =download(detail_url_str)
10.     #利用 XPath 表达式,解析 HTML 文本获取信件实体对象
11.     letter_info={
12.         "title": detail_page.xpath("string(//div[@id='Content']/div[@
            class='content']/div[@class='xjList'][5]/span)"),
13.         "letter_content": detail_page.xpath("string(//div[@id='Content']/
            div[@class='content']/div[@class='xjList'][6]/span)"),
14.         "reply_content": detail_page.xpath("string(//div[@id='Content']/
            div[@class='content']/div[@class='xjList'][9]/span)"), ……
15. }
```

解析 JSON 文本使用的是 json 包，JSON 文本本来就是结构化的，所以只需要根据返回的实体结构转换成项目实体就行。首先使用 json.loads(content)将文本内容转为 JSON 对象，然后使用 json_obj["属性名"]获取 JSON 对象中的属性值。有时候返回的 json 信息中含有字典字段，这种情况下需要进入原网页查看字典值代表的信息是什么，做好字典翻译。如果遇到时间信息是数值型的时间戳，那么需要转换为日期字符串。以郑州市政府网站为例，具体解析代码如下。

```
1.  json_obj = download("https://12345.zhengzhou.gov.cn/szxx2/SZXX/query?
    queryCode=&title=&type=&limit=100&page=1")
2.  data_list =json.loads(json_obj).get("data")          #列表页
3.  for item in data_list:
4.      detail_url_str ="https://12345.zhengzhou.gov.cn/szxx2/SZXX/detail?id=
    {id_str}".format(id_str=item.get("id"))
5.      detail_json_str=download(detail_url_str)          #详情页
6.      detail_json =json.loads(detail_json_str).get("data")
7.      letter_info ={"title": detail_json.get("title"),
8.          "letter_time": detail_json.get("time"),
9.          "letter_content": detail_json.get("content"),
10.         "reply_time": detail_json.get("completetime"),
11.         "reply_dept": detail_json.get("unitName"),
12.         "reply_content": detail_json.get("result"),
13.         "question_type": detail_json.get("typeName")}
```

11.2.4　关系数据库表存储

原始数据预处理完毕后，需要将结果存储到数据库中，以便后续处理。在此选择使用 SQLite 数据库存储解析的结果数据。存储数据首先需要建立数据表，数据表包括标题、问题描述、回复内容和时间等。存储数据到数据库中需要注意数据长度和数据类型，如果长度和类型不正确，需要进行相应的转换后才能存储到数据库中，如图 11-6 所示。这里对 SQL 语句的 insert 等操作方式不进行详细列举，请自行查询 SQLite 操作说明。

id	title	letter_time	letter_content	reply_tim	reply_dept	reply_content	url	area_name
0d3ecb9530f62d5d59ce0	郑州市直公积金是否可以转	2022-03-30 1	请问郑州市直公积金是否可以转为	2022-03-	郑州公积金中心	您好！您反映的问题	http://12345.zhengzhou.g	河南省郑州市
abc097343bbfac5efa1b9C	医保社保等查询问题	2022-03-21 1	年前都是在郑好办软件上查看社保	2022-03-	市医保局	您好！您反映的问题	http://12345.zhengzhou.g	河南省郑州市
28f56efe2ce36c707f83e5	郑州四环环线什么时候通公	2022-03-16 1	郑州四环主路高架已经开通一年多	2022-03-	市公交总公司	您好！您反映的问题	http://12345.zhengzhou.g	河南省郑州市
c185f7a7b5c3b0c879359f	独生子女父母光荣证问题的	2022-03-11 1	我家孩子2013年出生，并于2	2022-03-	新郑市政府	您好！您反映的问题	http://12345.zhengzhou.g	河南省郑州市
19178e2f3fc0f8f3aa7b597	B33路公交线路何时恢复?	2022-03-09 1	之前的B33路公交车因为修四环高	2022-03-	市公交总公司	您好！您反映的问题	http://12345.zhengzhou.g	河南省郑州市
c69e92fb8e5dc867d2689	高新区和金水区何时通公交	2022-03-01 0	郑州市高新区和金水区虽然修通了	2022-03-	市公交总公司	您好！您反映的问题	http://12345.zhengzhou.g	河南省郑州市
c84957cc064462574032	关于啟福尚都小区消防通道	2022-02-24 1	2月23日，郑州市一小区居民楼起	2022-02-	市消防支队	您好！您反映的问题	http://12345.zhengzhou.g	河南省郑州市
87905ef42e100402dcbdf	规范停车	2022-02-14 1	东风南路创业路交叉口，郑州人民	2022-02-	市公安局	您好！您反映的问题	http://12345.zhengzhou.g	河南省郑州市
2a57f775b7268abd9513f	郑东新区凤栖苑东侧规划的	2022-02-07 1	你好，我想问下白沙镇凤栖苑附近	2022-02-	郑东新区管委会	您好！您反映的问题	http://12345.zhengzhou.g	河南省郑州市
394354a60b673e9cc6a17	开放郑州市青少年儿童公园	2022-01-22 1	郑州近一个月的新冠疫情马上就要	2022-01-	市园林局	您好！您反映的问题	http://12345.zhengzhou.g	河南省郑州市
6c5d2b1ad8a8317e2d05c	农业路道路标线问题	2022-01-13 0	农业快速路桐柏路下桥口和农业路	2022-01-	郑发集团	您好！您反映的问题	http://12345.zhengzhou.g	河南省郑州市
a15d8bd8e980172bebcd	郑州市放寒假假和期末考试	2022-01-11 2	郑州市网课结束在什么时候，寒假	2022-01-	市教育局	您好！您反映的问题	http://12345.zhengzhou.g	河南省郑州市
aa663acfa2df93a4c34fffb	意外属于医保报销范围吗	2022-01-04 1	因意外（烧伤，碰伤，交通意外等	2022-01-	市医保局	您好！您反映的问题	http://12345.zhengzhou.g	河南省郑州市
fbddef57cf714832d6a0a9	三全路西三环这段什么时候	2021-12-22 0	三全路西三环这段什么时候通车啊	2021-12-	市建投公司	您好！您反映的问题	http://12345.zhengzhou.g	河南省郑州市

图 11-6 存储到数据库中的数据

11.3 知识建模和存储

知识建模和存储是构建知识图谱的关键步骤，主要包括知识表示和建模、知识抽取和数据存储。

11.3.1 知识表示和建模

在构建知识图谱前，需要分析政府信箱的信息构成。通过抽取和去重处理后，将知识以什么样的形式存储到图数据库中，涉及知识表示和建模方面的应用。首先需要明确知识表示三元组分别是什么，然后根据三元组完成本体层和实例层的建模。

政府信箱一般为由公众提交日常事件到政府部门寻求解决方案形成的信息，其中包括事件实体、事件地点实体、事件处理机构实体，通过大致分析得到的三元组构成如图 11-7 所示。

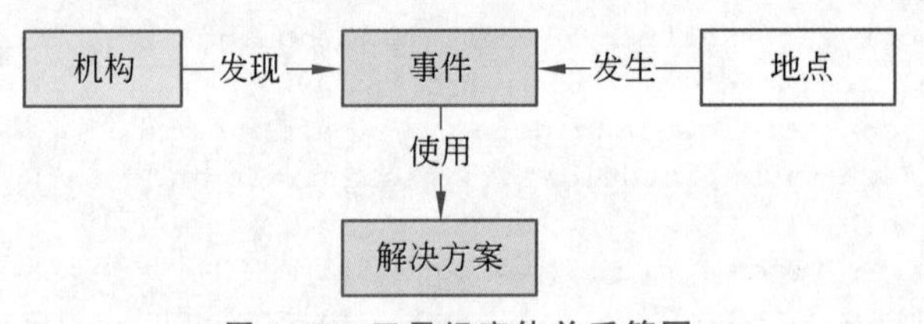

图 11-7 三元组实体关系简图

要形成知识图谱，还需要分析各类实体之间的联系，如图 11-7 所示这种联系有类别联系、关系联系和上下位联系。①类别联系是分析实体与实体是不是同属于一个类型，例如一个详细的地点“郑州市中原区汝河路(昆仑路-西三环)路段”和一个地名“和昌湾景国际”都是描述地理位置信息，所以同属于一个类型；②关系联系是分析实体与实体之间拥有的特殊联系，例如违停事件导致路段拥堵，公安局发现违法停车，而“导致”和“发现”都是一个关系；③上下位联系是表示实体与实体之间存在从属关系，例如“公安局”是“机构”的子类，“违法停车”是“事件”的子类。

通过如图 11-8 所示的分析可知，政府信箱中涉及的实体概念包括地点、地名、机构名、事件名、事件类型和处理方案等，涉及的属性或关系包括周边、存在、导致、发现等。其中地点和地名通常与事件发生相关，机构与处理方案都围绕事件展开。实体概念都属于本体层对应一个类对象,考虑到本体的重用性,政府信箱数据中涉及的类共有 4 个,分别为事件类型 Event、处理机构 Organ、地理信息 Geo、处理方案 Solution,而时间、行为和行动通常作为事件的一个属性存在。实体概念如图 11-9 所示。

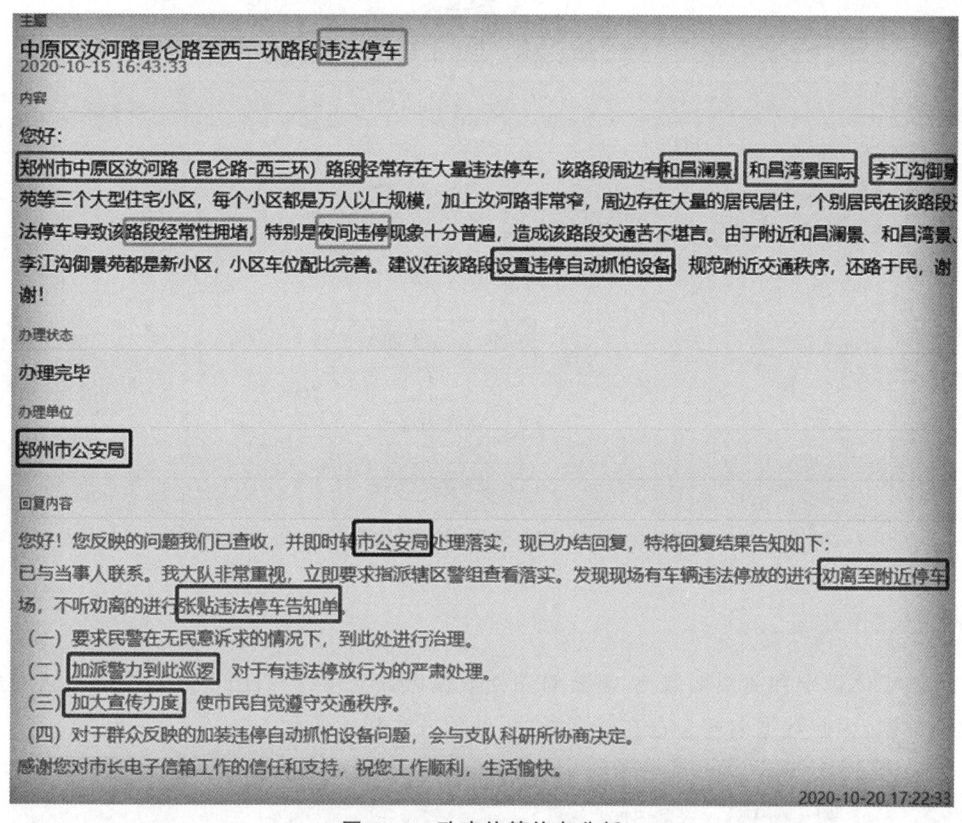
主题

中原区汝河路昆仑路至西三环路段违法停车

2020-10-15 16:43:33

内容

您好:

郑州市中原区汝河路(昆仑路-西三环)路段经常存在大量违法停车,该路段周边有和昌澜景、和昌湾景国际、李江沟御景苑等三个大型住宅小区,每个小区都是万人以上规模,加上汝河路非常窄,周边存在大量的居民居住,个别居民在该路段违法停车导致该路段经常性拥堵,特别是夜间违停现象十分普遍,造成该路段交通苦不堪言。由于附近和昌澜景、和昌湾景、李江沟御景苑都是新小区,小区车位配比完善。建议在该路段设置违停自动抓怕设备,规范附近交通秩序,还路于民,谢谢!

办理状态

办理完毕

办理单位

郑州市公安局

回复内容

您好!您反映的问题我们已查收,并即时转市公安局处理落实,现已办结回复,特将回复结果告知如下:

已与当事人联系。我大队非常重视,立即要求指派辖区警组查看落实。发现现场有车辆违法停放的进行劝离至附近停车场,不听劝离的进行张贴违法停车告知单。

(一)要求民警在无民意诉求的情况下,到此处进行治理。

(二)加派警力到此巡逻,对于有违法停放行为的严肃处理。

(三)加大宣传力度,使市民自觉遵守交通秩序。

(四)对于群众反映的加装违停自动抓怕设备问题,会与支队科研所协商决定。

感谢您对市长电子信箱工作的信任和支持,祝您工作顺利,生活愉快。

2020-10-20 17:22:33

图 11-8　政府信箱信息分析

事件类型	违法停车、路段经常性拥堵、夜间违停
处理机构	郑州市公安局
时间	2020-10-20 17:22:33
地点	郑州市中原区汝河路(昆仑路-西三环)路段
地名	和昌澜景、和昌湾景国际、李江沟御景苑
处理方案	劝离至附近停车场、张贴违法停车告知单、加派警力到此巡逻、加大宣传力度

图 11-9　分析实体概念

11.3.2　知识抽取

知识抽取主要包括实体抽取、关系抽取和属性抽取,最终目标是形成网状的知识结构,如图 11-10 所示。通过人工的方式可以明确每个边和实体信息,但是使用人工方式来处理大数据是不可取的,所以在此使用 PaddleNLP 来做实体识别和关系抽取。

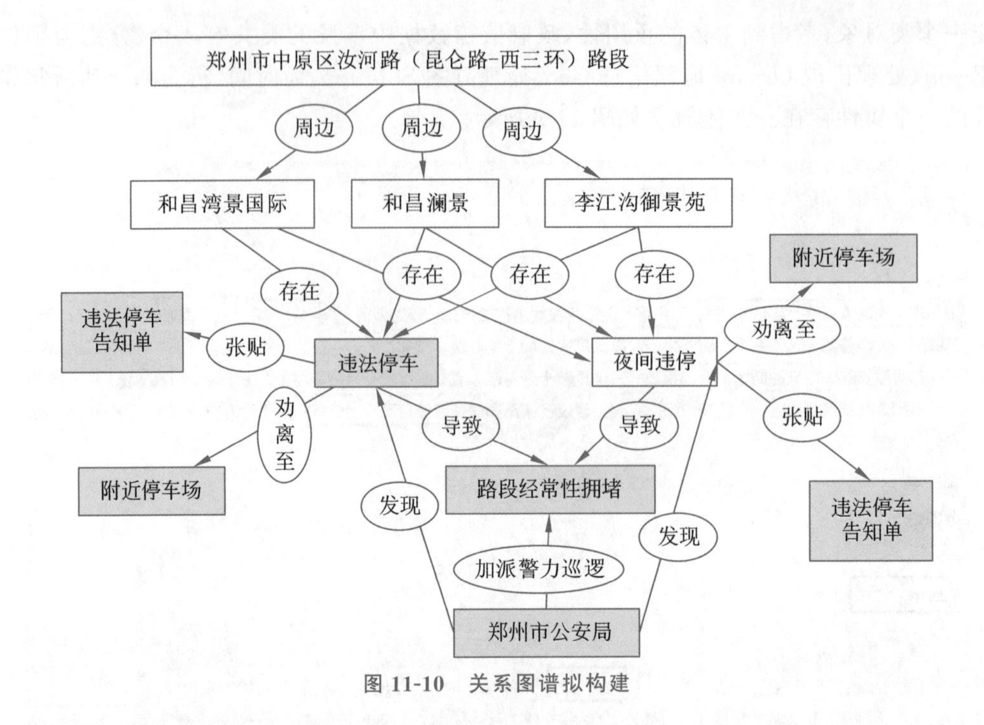

图 11-10　关系图谱拟构建

1. 数据预处理

在做实体识别和关系抽取前，需要对原始数据做数据预处理，由于原始数据为从网页中采集的数据，因此数据内容会存在较多噪声，处理方法如下所示。

```
1.  def deal_data(txt):
2.    #使用正则表达式去除 HTML 标签
3.    dr =re.compile(r'<[^>]+>', re.S)
4.    dd =dr.sub('', txt.replace("</div>", "|").replace("</p>", "|"))
5.    #去除空格、换行符、制表符,替换“&quot;”为双引号,“&rdquo;”为”,“&ldquo;”为“
6.    result =dd.replace(" ", "").replace("&quot;", '"').replace(" ", "").
    replace("\r\n", "|").replace ("\n","|").replace ("\t", "").replace
    ("&ldquo;", "”").replace("&rdquo;", "“").replace("\\xa0", "").replace("[\
    |]+", "|")
7.    arr =re.split("[|。]", result)          #返回文本列表
8.    return list(filter(lambda x: x, arr))  #去除空项
```

2. 命名实体识别

处理完噪声后，在数据集上使用飞桨的 NER 模型进行命名实体识别，主要是将文本中涉及的地点、机构和事件提取处理用于聚类分析。关键代码如下所示。

```
1.  reply_result=ner(reply_content)          #调用飞桨命名实体识别 NER 模型
2.  for item in reply_result:
3.    word =str(item[0])
4.    cixin =str(item[1])
5.    if cixin.startswith("组织机构类") or cixin.startswith("品牌名"):
```

```
6.        entitys.append({"word": word, "_key": "event_xxx"})
7.     elif cixin.startswith("场所类") or cixin.startswith("位置方位") or cixin.
    startswith("世界地区类"):
8.        entitys.append({"word": word, "_key": "event_xxx"})
9.     elif cixin.startswith("事件类") or cixin.startswith("场景事件"):
10.        entitys.append({"name": word, "_key": "event_xxx"})
```

3. 依存句法

使用飞桨提供的 DDParser 模型对数据集中的文本进行依存句法分析。分析的结果可以直接保存到图数据库,也可以通过分析将主谓宾、介宾关系等构建三元组存储到图数据库。依存句法分析结果是一种树结构,存储到图数据库的代码如下。

```
1.  yicun_letter =ddp(sentence)[0]
2.  #处理依存句法 构建依存句法树并保存到图谱中
3.  words =yicun_letter["word"]                         #'郑州市', '中原区', '汝河路'
4.  rel_id =yicun_letter["head"]                        #2, 3, 5, 5, 9, 5, 9, 7, 11
5.  relation =yicun_letter["deprel"]    #'ATT', 'ATT', 'ATT', 'MT', 'ATT', 'MT'
6.  heads =['Root' if id ==0 else words[id -1] for id in rel_id]
                                                        #匹配依存父节点词语
7.  #try:
8.  entity_arr ={}
9.  for i in range(len(words)):
10.   is_new, entity1 =create_node(words[i], type_str=1)
                                                        #创建节点存储到 entity 集合
11.   entity_arr[words[i]] =entity1
12. for i in range(len(words)):
13.   temNode =entity_arr.get(words[i])
14.   preNode =entity_arr.get(heads[i])
15.   if preNode is None:
16.       continue
17.   create_edge(preNode, temNode, relation[i])      #保存节点之间的关系
```

三元组构建步骤为:①分句,将长句拆分为短句;②调用 DDParser 的 parse 方法获取短句的依存句法分析结果;③根据依存句法结果树,从 head 出发找到所有的主谓宾、介宾关系。具体调用及构建三元组实体代码如下所示。

```
1.  sentences=[sentence for sentence in re.split(r'[??!!。\n\r]', content) if
    sentence]          #分句
2.  res =DDParser(use_pos=True).parse(sentence, )[0]  #获取依存句法结果
3.  result_arr=[]                          #开始分析主谓宾、介宾关系等并存储到结果中
4.  words=res["word"]
5.  rel_id =res["head"]
6.  relation =res["deprel"]
7.  #句法分析——为句子中的每个词语维护一个保存句法依存儿子节点的字典
8.  for index in range(len(words)):
9.    child_dict ={}
10.    for j in range(len(rel_id)):
11.      if rel_id[j] ==index +1:                          #arcs 的索引从 1 开始
12.        if rel_id[j] in child_dict:
13.          child_dict[relation[j]].append(j)
```

```
14.         else:
15.           child_dict[relation[j]] =[]
16.           child_dict[relation[j]].append(j)
17.     #循环——抽取以谓词为中心的事实三元组
18.     if 'SBV' in child_dict and 'VOB' in child_dict:
19.       result_arr.append([words[child_dict['SBV'][0]], words[index], words
        [child_dict['VOB'][0]]])
20.       #含有介宾关系的主谓动补关系
21.       if 'SBV' in child_dict and 'CMP' in child_dict:
22.         cmp_index =child_dict['CMP'][0]
23.         if 'POB' in child_dict_list[cmp_index]:
24.           result_arr.append([words[child_dict['SBV'][0]], words[index] +
          words[cmp_index], words[child_dict_list[cmp_index]['POB'][0]]])
```

4. 文本分类

政府信箱中的数据根据处置部门进行分类，文本分类涉及机器学习方面的知识，对政府信箱中的提问标题进行文本分类。首先需要训练分类模型，在飞桨官网中使用推荐项目中的“深度学习入门 NLP——文本分类”项目开启模型训练，飞桨提供 aistudio 工具可以将项目分支一份到个人项目中，然后直接使用项目中的代码训练政府信箱分类模型。训练模型的第一步是生成训练数据，具体实现代码如下所示。

```
1.  _conn =sqlite3.connect(r"db.sqlite3")
2.  root_path ='data/letter_data/'
3.  que_data =find_all(conn=_conn, tbname='t_letter')
4.  for obj in que_data:
5.    idstr =obj.get("id")
6.    letter_title =deal_data(obj.get("title"))
7.    dept_name =deal_data(obj.get("reply_dept"))
8.    keyword =deal_data(obj.get("keyword"))
9.    title_type =dept_name if keyword is None or keyword =='' else keyword
10.   if item_arr.get(title_type) is not None:
11. #保证每个分类都可以生成数据并且最多生成 1 万条记录
12.   if item_arr.get(title_type) ==10000:
13.     continue
14.   item_arr[title_type] =item_arr.get(title_type) +1
15.   else:
16.     item_arr[title_type] =1
17.     key_arr.append(title_type)
18.     type_index=key_arr.index(title_type)     #为每种分类设定编号
19.   with open(root_path +'train.txt', 'a+', encoding='utf-8') as fp:
20.     fp.write(str(type_index) +"\t" +title_type +"\t" +letter_title+"\n")
```

生成训练和测试数据集后，将生成好的数据放到 aistudio 分类项目中即可开始训练，如图 11-11 所示。训练时会输出模型的质量，当模型质量达到 90%以上时，即可使用模型对政府信箱问题内容文本进行分类。

训练好模型后，将模型下载到本地，使用模型对政府信息中的问题进行分类，具体调用模型实现文本分类的关键代码如下。

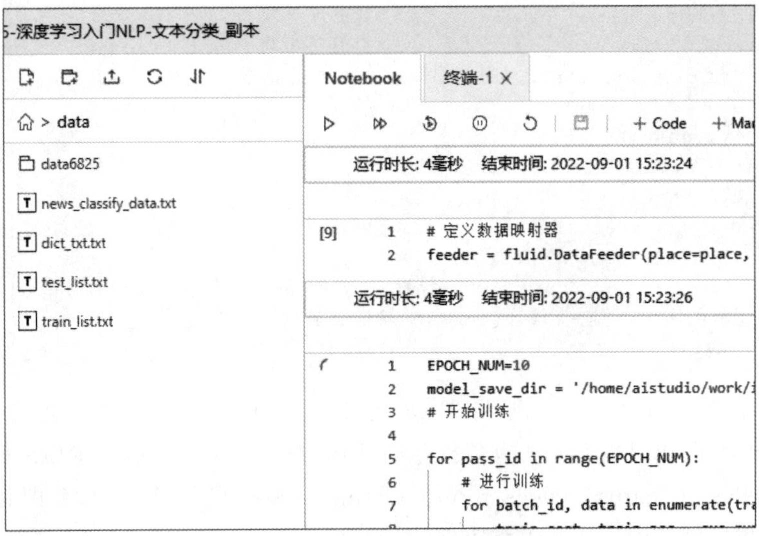

图 11-11　飞桨 aistudio 平台训练模型

```
1.  #从模型中获取预测程序、输入数据名称列表、分类器
2.  [infer_program, feeded_var_names, target_var] = fluid.io.load_inference_
    model(dirname='../infer_model/', executor=exe)
3.  type_names =['城市管理', '城乡建设', '商贸口岸', '公安', '教育', '交通',..]
4.  data1 =get_data(text) #获取图片数据
5.  tensor_words=fluid.create_lod_tensor([data1],[[len(data1)]], place)
                                                   #预测数据
6.  result =exe.run(program=infer_program, feed={feeded_var_names[0]: tensor_
    words}, fetch_list=target_var)                 #执行预测
7.  result_type=type_names [ np.argsort(result)[0][0][-1]]
```

11.3.3　图数据库存储

完成知识抽取后，再根据实际应用构建符合应用场景的数据集。需要实现的应用分别是聚类分析和智能问答。聚类分析只需要对实体进行统计即可，而智能问答则需要将提出的问题中相关实体抽取后与问题和答案进行关联，以构建问答系统知识图谱。

在此使用 ArangoDB 存储图数据，首先在 ArangoDB 中创建一个 database 名为 gov_letter，然后定义 Collections 分别为 question、answer、entity 和 entity_edges 存储实体和关系，定义好数据库名后，就可以使用 Python 的 pyArango 来操作 ArangoDB 数据库。构建数据库、实体集合和关系集合的关键代码如下所示。

```
1.  conn = Connection(arangoURL = 'http://localhost:8529', username ="root",
    password="pwd")                                #创建连接
2.  conn.createDatabase(name=db_name)              #创建数据库
3.  db.createCollection(name=col_name)             #创建集合,保存实体
4.  db.createCollection(name=edge_name, className='Edges')
5.  #创建 edge 表,保存关系
```

在建立好数据集后，将 11.3.2 节处理后的实体数据和关系数据存储到数据库中，存储时注意，ArangoDB 中实体必须包含_key 属性，且_key 的值不能含有中文和符号。

```
1.   collection =db[col_name]          #打开实体集合 entity
2.   edges =db[edge_name]              #打开关系集合 entity_edges
3.   entity1 =collection.createDocument({'name': '实体名', '_key': 'entity_001
     '})
4.   entity1.save()
5.   entity2 =collection.createDocument(entity2_obj)
6.   entity2.save()
7.   edge =edges.createEdge()          #创建边
8.   edge.links(entity1,entity2)
                             #设置边(关系)的开始节点 entity1 和结束节点 entity2
9.   edge["relation"] =relation_str  #设置节点的具体关系
10. edge.save()                        #存到数据库中
```

存储完成后，可以通过浏览器访问 http://localhost：8529/进行查看，通过 COLLECTIONS 菜单可以看到所有数据存储结构(图 11-12)，在 QUERIES 菜单中使用查询语句“for edge in entity_edges return distinct edge”可以查看关系图谱，也可以在 GRAPHS 菜单中创建图来查看关系图谱(图 11-13)。

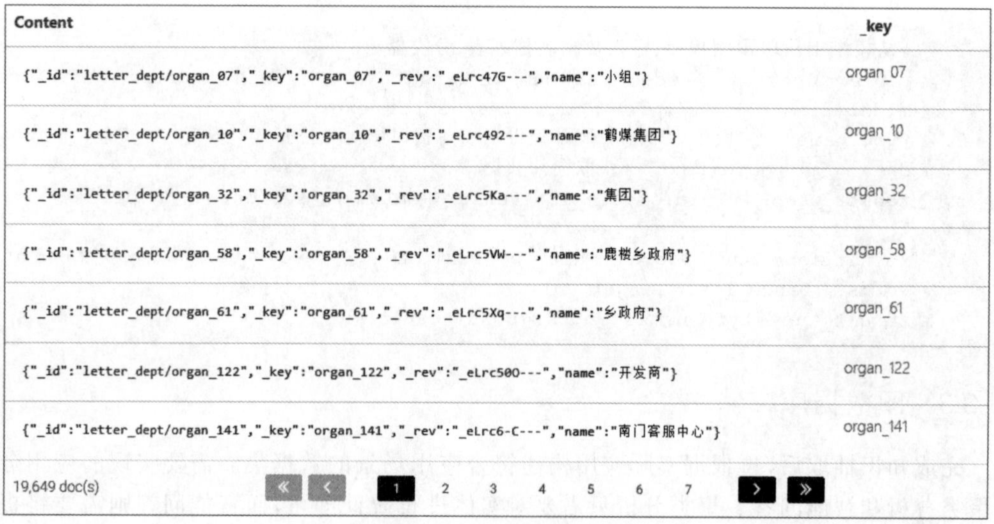

Content	_key
{"_id":"letter_dept/organ_07","_key":"organ_07","_rev":"_eLrc47G---","name":"小组"}	organ_07
{"_id":"letter_dept/organ_10","_key":"organ_10","_rev":"_eLrc492---","name":"鹤煤集团"}	organ_10
{"_id":"letter_dept/organ_32","_key":"organ_32","_rev":"_eLrc5Ka---","name":"集团"}	organ_32
{"_id":"letter_dept/organ_58","_key":"organ_58","_rev":"_eLrc5VW---","name":"鹿楼乡政府"}	organ_58
{"_id":"letter_dept/organ_61","_key":"organ_61","_rev":"_eLrc5Xq---","name":"乡政府"}	organ_61
{"_id":"letter_dept/organ_122","_key":"organ_122","_rev":"_eLrc5O0---","name":"开发商"}	organ_122
{"_id":"letter_dept/organ_141","_key":"organ_141","_rev":"_eLrc6-C---","name":"南门客服中心"}	organ_141
19,649 doc(s) « ‹ 1 2 3 4 5 6 7 › »	

图 11-12　图数据库数据结构

创建图时注意 formCollections 和 toCollections 两个选项可以多选，且选择的是实体所在 Collection 的名称。ArangoDB 图默认使用节点的_key 值显示，可以通过设置调整显示属性。

11.4　图谱可视化和知识应用

下面分别从词云和智能问答两个应用场景展示政府信箱知识服务。

11.4.1　民生关注点词云

不同省市的公众关注的问题通常会有差别，而将全国省市的数据合并后分析，则会发现全国公众共同关注的问题。可以通过统计词频的方式，以词云方式展示词频统计结果，据此

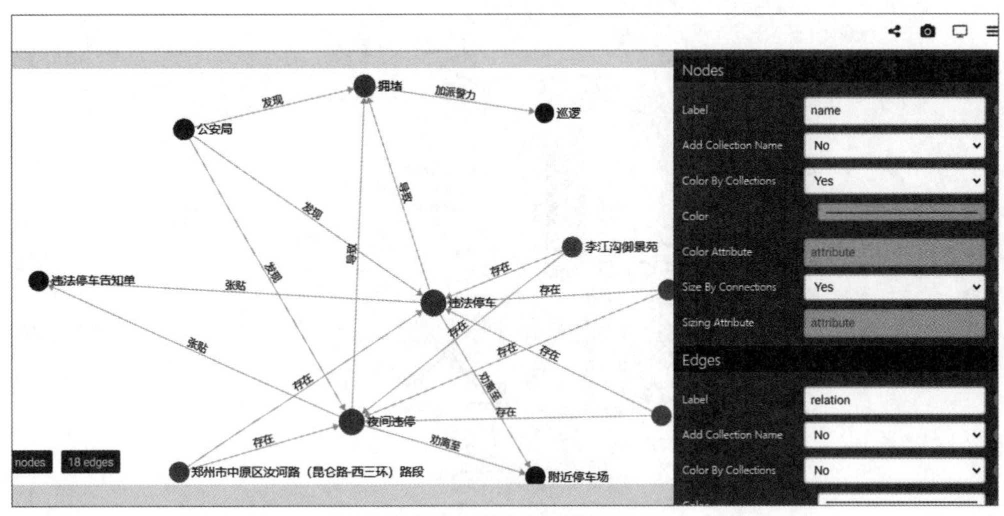

图 11-13　数据关系图预览

来分析民生关注点是什么。

在 Python 中利用 WordCloud 包生成词云文件，首先需要将数据从 ArangoDB 中查询出来，根据实体的属性 times 进行统计，取前 100 个词汇进行显示。这里需要注意的是属性 times，在之前章节中知识抽取后存储到图数据库时，根据实体的关系数生成，即 times 属性为某实体与其他实体的关系数量。具体实现代码如下所示。

```
1.   from wordcloud import WordCloud
2.   aql ="for u in entity filter CHAR_LENGTH(u.name)>1 sort u.times DESC LIMIT
     100 return u"
3.   entity_arrs =db.AQLQuery(aql, rawResults=False)
4.   #从 ArangoDB 中获取实体数据
5.   word_str =''
6.   for entity in entity_arrs:
7.       word_str +=entity.name +' '
8.   wc =WordCloud(
9.       font_path='yahei_ziti.ttf',         #字体文件
10.       background_color='white',width=1000,height=600,
11.       mask=imread('henan.jpg')           #使用河南地图作为地图生成词云
12.  )
13.   wc.generate(word_str)
14.   wc.to_file('wordcloud.png')
```

运行成功后，打开 wordcloud.png 图片（以河南省地图为词云底图）可以看到突出显示的词语是小区、业主、物业、孩子和工作等，说明大部分问题都是围绕小区、居住环境和教育问题展开。除了对所有实体进行统计分析外，还可以对实体进行分类统计，即对政府信箱进行聚类分类，可以根据事件地点、事件类型、服务机构等进行统计分析。不同的数据统计维度，统计结果会展示不同分析角度的问题侧重点。这里只简单对所有实体进行统计分析，结果如图 11-14 所示。

图 11-14 民生关注点词云分布

11.4.2 政府信箱智能问答

基于政府信箱的智能问答系统实际上是一个知识库问答系统。给定自然语言形式的问题，通过对问题进行语义理解和解析，进而利用知识库进行查询、推理，最终得出参考答案。目前知识库问答的实现有 3 种方法：基于语义解析的方法、基于信息抽取的方法和基于向量建模的方法。这里使用基于信息抽取的方法实现。

智能问答在网站交互方面能提供非常好的辅助服务。在政府信箱中涉及重复性反馈和咨询类问题，通过智能识别问题的主要意图，可以快速调取最符合的答案给公众，提高服务效率，并帮助政府人员减少工作量。智能问答系统的搭建需要大量专业领域知识数据，而政府信箱中涉及的问答与百科类知识问答完全不一样，政府信箱中大多数问答没有统一的答案，所以在构建政府信箱问答系统时，需要注意智能问答只是提供一个参考。政府部门的政策法规是会变动的，具体的服务内容也会跟随变化，当有新的政策法规颁布时，问答系统给出的答复就有可能存在很大问题，它并不能快速调整适应新法规内容。这是智能问答系统在政府信箱中固有的缺陷，目前这种缺陷只能通过手工整理以改善。

构建一个基于知识图谱的智能问答系统，首先需要对用户提交的问题进行实体识别，拿到关键词后通过知识库匹配。如果知识库中有同样的问题，那么直接回复对应答案；如果抽取的实体在知识库中对应多个问题，那么将问题按照关注度展示给用户，让用户点击后展示相关答案；如果无高关联度答案，那么提供默认回复给用户。

1. 问答系统框架搭建

使用 Python 实现 Web 端智能问答系统，需要安装 Django 和 channels，channels 用于处理 websocket 服务，前端和后端通信使用 websocket 实时监控用户输入和后台返回值。首先使用命令“django-admin startproject letter_web”创建一个 Django 项目，然后在

setting.py 中添加 channels 配置，配置完成后 channels 会在项目中生成 asgi.py 文件。最后形成的项目结构如图 11-15 所示。

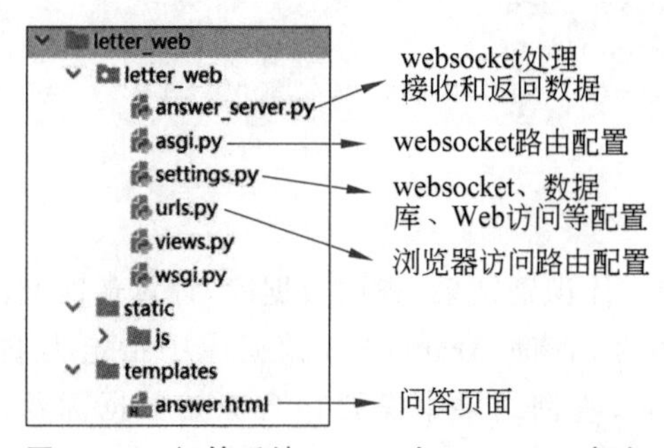

图 11-15　问答系统 Django 加 websocket 框架

asgi.py 是配置完 socket 环境后自动生成的，用于配置前端与后端的通信路由，关键代码如下所示。

```
1.  application = ProtocolTypeRouter({
2.    "http": get_asgi_application(),
3.    "websocket": AuthMiddlewareStack(URLRouter([
4.        #书写 websocket 路由与视图函数对应关系
5.        path('ws', answer_server.AnswerServer.as_asgi())
6.    ]))
7.  })
```

answer_server.py 用于处理具体的 websocket 请求，主要用来接收用户输入和返回信息到用户端，关键代码如下所示。

```
1.  class AnswerServer(WebsocketConsumer):
2.    def receive(self, text_data):
3.        json_obj =json.loads(text_data)
4.        que_data =json_obj.get("msg")   #收到的问题
5.    def connect(self):                  #用户发起请求时表示 websocket 连接成功
6.        ...
```

后台代码实现后，在前端可以直接进行连接测试。HTML5 支持 websocket 通信协议，使用 JavaScript 语法“new WebSocket("ws://localhost:8000/ws")”连接后台，连接成功后即可发送和接收后台信息。

用户在网页中输入问题后通过 websocket 实时传递到服务端，服务端拿到问题后需要对问题进行分析，根据分析获得的信息查询图数据库获取答案，再将答案返回，在此过程中的重点和难点是怎样进行问题分析和获取答案。

2. 问题分析

服务端获取到用户提出的问题后，第一步需要判断问题所属分类，进行问题分类和实体识别，然后进行答案查找。问题分类用来缩小答案范围，实体识别是问题分析的关键。从问题中抽取出实体，然后才能依据句法和实体查询答案。代码实现如下。

```
1.  question_type=query_data.getQuestionType(que_data)     #分类
```

```
2.  resolve_words =query_data.get_words(que_data)        #实体识别
3.  word_arr =[]
4.  for item in resolve_words:
5.      word_arr.append(item[0])
6.  question_arr =query_data.queryQuestionByEntitys(word_arr,question_type)
```

3. 图谱查询

根据问题所属分类和实体识别结果,查询数据库,计算最匹配的结果。总体思路为:将实体识别结果作为查询条件,查询 ArangoDB 数据库中指定类型的节点。这里需要使用 ArangoDB 的路径查询语句,查询结果中需要包含原始数据标题、问题答案和匹配到的实体,这些数据用于后面的答案计算定位。

```
1.  aql ='''for u in entity filter u.name in @names
2.      for v,e,p in 1..2 INBOUND u._id graph letter_graph filter v.typeName==
     @typeName
3.    return distinct {"_id":e._id,"question":v.name,"entity":p.vertices[0].
    name,"entity_times":p.vertices[0].times}
4.  '''
5.  que_arr= db.AQLQuery(aql, rawResults= False, bindVars= {"names": resolve_
    words, "typeName":str(question_type).strip()})
```

4. 答案计算定位

对查询结果分析计算,获取最匹配的结果前 5 候选序列。将查询结果中的答案进行实体识别,判断答案中的实体数是否包含问题中的实体作为计算依据进行答案定位。

```
1.  questions_result ={}            #存储问题包含的实体数量
2.  questions_times ={}             #存储问题对应的实体热度
3.  for item in que_arr:
4.    question =item.question
5.    times =item.entity_times
6.    if questions_result.get(question) is None:
7.        questions_result[question] =1
8.        questions_times[question] =times
9.    else:
10.       questions_result[question] =questions_result[question] +1
11.       questions_times[question] =questions_times[question] +times
```

如果包含所有查询的实体,那么认为对应的问题就是用户需要找的问题。

```
1.  for question in questions_result:
2.    if questions_result.get(question) ==len(resolve_words):
3.        only_result.append(question)
4.  if len(only_result) >0:
5.    return only_result
```

如果没有找到最佳问题,那么计算得出相关问题列表,提供给用户做参考。

```
1.  #排序后, 取包含单词数最高的一组问题
```

```
2.   sorted_questions_result =sorted(questions_result.items(), key=lambda x: x
     [1], reverse=True)
3.   max_times=sorted_questions_result[0][1]
4.   tmp_result=[]
5.   for question,times in sorted_questions_result:
6.     if times<max_times:
7.         break
8.     tmp_result[question]=questions_times.get(question)
9.   #对最高的一组问题进行进一步排序,获取提问数最高的一组结果
10. sorted_tmp_result=sorted(tmp_result.items(),key=lambda x: x[1],reverse=
   True)
11. for question,numbers in sorted_tmp_result:
12.     if len(only_result)>4:
13.         break
14.     only_result.append(question)
15. return only_result
```

5. 结果展示

得到最匹配的结果之后，根据结果数量判断是否存在唯一答复。如果存在唯一答复则将答复内容返回给用户；如果没有则形成相关问题列表，让用户选择一个作为答复。

```
1.   if len(only_result) ==1:
2.     answer =query_data.get_answer(only_result[0])
3.     self.send(text_data=json.dumps({
4.         'message': answer,
5.         "isanswer": 1
6.     }))
7.   else:
8.     self.send(text_data=json.dumps({
9.         'message': only_result,
10.         "isanswer": 0
11.     }))
```

在相关的 HTML 页面中调整显示效果，最终成果如图 11-16 所示。

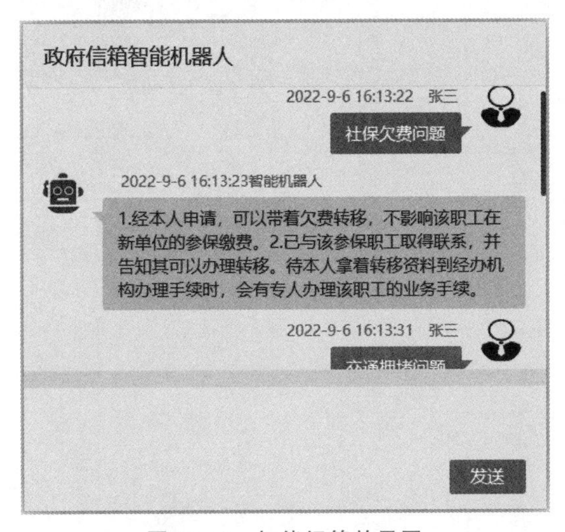

图 11-16　智能问答效果图

11.5 小结和扩展

在构建政府信箱知识图谱的实践过程中,学习了网络爬虫、PaddleNLP 知识抽取、ArangoDB 数据库等技术的运用。智能问答系统在一定程度上能帮助用户解决问题,但是本章构建的智能问答还只是入门级,如果想进一步扩展的话,需要从知识抽取步骤开始,将政府信箱中的问题和答复按行业领域划分,使用不同领域的实体识别和关系抽取模型,经过知识融合之后,对用户提出的新问答进行分类,对问题进行语义分析了解用户的真实诉求,这样才能做到更好的效果。然而,要做到这个必须掌握深度学习知识,并且经过大量模型校验,如果读者有兴趣的话可以自行研究。

思考题:

(1) 使用 ArangoDB 进行最短路径查询。

(2) 使用飞桨训练知识抽取模型,可以在其官网上找项目做参考。

(3) 在答案计算步骤可以添加什么算法来得到更优解?

第 12 章

新闻推荐系统

本章通过新闻内容数据结合用户点击新闻记录作为历史数据，从用户点击量、新闻热度、浏览新闻的历史记录和阅读时长、新闻内容等方面出发，从主流推荐模型的推荐效果中选取最优模型，最后实现新闻推荐应用实例。

本章主要综合运用本书前面章节中所学的知识，包括 D3.js、Django、PaddleNLP、SQLite 等，掌握搭建基于知识图谱的新闻推荐系统的方法。

12.1 项目设计

知识图谱与推荐算法结合应用是一个热度较高的技术，这个技术可以应用在各个计算机系统中，只要涉及数据和物品推荐的应用都可以使用。本项目主要以新闻数据举例说明知识图谱如何结合推荐算法，同时解决在实现过程中遇到的问题。

12.1.1 需求分析

基于知识图谱的新闻推荐系统是基于用户兴趣的多样性、新闻的内容含义结合知识图谱训练推荐模型，为用户提供新闻推荐和相关知识推荐的应用实例。用户在阅读新闻时可能对新闻中的某个知识点或某个主题感兴趣，在收集到海量数据后，使用特定组合方式和模型算法训练出符合这一特征的推荐模型是本章的重点，同时在这一过程中可以掌握训练模型方法和构建一个新闻推荐系统的技术。

个性化信息服务目前应用在各大平台中，如实时咨询、微博、电影、音乐和电商等平台，通过推荐系统分析用户的各类行为，建立用户兴趣模型可以帮助过滤掉繁杂的无用信息，同时可以减轻服务压力。

推荐算法目前在各个行业内广泛应用，而知识图谱结合推荐算法的研究在业内也不少，在推荐算法中引入知识图谱，相当于在推荐模型中添加了语义关联关系权重，从用户兴趣点的关联关系出发，找到用户感兴趣的内容，比单纯从用户历史数据中推荐结果更好。本章使用基于嵌入式知识图谱训练推荐算法，在已有推荐模型基础上，从数据构建到模型生成，从知识图谱到新闻推荐系统的基础应用过程一一讲解，让读者了解知识图谱数据结合深度学习应用过程，掌握知识图谱结合深度学习技能。

12.1.2 工作流程

使用 Web 系统实现最终的推荐系统可视化应用，需要经过数据准备、数据处理、知识图谱构建、模型训练、模型应用、推荐系统实现等阶段。具体构建流程如图 12-1 所示，其中结合知识图谱的模型训练是推荐系统的关键。

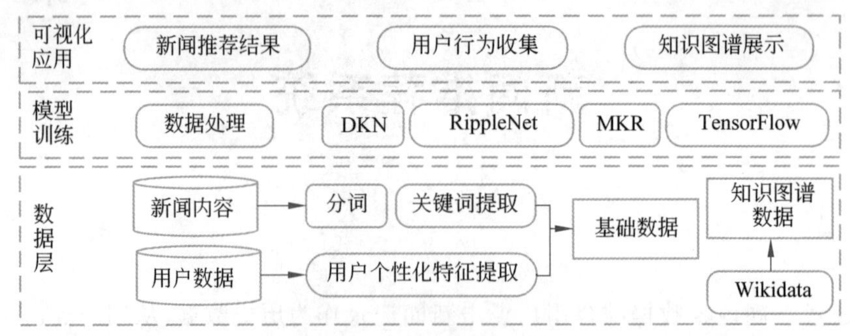

图 12-1 系统整体框架图

从数据处理出发到新闻推荐应用总体工作流程如下。

(1) 准备原始数据集。需要从各类新闻网站收集数据或者从其他数据网站提供的数据中下载符合要求的数据,将下载的数据使用分词和关键词提取技术将原始数据处理成模型所需的基础数据。

(2) 构建知识图谱。将 Wikidata 数据处理成关系图谱数据。

(3) 结合主流三大推荐模型应用实例,并对比结果。将原始数据集与关系图谱结合起来训练推荐模型,同时对比不同模型训练结果,找出最优模型。

(4) 选取最优模型,搭建推荐系统框架,使用最优推荐模型,实现推荐系统,根据用户的点击阅读行为推送不同内容。

12.1.3 技术选型

本章通过 Neo4j 来存储数据,使用 PaddleNLP 建立知识图谱,使用 Django 构建 Web 服务,使用 D3.js 绘制图谱。

12.1.4 开发准备

1. 系统开发环境

本系统的软件开发及运行环境如下。

(1) 操作系统:Windows 10。

(2) 依赖环境:JDK 1.8 及以上、Python 3.7 及以上。

(3) 数据库和驱动:SQLite+sqlite3、Neo4j+py2neo。

(4) 开发工具:PyCharm。

(5) 开发框架:Django+D3.js。

(6) 浏览器:Chrome 浏览器。

2. 文件夹组织结构

文件夹组织结构如下所示。

```
|—news_recomm
|    |—data
```

```
|   |   |—csv_generate.py               #生成新闻内容数据
|   |   |—deal_csv_data.py              #原始数据处理
|   |   |—kg_generate.py                #连接 Neo4j 生成 kg.txt 文件
|   |   |—model_txt_generate.py         #模型训练所需文件生成
|   |   |—old_news_info_generate.py     #将源数据存储到 SQLite
|   |   |—result                        #数据处理完成后存储目录
|   |   |—source                        #源数据存放目录
|   |   |—wikidata_to_graph.py
                              #将 wikidata 中下载的 entity 数据包解析存储到 neo4j
|   |   |—说明.md                       #数据处理步骤说明
|   |—model                             #运行完成后模型存储目录
|   |—model_train                 #模型训练,具体说明查看每个模型下的 README.md 文件
|   |—news_web                          #Django 项目
|   |   |—news_web                      #后台代码
|   |   |—static                        #HTML 所需静态资源
|   |   |—templates                     #HTML 文件
|   |   |   |—detail.html               #详情页
|   |   |   |—index.html                #列表页
|   |—util                              #工具类
|   |   |—SqliteTool.py                 #SQLite 连接工具类
```

12.2 知识图谱构建

12.2.1 数据准备

从飞桨开发者论坛上搜索并下载新闻数据集,其中包含新闻内容数据和用户阅读记录数据。下载完成后,发现新闻内容数据中没有包含新闻内容文本,所以去网站上找到新闻内容文本并将两个数据合并为一个数据集。

最终合并的新闻内容数据字段为:新闻标题、发布时间、新闻内容、关键词、分类、标签;用户阅读记录数据字段为:用户 id、新闻 id、分类 id、点击时间、行为类型。

数据文件为 news_recommend\dataset 下的文件,如果需要特定领域的新闻,也可以使用爬虫技术在特定网站上采集。

12.2.2 数据处理

数据预处理是构建知识图谱和训练深度学习模型前必不可少的步骤,由于原始数据集是 csv 格式,所以需要将 csv 文件读取转为 list 数据格式,然后开始数据处理。

将新闻内容为空的记录去除,同时替换内容中的特殊符号,关键代码如下。

```
1.  pd_datas =pd.read_csv("./source/article_content.csv")
2.  datas_list =pd_datas.values.tolist()
3.  for row in datas_list:
4.      content =row[10]
5.      if content =='' or len(str(content))<10:
6.          continue
7.      content =content.replace('\n', '').replace('\r', '').replace('\t', '').
    replace(' ', '').replace('"', '').replace("'", '')
```

将数据集中用户数据阅读量小于 10 的记录和重复阅读记录剔除，关键代码如下。

```
1.  pd_train_datas =pd.read_csv("./source/train.csv")  #读取数据
2.  train_list =pd_train_datas.values.tolist()
3.  news_read_count ={}                                 #根据新闻 id统计阅读量
4.  for train_row in train_list:
5.       user_id, item_id, cate_id, action_type, action_time =train_row[0],
         train_row[1], train_row[2], train_row[3], train_row[4]
6.      if news_read_count.get(item_id) is None:
7.          news_read_count[item_id] =1
8.      else:
9.          news_read_count[item_id] =news_read_count[item_id] +1
10. news_key =[]
11. i =0                                                #循环删除
12. while i <len(train_list):
13.   row =train_list[i]
14.   item_id =row[1]
15.   user_id =row[0]
16.   read_count =news_read_count.get(item_id)
17.   if (str(user_id) +"_" +str(item_id)) in news_key:
18.      train_list.pop(i)                              #去重
19.      continue
20.   news_key.append(str(user_id) +"_" +str(item_id))
21.   if read_count <10:
22.      train_list.pop(i)                              #将点击量<10 的记录删除
23.      continue
24.   i +=1
```

数据处理完毕后，保存为新的 csv 文件，以便进行下一步操作。

12.2.3 知识图谱构建

知识图谱构建过程在前面几个章节中都有讲述，本章使用开源知识图谱 Wikidata 作为基础，Wikidata 是一个多语言大规模实体关系结构的百科类知识图谱数据，在新闻领域中用来做特征提取和识别是一个很好的方案，Wikidata 中可以轻松识别和提取实体之间的关系。本章使用 Wikidata 提供的 latest-all 数据文件构建图谱，从官方网站下载数据后，根据数据结构将实体关系数据保存到图数据库。关键代码如下所示。

```
1.  f =bz2.BZ2File("source/latest-all.json.bz2", "r")
2.  for line in f:
3.      json_set =json.loads(line[:-2])
4.      labels =json_set.get("labels")
5.      wikidata_id =json_set.get("id")
6.      node_index =1
7.      id_node =Node("Id", name=wikidata_id, id=wikidata_id)
8.      graph.create(id_node)
9.      if labels.get('en') is not None:    #英文名称，使用同样的代码处理中文 zh-cn
10.         node_index, node1 = create_node (labels.get ('en').get ('value'),
            wikidata_id, node_index)
11.        graph.create(Relationship(id_node, 'labels', node1))
12.        en_aliases =json_set.get("aliases").get("en")
13.        if en_aliases is not None and len(en_aliases) >0:
```

```
14.             for alia in en_aliases:
15.                 node_index,tmp_node=create_node(alia.get("value"),wikidata_
                    id,node_index)
16.         #保存实体之间的属性关联信息
17.         claims =json_set.get("claims")
18.         for property_key, claim_arr in claims:
19.             for claim in claim_arr:
20.                 if 'mainsnak' in claim:
21.                     snak_dict =claim['mainsnak']
22.                     data_value =snak_dict.get('datavalue', None)
23.                     snak_about_item =snak_dict.get('datatype', None) =='wikibase
                        -item'
24.                     if data_value is not None and snak_about_item:
25.                         about_item =data_value.get('value').get("id")
26.                         graph.run(
27.                              u"""MERGE (source:Id {{name: "{source_id}"}}) WITH
                                 source """
28.                             """MERGE (target:Id {{name: "{target_id}"}}) WITH
                                source, target """
29.                               """CREATE (source)-[property:{property_id}]->
                                  (target) """
30.                             """SET property.name ="{property_id}";""").format(
31.                              source_id=wikidata_id, property_id=property_key,
                                 target_id=about_item)
32.                 elif 'qualifiers' in claim:
33.                     qualifiers =claim.get("qualifiers")
34.                     for property_id, snaks in qualifiers:
35.                     for snak_dict in snaks:
36.                         ...
```

存入 Neo4j 图数据库后，查询结果如图 12-2 所示。

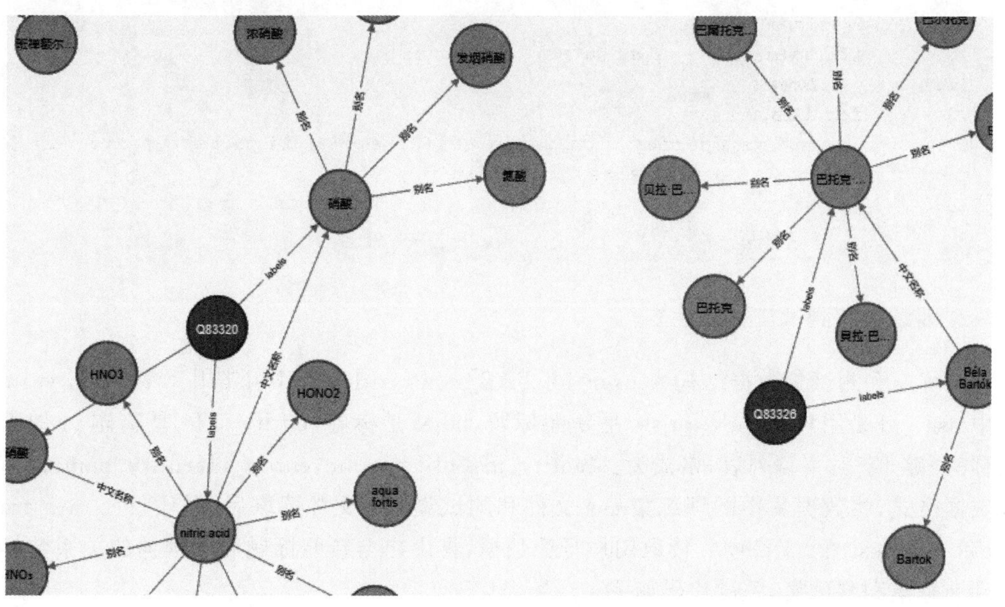

图 12-2　知识图谱查询结果

12.3 推荐模型构建

构建基于知识图谱的推荐模型，首先确定知识图谱特征与推荐模型的结合使用方式，目前分为依次、联合和交替3种训练方式。

12.3.1 数据集生成

1. kg图谱文本数据生成

Neo4j图数据中包含人物关系数据、机构关系数据、国家机构关系等，在将知识图谱数据引入推荐模型前，需要将图数据存储为对应的三元组txt文本数据，本节主要介绍从Neo4j数据库中读取数据并保存为txt文件的过程。

kg.txt文本数据结构为“head[TAB]relation[TAB]tail”，其中head和tail是实体id，relation是关系。根据数据结构，读取Neo4j数据库中的所有数据，循环写入kg.txt中。关键代码如下。

```
1.  graph =Graph("bolt://localhost:7687", auth=('neo4j', 'password'))
2.  writer1 =open("result/kg.txt", "w", encoding="utf-8")
3.  propertys =graph.run("MATCH (d:Id)-[r]->(n:property) RETURN id(d) as pid,
    d.name as pname").data()
4.  propertys_dict ={}
5.  for p in propertys:
6.      propertys_dict[p.get('pname')] =p.get('pid')
7.  while True:
8.      datas =graph.run("MATCH (n:Id)-[r]-(d:Id) return id(n) as nid,id(r) as
        rid,type(r) as rname,id(d) as did skip " +str(page_num) +" limit 1000").
        data()
9.      page_num +=1000
10.     if len(datas) ==0 or datas[0] is None:
11.         break
12.     for d in datas:
13.         rid =propertys_dict.get(d.get('rname')) if propertys_dict.get(d.
            get('rname')) else d.get('did')
14.         writer1.write(str(d.get('nid')) +"\t" +str(d.get('rid')) +"\t" +
           str(rid) +"\n")
```

2. 训练集和测试集数据生成

训练集和测试集数据结构为user_id[TAB]news_title[TAB]label[TAB]entity_info，其中user_id是用户id，news_title是新闻标题，label是标签，entity_info是实体id加实体名称的“键-值”对字符列表，格式为：“entity_id:entity_name;entity_id:entity_name;”。根据数据格式，将数据集中的训练集csv文件和测试集csv文件读取后，循环写入raw_train.txt和raw_test.txt文件中。读取用户行为数据，将用户与新闻标题和关键词的关系数据保存到训练集和测试集，关键代码如下。

```
1.  ner =Taskflow("ner")
2.  graph =Graph("bolt://localhost:7687", auth=('neo4j', password'))
3.  matcher =NodeMatcher(graph)
4.  pd_train_datas =pd.read_csv("./source/train_new1.csv")
5.  train_list =pd_train_datas.values.tolist()
6.  #生成 label 标签数值
7.  def action_type_transfer(x):
8.      if x =='view':
9.          return 0.8
10.     elif x =='deep_view':
11.         return 1
12.     elif x =='comment':
13.         return 1.2
14.     elif x =='collect':
15.         return 1.2
16.     elif x =='share':
17.         return 1.5
18.     else:
19.         return 1
20.  with open("result/train.txt","w",encoding="gbk") as file:
21.     for train_row in train_list:
22.         user_id, news_id, category_id, action_type, action_time =train_row
            [0], train_row[1], train_row[2], train_row[3], train_row[4]
23.         title_node_list =list(matcher.match('title', id=news_id))
24.         news_title=title_node_list[0].get("name")
25.         title_entitys =ner(news_title)
26.         news_title_fc=[]
27.         for name,type in title_entitys:
28.             if type=='w':
29.                 continue
30.             news_title_fc.append(name)
31.         entity_all =graph.run('MATCH (n:title)-[r]-(d) where n.id="' +news
            _id +'" return d').data()        #所有数据
32.         node_dict =[]
33.         for d in entity_all:
34.             node =d.get('d')
35.             name =node.get("name")
36.             if re.search(r"\W", name) is not None:
37.                 continue
38.             node_dict.append(str(node.get("id")) +":" +name)
39.         file.write(user_id+"\t"+" ".join(news_title_fc) +"\t"+str(action_
            type_transfer(action_type)) +"\t"+";".join(node_dict))
```

不同模型训练数据使用的结构会有点区别，但构建数据使用的方法是一样的，可以在以上代码的基础上构建 MKR 和 RippleNet 模型所需的数据集。

12.3.2　模型训练

本节使用依次训练、联合训练和交替训练 3 种模型，来说明在不同模型中知识图谱数据的引入对新闻推荐结果的影响，同时对这 3 种模型的训练结果挑选出最优模型来进行应用。

1. 依次训练模型

依次训练模型首先使用知识图谱特征学习得到实体和关系向量，然后引入推荐算法学习得到用户和物品向量这样依次训练得到的模型，本节依次训练使用的模型是 DKN(Deep Knowledge-aware Network，深度知识感知网络)模型，训练流程如图 12-3 所示。

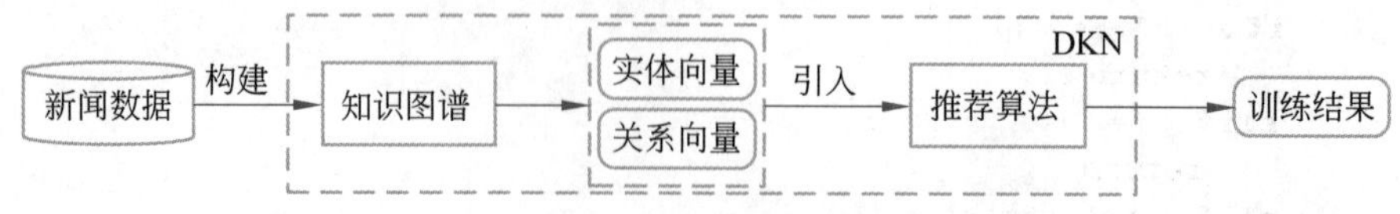

图 12-3 DKN 模型训练流程

运行从 Github 下载的 DKN 模型实现代码。其中在运行 cpp 文件时，可能会遇到如下问题。

(1) pthread.h 头文件错误。如果使用 MinGW 运行 C++ 文件，那么需要到 pthread 官网下载后，将 Pre-built.1 文件夹下 include 复制到 MinGW 安装目录中的 include；将 lib 下的文件(如果 lib 下存在 x86 和 x64 目录，可以随便选择一个目录下的文件，本章使用的是 x86 目录下的文件)复制到 lib 目录；将 dll 目录中的文件复制到 bin 目录。

(2) timespec:struct 类型重定义错误。在 pthread.h 头文件中 #define PTHREAD_H 代码下方添加 #define HAVE_STRUCT_TIMESPEC 即可解决。

(3) cannot find -lpthread 错误。在 MinGW 安装目录的 lib 目录中找到 libpthreadGC2.a 文件，然后重命名为 libpthread.a。

DKN 模型准备好后，进入到推荐模型训练阶段，首先将生成的 kg.txt 放到 DKN/kg 目录下，将 raw_test.txt 和 raw_train.txt 放到 DKN/news 目录下，然后在命令行终端中运行以下命令。

```
1.  cd news
2.  python news_preprocess.py
3.  cd ../kg
4.  python prepare_data_for_transx.py
5.  cd Fast-TransX/transD/
6.  g++transD.cpp -o transD -pthread -O3 -march=native
7.  ./transD
8.  cd ../..
9.  python kg_preprocess.py
10. cd ../
11. python main.py
```

需要注意的是，源代码模型训练不会保留训练结果，需要修改 dkn.py 文件，添加几行代码，将训练好的模型保存到本地。

```
1.  def train(args, train_data, test_data):
2.      saver =tf.compat.v1.train.Saver()
3.      with tf.compat.v1.Session() as sess:
4.          ...
5.            saver.save(sess, os.path.join(model_save_path, 'dkn_model'),
              global_step=10)
```

DKN 模型训练评分结果如图 12-4 所示。

```
epoch 0    train_auc: 0.5064    test_auc: 0.4257
epoch 1    train_auc: 0.5489    test_auc: 0.4977
epoch 2    train_auc: 0.5413    test_auc: 0.5275
epoch 3    train_auc: 0.5407    test_auc: 0.5424
epoch 4    train_auc: 0.5387    test_auc: 0.5417
epoch 5    train_auc: 0.5386    test_auc: 0.5446
epoch 6    train_auc: 0.5373    test_auc: 0.5474
epoch 7    train_auc: 0.5374    test_auc: 0.5492
epoch 8    train_auc: 0.5363    test_auc: 0.5526
epoch 9    train_auc: 0.5357    test_auc: 0.5544
获取评分耗时:  82738
```

图 12-4 DKN 模型训练评分结果

2. 联合训练模型

联合训练模型是指同时进行知识图谱特征和模型训练得到的模型，本节联合训练使用的是 RippleNet(Ripple Network，波纹网络)模型，训练流程如图 12-5 所示。

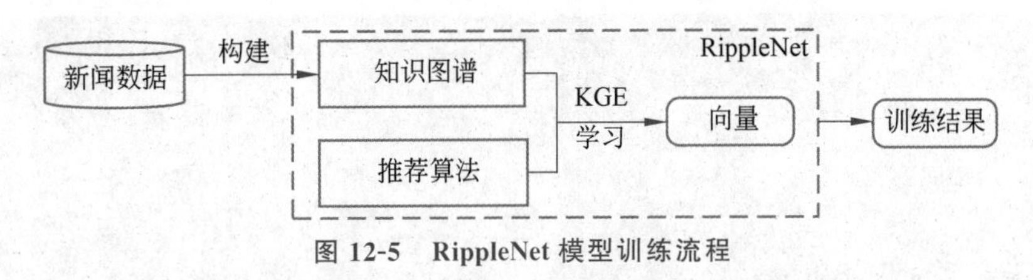

图 12-5 RippleNet 模型训练流程

从 Github 下载好 RippleNet 模型实现代码，将数据集放到 data_loader.py 中指定的目录下，调整 main.py 文件中数据集的名称和训练参数，然后在命令行终端中依次运行以下命令。

```
1.  python preprocess.py
2.  python main.py
```

RippleNet 模型训练评分结果如图 12-6 所示。

```
epoch 0    train auc: 0.5394  acc: 0.5361    eval auc: 0.4986  acc: 0.5078    test auc: 0.4889  acc: 0.4971
epoch 1    train auc: 0.5521  acc: 0.5662    eval auc: 0.5051  acc: 0.5129    test auc: 0.4976  acc: 0.5074
epoch 2    train auc: 0.6062  acc: 0.6054    eval auc: 0.5306  acc: 0.5293    test auc: 0.5307  acc: 0.5339
epoch 3    train auc: 0.7379  acc: 0.6418    eval auc: 0.6140  acc: 0.5256    test auc: 0.6114  acc: 0.5280
epoch 4    train auc: 0.8136  acc: 0.6564    eval auc: 0.6670  acc: 0.5230    test auc: 0.6623  acc: 0.5232
epoch 5    train auc: 0.8612  acc: 0.7345    eval auc: 0.6945  acc: 0.5778    test auc: 0.6892  acc: 0.5739
epoch 6    train auc: 0.8784  acc: 0.7699    eval auc: 0.7012  acc: 0.6121    test auc: 0.6963  acc: 0.6104
epoch 7    train auc: 0.8869  acc: 0.7846    eval auc: 0.7018  acc: 0.6289    test auc: 0.6965  acc: 0.6278
epoch 8    train auc: 0.8926  acc: 0.7921    eval auc: 0.7001  acc: 0.6368    test auc: 0.6951  acc: 0.6357
epoch 9    train auc: 0.8968  acc: 0.7965    eval auc: 0.6981  acc: 0.6414    test auc: 0.6932  acc: 0.6411
```

图 12-6 RippleNet 模型训练评分结果

3. 交替训练模型

交替训练模型是通过对知识图谱的特征学习和模型点击率预测进行交替训练得到的模型，本节交替训练使用的是 MKR(Multi-task Learning for KG enhanced Recommendation，面向

KG 增强推荐的多任务学习)模型，训练流程如图 12-7 所示。

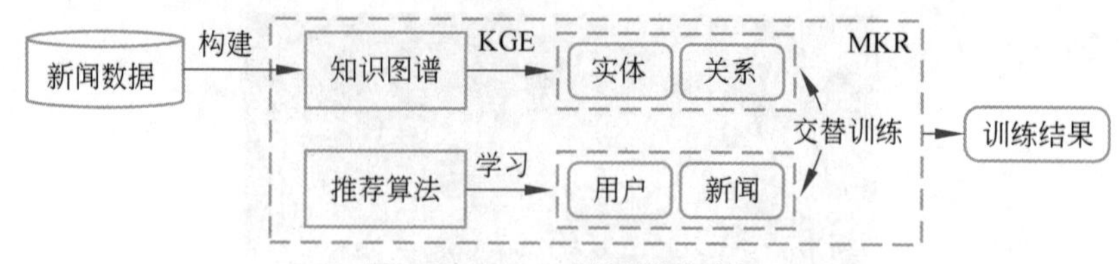

图 12-7 MKR 模型训练流程

从 Github 上下载好 MKR 模型实现代码，将数据集放到 data_loader.py 中指定的目录下，调整 main.py 文件中数据集的名称和训练参数，然后在命令行终端中依次运行以下命令。

```
1.  python preprocess.py
2.  python main.py
```

MKR 模型训练评分结果如图 12-8 所示。

```
epoch 0    train auc: 0.8092  acc: 0.6219    eval auc: 0.7106  acc: 0.6178    test auc: 0.7107  acc: 0.6110
epoch 1    train auc: 0.8373  acc: 0.6957    eval auc: 0.7198  acc: 0.6761    test auc: 0.7194  acc: 0.6701
epoch 2    train auc: 0.8527  acc: 0.7242    eval auc: 0.7280  acc: 0.6972    test auc: 0.7266  acc: 0.6918
epoch 3    train auc: 0.8626  acc: 0.7429    eval auc: 0.7336  acc: 0.7044    test auc: 0.7316  acc: 0.6999
epoch 4    train auc: 0.8694  acc: 0.7499    eval auc: 0.7341  acc: 0.7052    test auc: 0.7324  acc: 0.7004
epoch 5    train auc: 0.8753  acc: 0.7548    eval auc: 0.7343  acc: 0.7079    test auc: 0.7327  acc: 0.7033
epoch 6    train auc: 0.8807  acc: 0.7590    eval auc: 0.7336  acc: 0.7061    test auc: 0.7320  acc: 0.7017
epoch 7    train auc: 0.8857  acc: 0.7635    eval auc: 0.7327  acc: 0.7015    test auc: 0.7310  acc: 0.6977
epoch 8    train auc: 0.8900  acc: 0.7680    eval auc: 0.7309  acc: 0.6997    test auc: 0.7288  acc: 0.6959
epoch 9    train auc: 0.8933  acc: 0.7829    eval auc: 0.7305  acc: 0.6904    test auc: 0.7283  acc: 0.6858
```

图 12-8 MKR 模型训练评分结果

12.3.3 模型训练总结

数据集的准备、模型训练过程和模型的保存都是一样的逻辑，训练结果不同主要体现在模型的算法差异上，对比 3 个模型的结果选择评分最高的。每个模型的数据输入和权重计算不同导致不同的结果，对于多因素影响情况下进行新闻推荐的情况，为教学方便起见，本章仅介绍使用 DKN 模型实现新闻推荐系统。

12.4 可视化应用

完成模型训练后，将模型应用到新闻推荐系统中，具体步骤分为框架搭建、用户行为收集、实时新闻数据更新、个性化推荐。

12.4.1 框架搭建

使用 Django 搭建 Web 服务框架，应用中只包含 2 个页面，新闻搜索结果页和新闻详情页。新闻搜索结果页中包含搜索输入功能、推荐结果展示列表功能、图谱展示功能 3 个功能区。确定好页面结构后，开始框架搭建工作。

首先，建立前后端 URL 访问地址。在 urls.py 文件中加入地址映射，关键代码如下。

```
1.  from . import views
2.  urlpatterns =[
3.      path('index/', views.index),
4.      path('detail/', views.detail),
5.      path('search/', views.search),
6.      path('graph/', views.graph_data),
7.      path('save_action/',views.save_action),
8.      path('update_action/',views.update_action)
9.  ]
```

其次,划分各个资源目录,建立 HTML 静态页面,展示推荐结果和知识图谱结果。

```
1.  |-news_web
2.  | |-service.py              #逻辑处理层,调用模型查询数据等
3.  | |-urls.py                 #web 访问链接映射
4.  | |-views.py                #web 视图层,接收请求数据调用 service 处理
5.  |-static
6.  | |-css                     #样式文件存放目录
7.  | |-js                      #JavaScript 文件存放目录
8.  | |-plugins                 #JavaScript 插件文件存放目录
9.  |-templates                 #HTML 静态页面目录
10. | |-detail.html             #新闻详情页
11. | |-index.html              #新闻推荐主页面
```

第三,使用样式文件做好静态页面布局。本章使用 Layui 前端框架制作页面样式布局,主要将推荐结果呈现出类似网站上新闻咨询的展示效果。

最后,将待推荐新闻数据、用户信息、用户历史行为和历史新闻数据存储到 SQLite 数据库中,用于整个系统应用查询和分析。

12.4.2 用户行为收集

用户行为收集是新闻推荐系统中必不可少的一个环节,用户的兴趣爱好可能随着时间推移改变,这时候就需要根据用户数据动态更新推荐模型。在应用中需要收集用户的两种行为,一是点击新闻行为;二是停留在新闻页面时间长短行为。

在用户点击新闻标题跳转到新闻详情页时,将点击操作记录到日志表中。这里前端使用 JavaScript 代码构建用户点击数据并发送数据到后台。关键代码如下。

```
1.  $(window).on("load",function(){
2.          click_news($("#news_id").val(),$.trim($("h2").text()));
3.      });
4.  var viewRecordId=null;
5.  function click_news(news_id,news_title){
6.      let data={"news_id":news_id,"news_title":news_title,"category_id":$("
        #hd_category").val()}
7.      $.post("save_action",data,function(rst){
8.          if(rst !=null){
9.              viewRecordId=rst;
10.         }
11.   });
12. }
```

后台接收数据后，验证并存储到数据库中。

```
1.  nid =request.POST.get("news_id")
2.  news_title =request.POST.get("news_title")
3.  category_id =request.POST.get("category_id")
4.  uid =request.session['user_id']
5.  click_timestemp =int(time.time() * 1000)
6.  dbconn =SqliteTool()
7.  id_str =get_md5_id(str(uid) +"_" +str(nid))
8.  if nid is None or nid=="":
9.      return None
10. rst=dbconn.find_all("select id from t_user_click_log where user_id=:uid
    and news_id=:nid",{"uid":uid,"nid":nid})
11. if rst is None or len(rst)==0:
12.     #click 点击时添加 view 行为记录
13.     dbconn.save({"id": id_str, "user_id": uid,
14.               "news_id": nid,
15.               "news_title": news_title,
16.               "category_id": category_id,
17.               "action_type": "view",
18.               "action_time": click_timestemp}, tbname="t_user_click_log")
19. else:
20.     id_str=rst[0].get("id")
21. return id_str #返回 id,用于后续行为的更新
```

用户进入新闻详情页，停留时间长短对新闻推荐模型的影响是很大的，所以从页面加载完成时间开始算起到关闭新闻详情页时间（或者超过设定的最大值时间），将用户的行为记录到日志中。关键代码如下。

```
1.  setTimeout(function(){
2.          update_action(viewRecordId,"deep_view");
3.  },2500);            // 设置浏览时间超过 2.5 秒为深度阅读
4.  function update_action(log_id,action_type){
5.      let data={"id":log_id,"action_type":action_type}
6.      $.post("update_action",data);
7.  }
```

后台根据前端请求的日志 id 修改数据库对应记录的 action_type 字段为 deep_view。

12.4.3 实时新闻数据更新

要实现新闻推荐功能，首先需要将实时新闻入库。方式有两种：一是通过爬虫方法将各大新闻网站的实时新闻采集入库；二是通过人工导入方式，将各类新闻稿导入系统。如果要构建一个新闻系统，那么应该提供一个新闻发布的功能，让编辑将各类实时新闻发布出去。新的新闻内容可能存在有新的人物关系或人物机构关系，而这些信息可以通过构建知识图谱的形式，更新关系数据对推荐模型的影响，从而提高推荐结果命中率。

从新闻入库开始到推荐模型的更新这一过程的处理流程如图 12-9 所示，在这个过程中使用到前面章节提到的构建知识图谱技术，在此不再进行展开。在调用构建三元组技术后，需要根据三元组结果查询已有图谱数据中是否存在同样的实体，如果没有那么就可能是新知识，需要将新知识存储到图数据库中，并更新推荐模型。

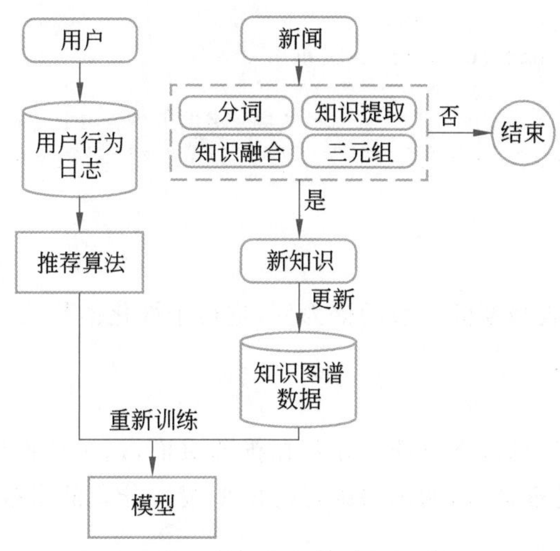

图 12-9　新闻入库模型更新过程

同时实时新闻数据存储到数据库后，将新闻标题和新闻内容结合图数据库数据处理成推荐模型所需的待评分数据集，DKN 模型所需的数据处理过程类似数据集生成章节，而 MKR 和 RippleNet 模型的处理关键代码如下。

```
1.   news_list = dbconn.find_all("select title, content, keyword from t_news_
     today")
2.   #分词,获取新闻内容实体对应的 kg id
3.   for news in news_list:
4.       content=news.get("content")
5.       news_title=news.get("title")
6.       idstr=news.get("id")
7.       sum_arr = summarizer(content.replace('\n', '').replace('\r', '').
         replace('\t', '').replace(' ', ''))
8.       #print(sum_arr)
9.       #摘要文本分词,提取实体
10.      keyword_arr=[]
11.      if sum_arr is not None and len(sum_arr) >0:
12.          entitys =ner(sum_arr)
13.          for name, type in entitys:
14.              if type.find('w') !=-1 or name in keyword_arr:
15.                  continue
16.              keyword_arr.append(name)
17.      title_entitys =ner(news_title)
18.      for name, type in title_entitys:
19.          if type.find('w') !=-1 or name in keyword_arr:
20.              continue
21.          keyword_arr.append(name)
22.      entity_all =graph.run(
23.          'Match (d:Id)-[r:labels|`别名`|`中文名称`*..2]-(n:item) where n.
         name in $entitys return id(d) as did',
24.          entitys=keyword_arr).data()          #所有数据
25.      id_arr =[]
26.      for e in entity_all:
```

```
27.          did =str(e.get("did"))
28.          if did not in id_arr:#去重
29.              id_arr.append(did)
30.      dbconn.save({"id":idstr,"title":news_title,"keywords":";".join
         (keyword_arr),"kg_ids":";".join(id_arr)},"t_news_today_keyword")
```

12.4.4 个性化推荐

下面以新闻推荐列表和新闻关系图谱为例，进行个性化推荐。

1. 新闻推荐列表

将待推荐用户列表信息以下拉选项显示在推荐页面，通过切换用户来查看每个用户的推荐结果。service.py 处理请求，调用训练好的模型按评分高低将推荐结果前 10 的记录返回到页面。关键代码如下，

```
1.  def generate_rating(user_id):       #根据用户编号生成模型数据
2.      news_records =dbconn.find_all("select id,kg_ids from t_news_today_
        keyword where kg_ids is not null and kg_ids<>''")
3.      ids=[]
4.      writer =open('./rn_ratings.txt', 'w', encoding='utf-8')
5.      for news in news_records:
6.          ids_arr =news.get("kg_ids").split(";")
7.          for did in ids_arr:
8.              if did in ids:
9.                  continue
10.             writer.write('%s\t%s\t0\n' %(str(user_id), str(did)))
11.             ids.append(did)
12.     writer.close()
13. def model_eva():
14.     #对应模型实现目录下的数据加载方法
15.     from news_recomm.model_train.XXX.data_loader import load_data1
16.     #对应模型实现目录下的模型评分方法
17.     from news_recomm.model_train.XXX.train import restore_model
18.     #args 模型训练所需参数，参考模型实现目录下的 test_model.py
19.     data_info =load_data1(args)
20.     labels, scores =restore_model(args, data_info)
21.     news_records =dbconn.find_all("select id,title,kg_ids from t_news_
        today_keyword where kg_ids is not None and kg_ids<>''")
22.     kgid_dict={}
23.     kgid_score_dict={}
24.     for news in news_records:
25.         kgid_dict[news.get("id")] =news.get("kg_ids").split(';')
26.         kgid_score_dict[news.get("id")] =0
27.     eva_data=data_info[0]
28.     for index in range(0,len(eva_data)):
29.         d=eva_data[index]
30.         entity_id=d[1]
31.         for news_id in kgid_dict:
32.             if entity_id in kgid_dict.get(news_id):
```

```
33.                kgid_score_dict[news_id]+=scores[index]#分数加总
34.     sorted_res =sortedDictValues(kgid_score_dict)
35.     res=sorted_res[:10]
36.     res_id=[]
37.     for idstr,val in res:
38.         res_id.append(idstr)
39.     news_records =dbconn.find_allfind_all("select * from t_news_today
        where id in ({})".format(','.join(["'%s'" %item for item in res_id])))
40.     return news_records
```

2. 新闻关系图谱

使用 D3.js 绘制新闻关系图谱，显示推荐结果中新闻标题关键词之间的关联关系。首先将新闻推荐结果中的所有新闻标题分词，提取实体名称后，将实体名称作为参数查询 Neo4j 图数据库中的数据，将结果以 JSON 格式返回。关键代码如下。

```
1.  def get_node_name(id_name):#获取 id 节点对应的中文名称
2.      node_name_rs =graph.run(
3.          'Match (d:Id)-[r:labels|`别名`|`中文名称`*..2]-(n:item) where d.
            name=$name return r.type as rname,n.name as name',
4.          name=id_name).data()
5.      default_name=None
6.      for node in node_name_rs:
7.          name=node.get("name")
8.          if default_name is None:
9.              default_name=name
10.         if is_contain_chinese(name):
11.             return name
12.     return default_name
13. keyword_arr=[]
14. for news in news_records:
15.     news_title=news.get("title")
16.     idstr=news.get("id")
17.     #print(sum_arr)
18.     #文本分词,提取实体
19.     title_entitys =ner(news_title)
20.     for name, type in title_entitys:
21.         if type.find('w') !=-1 or name in keyword_arr:
22.             continue
23.         keyword_arr.append(name)
24. ids_all=graph.run('Match (d:Id)-[r:labels|`别名`|`中文名称`*..2]-(n:
    item) where n.name in $entitys return id(d) as did',entitys=keyword_arr).
    data()                          #查询所有实体对应的 id 节点
25. ids_arr=[]
26. for d in ids_all:
27.     if d.get("did") not in ids_arr:
28.         ids_arr.append(d.get("did"))
29. entity_all =graph.run(
30.     'Match (d:Id)-[r*..2]-(n:Id) where id(d) in $entitys return d,r,n',
31.     entitys=ids_arr).data()#获取所有的关系数据
```

```
32. propertys =graph.run("MATCH (d:Id)-[r]->(n:property) RETURN id(d) as pid,
    d.name as pname").data()
33. propertys_dict ={}
34. for p in propertys:
35.     propertys_dict[p.get('pname')] =p.get('pid')
36. nodes=[]                                    #构造 D3.js 节点数据
37. links=[]                                    #构造 D3.js 关系数据
38. node_ids=[]                                 #用于去重
39. link_ids=[]                                 #用于去重
40. for node in entity_all:
41.     d=node.get("d")
42.     rels=node.get("r")
                           #relation 是一个数组,因为节点与节点之间可能存在多种关系
43.     n=node.get("n")
44.     did=d.get("id")
45.     if did not in node_ids:
46.         nodes.append({"id":did,"name":get_node_name(d.get(name))})
47.         node_ids.append(did)
48.     nid=n.get("id")
49.     if nid not in node_ids:
50.         nodes.append({"id": nid, "name": get_node_name(n.get(name))})
51.         node_ids.append(nid)
52.     for r in rels:
53.         type_name=r.__name__
54.         link_id =d.get("id") +"_" +n.get("id")+"_"+type_name
55.         if link_id in link_ids:
56.             continue
57.         link_ids.append(link_id)
58.         rname ='' if propertys_dict.get(type_name) is None else propertys_
            dict.get(type_name)
59.         links.append({"id":link_id,"source":d.get("name"),"target":n.get
            ("name"),"relation":rname})
```

D3.js 根据返回的数据格式展示关系图谱。构建关系图谱的关键代码如下。

```
1.  var windowWidth =$("#div_graph").width(),
2.  windowHeight =Math.max($("#div_graph").height(), 850);
3.  var svg =d3.select("svg");
4.  createDefs(svg);                          #设置连接线样式
5.  forceSimulation =d3.forceSimulation()
6.      .force("link", d3.forceLink().distance(function(d) {
7.          return Math.floor(Math.random() * 120) +60;       //随机生成距离
8.      }).force("charge", d3.forceManyBody().strength(10)) //原子力,正数吸引力
9.      .force("center", d3.forceCenter(windowWidth / 2, windowHeight / 2));
10. //draw link
11. linkObjs =svg.append("g").attr("class", "line").selectAll("line").data
    (links).enter()
12.   .append("line").attr("stroke",'#ccc').attr("title", function(d) {
13.       return d.relation;
14.   }).attr("marker-end","url(#marker)");
15. linkTextObjs =svg.append("g").attr("class","linetext_group").selectAll
    (".linetext").data(links).enter().append("text").attr("class", "
    linetext").attr("style", "font-size:12px;").attr("fill", "#d0cfcf");
```

```
16.  //draw nodes
17.  nodeObjs =svg.selectAll(".circleText").data(nodes).enter().append("g").
     call(node_drag);
18.  nodeObjs.append("circle").attr("class", "outline").attr("r", 3).attr("
     stroke-width", 1).attr("fill",'blue');
19.  nodeObjs.append("text").attr("class", "nodetext").text(function(d) {
20.          return (d.name.length>10? '':d.name);
21.    }).attr("fill", "#000"));
22.  forceSimulation.nodes(nodes).on("tick", ticked);
23.  forceSimulation.force("link").links(links);
```

最后的新闻推荐结果展示如图 12-10 所示。

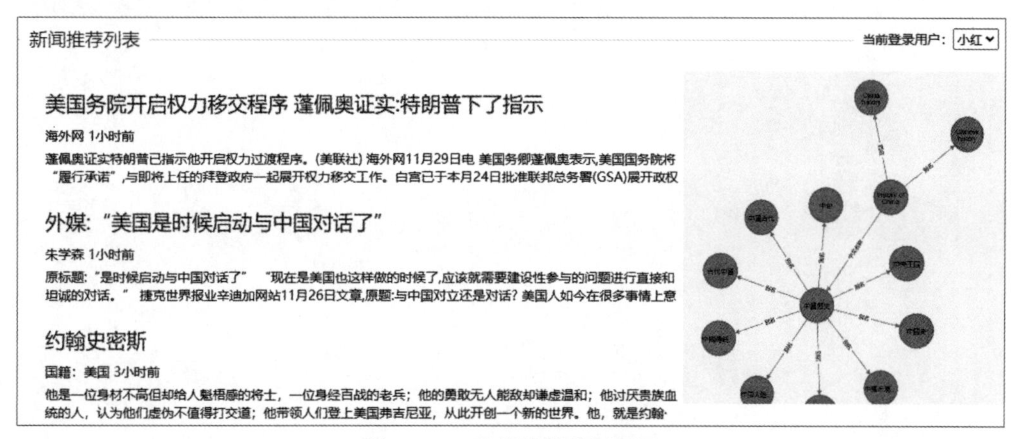

图 12-10　新闻推荐结果展示

12.5　小结和扩展

本章主要是学习知识图谱与推荐算法结合应用方法，探索各类模型对推荐结果的影响，同时通过知识图谱的方式展示新闻推荐结果。新闻推荐系统的最基础要求是提供个性化的、准确性高的实时新闻，本章只从项目实现方面着手，新闻推荐系统中应用的深度学习模型在不同领域中有不同的结果，在实际应用过程中要考虑的因素还有很多，所以能够灵活运用才是关键，才能更加理解用户行为，从而更加贴合用户心思开展新闻推荐。

思考题：

(1) 自己动手运行一下推荐模型训练结果，比较模型的评分。

(2) 比较不同的知识图谱数据对推荐模型的影响。

(3) 使用 D3.js 绘制不同表现形式的关系图谱。